전기직
기출문제
정복하기

9급 공무원 전기직
기출문제 정복하기

개정2판	발행	2024년 01월 10일
개정3판	발행	2025년 01월 10일

편 저 자 | 공무원시험연구소

발 행 처 | ㈜서원각

등록번호 | 1999-1A-107호

주   소 | 경기도 고양시 일산서구 덕산로 88-45(가좌동)

교재주문 | 031-923-2051

팩   스 | 031-923-3815

교재문의 | 카카오톡 플러스 친구[서원각]

홈페이지 | goseowon.com

모든 시험에 앞서 가장 중요한 것은 출제되었던 문제를 풀어봄으로써 그 시험의 유형 및 출제경향, 난이도 등을 파악하는 데에 있다. 즉, 최소시간 내 최대의 학습효과를 거두기 위해서는 기출문제의 분석이 무엇보다도 중요하다는 것이다.

'9급 공무원 기출문제 정복하기 - 전기직은 이를 주지하고 그동안 시행된 국가직, 지방직, 서울시 기출문제를 과목별로, 시행처와 시행연도별로 깔끔하게 정리하여 담고 문제마다 상세한 해설과 함께 관련이론을 수록한 군더더기 없는 구성으로 기출문제집 본연의 의미를 살리고자 하였다.

수험생은 본서를 통해 변화하는 출제경향을 파악하고 학습의 방향을 잡아 단기간에 최대의 학습효과를 거둘 수 있을 것이다.

9급 공무원 시험의 경쟁률이 해마다 점점 더 치열해지고 있다. 이럴 때일수록 기본적인 내용에 대한 탄탄한 학습이 빛을 발한다. 수험생 모두가 자신을 믿고 본서와 함께 끝까지 노력하여 합격의 결실을 맺기를 희망한다.

STRUCTURE

이 책 의 특 징 및 구 성

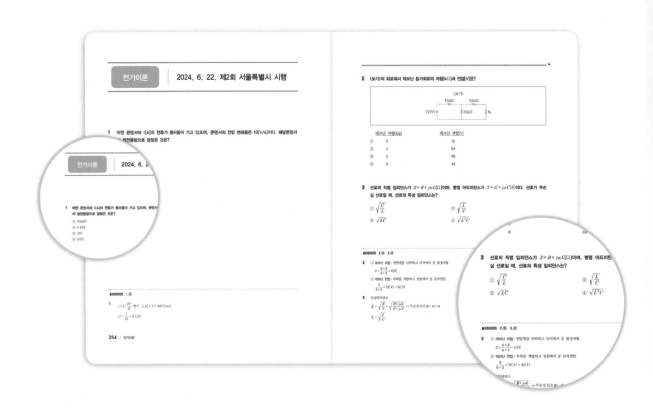

최신 기출문제분석

최신의 최다 기출문제를 수록하여 기출 동향을 파악하고, 학습한 이론을 정리할 수 있습니다. 기출문제들을 반복하여 풀어봄으로써 이전 학습에서 확실하게 깨닫지 못했던 세세한 부분까지 철저하게 파악, 대비하여 실전대비 최종 마무리를 완성하고, 스스로의 학습상태를 점검할 수 있습니다.

상세한 해설

상세한 해설을 통해 한 문제 한 문제에 대한 완전학습을 가능하도록 하였습니다. 정답을 맞힌 문제라도 꼼꼼한 해설을 통해 다시 한 번 내용을 확인할 수 있습니다. 틀린 문제를 체크하여 내가 취약한 부분을 파악할 수 있습니다.

CONTENT
이 책의 차례

01 전기이론

02 전기기기

01

전기이론

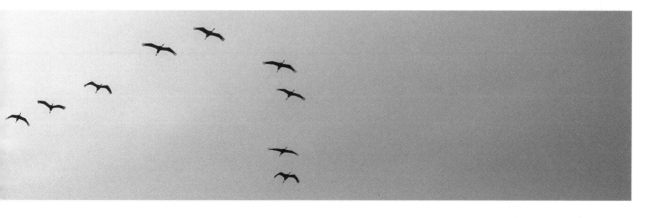

1 전압이 E[V], 내부저항이 r[Ω]인 전지의 단자 전압을 내부저항 25[Ω]의 전압계로 측정하니 50[V]이고, 75[Ω]의 전압계로 측정하니 75[V]이다. 전지의 전압 E[V]와 내부저항 r[Ω]은?

	E [V]	r [Ω]
①	100	25
②	100	50
③	200	25
④	200	50

ANSWER 1.①

1 내부저항 25[Ω]의 전압계로 측정을 한 경우 50[V]가 나왔다면

$$50 = \frac{25}{r+25}E\,[V]$$

내부저항 75[Ω]의 전압계로 측정을 한 경우 75[V]

$$75 = \frac{75}{r+75}E\,[V]$$

$$\frac{50}{75} = \frac{2}{3} = \frac{(r+75)}{3(r+25)}$$ 로부터 내부저항 $r = 25\,[\Omega]$

따라서 $E = 100\,[V]$

2 등전위면(equipotential surface)의 특징에 대한 설명으로 옳은 것만을 모두 고르면?

> ㉠ 등전위면과 전기력선은 수평으로 접한다.
> ㉡ 전위의 기울기가 없는 부분으로 평면을 이룬다.
> ㉢ 다른 전위의 등전위면은 서로 교차하지 않는다.
> ㉣ 전하의 밀도가 높은 등전위면은 전기장의 세기가 약하다.

① ㉠, ㉣

② ㉡, ㉢

③ ㉠, ㉡, ㉢

④ ㉡, ㉢, ㉣

3 코일에 직류 전압 200 [V]를 인가했더니 평균전력 1,000 [W]가 소비되었고, 교류 전압 300 [V]를 인가했더니 평균전력 1,440 [W]가 소비되었다. 코일의 저항 [Ω]과 리액턴스 [Ω]는?

	저항 [Ω]	리액턴스 [Ω]
①	30	30
②	30	40
③	40	30
④	40	40

....

ANSWER 2.② 3.③

2 전기력선의 전위가 같은 점을 연결하여 만들어진 면, 전계 속에서 발생하는 전기력선에 직각으로 교차하는 곡선 위의 점은 같은 전위이며, 이 곡선으로 만들어진 면은 등전위면이 된다. 전위가 다른 등전위면과는 교차하지 않는다. 전하의 밀도가 큰 것은 전기장의 세기가 강하다.

3 직류전압 200[V] 인가 : 저항만 적용이 된다.

$$R = \frac{V^2}{P} = \frac{200^2}{1000} = 40[\Omega]$$

교류전압 300[V] 인가 : R 과 X가 함께 작용을 한다.

$$P = \frac{V^2 R}{R^2 + X_L^2} = \frac{300^2 \times 40}{40^2 + X_L^2} = 1440[W] \text{ 에서 } X_L = 30[\Omega]$$

4 다음 회로에서 스위치 S가 단자 a에서 충분히 오랫동안 머물러 있다가 $t = 0$에서 단자 a에서 단자 b로 이동하였다. $t > 0$일 때의 전압 $v_c(t)$ [V]는?

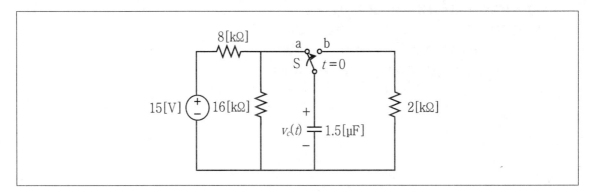

① $5e^{-\frac{t}{3 \times 10^{-2}}}$

② $5e^{-\frac{t}{3 \times 10^{-3}}}$

③ $10e^{-\frac{t}{3 \times 10^{-2}}}$

④ $10e^{-\frac{t}{3 \times 10^{-3}}}$

ANSWER 4.④

4 단자 a에서 b로 이동하면 전원이 제거되므로 전압은 콘덴서의 방전으로 감소하는 전압이 된다.

$v_c(t) = V_o e^{-\frac{1}{RC}t}$ [V]

t < 0에서 $16[K\Omega]$에 걸리는 전압은 전원전압의 분압에 의해서 10[V]가 걸리고 콘덴서에는 10[V]가 충전되어 있다.

$V_o = v_c(0) = 10[V]$

$v_c(t) = V_o e^{-\frac{1}{RC}t} = 10e^{-\frac{1}{2 \times 10^3 \times 1.5 \times 10^{-6}}t} = 10e^{-\frac{1}{3 \times 10^{-3}}t}$ [V]

5 독립전원과 종속전압원이 포함된 다음의 회로에서 저항 20 [Ω]의 전압 V_a [V]는?

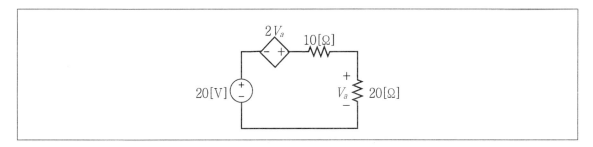

① -40

② -20

③ 20

④ 40

6 다음 자기회로에 대한 설명으로 옳지 않은 것은? (단, 손실이 없는 이상적인 회로이다)

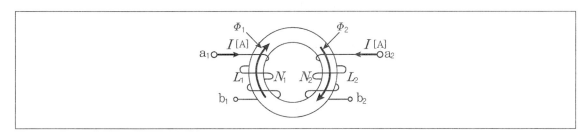

① b_1과 a_2를 연결한 합성 인덕턴스는 b_1과 b_2를 연결한 합성 인덕턴스보다 크다.

② 한 코일의 유도기전력은 상호 인덕턴스와 다른 코일의 전류 변화량에 비례한다.

③ 권선비가 $N_1 : N_2 = 2 : 1$일 때, 자기 인덕턴스 L_1은 자기 인덕턴스 L_2의 2배이다.

④ 교류 전압을 변성할 수 있고, 변압기 등에 응용될 수 있다.

ANSWER 5.① 6.③

5
중첩의 원리를 적용하여 전류를 구하면 $I = \dfrac{V}{R} = \dfrac{20}{30} + \dfrac{2V_a}{30} [A]$

$20[\Omega]$에 걸리는 전압 $V_a = IR_{20} = (\dfrac{20}{30} + \dfrac{2V_a}{30}) \times 20$

$30V_a = 400 + 40V_a$ ∴ $V_a = -40[V]$

6
그림은 가극성결합의 회로이다.

권선비 $a = \dfrac{V_1}{V_2} = \dfrac{N_1}{N_2} = \sqrt{\dfrac{L_1}{L_2}}$

$N_1 : N_2 = 2 : 1$일 때, $L_1 : L_2 = 4 : 1$

7 전류 $i(t) = t^2 + 2t$ [A]가 1 [H] 인덕터에 흐르고 있다. $t = 1$일 때, 인덕터의 순시전력 [W]은?

① 12   ② 16

③ 20   ④ 24

8 다음 회로에서 40 [μF] 커패시터 양단의 전압 V_a [V]는?

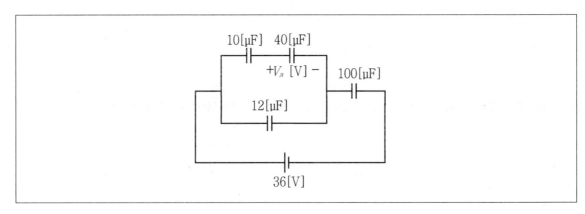

① 2   ② 4

③ 6   ④ 8

7 인덕터의 순시전력

$$P = V_{t=1} I_{t=1} = L\frac{d(t^2 + 2t)}{dt}(t^2 + 2t) = L(2t+2)_{t=1} \times (t^2 + 2t)_{t=1}$$

$$P = 1 \times 4 \times 3 = 12[W]$$

8 병렬 부분의 커패시터의 합 $C_1 = 12 + \dfrac{10 \times 40}{10 + 40} = 20[\mu F]$

C_1과 $100[\mu F]$의 비는 $1 : 5$이므로 전압비는 $5 : 1$

그러므로 C_1에는 30[V]의 전압이 걸린다.

$10[\mu F]$와 $40[\mu F]$에도 30[V]가 걸리고 커패시터 비가 $1 : 4$이므로 전압비는 $4 : 1$

그러므로 $V_{40} = 6[V]$

9 그림과 같은 주기적인 전압 파형에 포함되지 않은 고조파의 주파수[Hz]는?

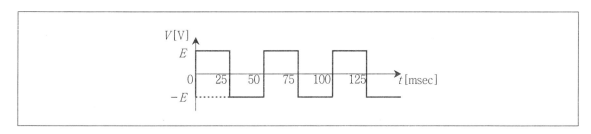

① 60

② 100

③ 120

④ 140

10 다음 Y−Y 결선 평형 3상 회로에서 부하 한 상에 공급되는 평균전력[W]은? (단, 극좌표의 크기는 실횻값이다)

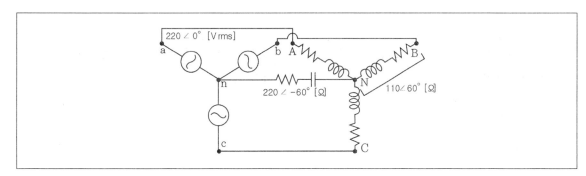

① 110

② 220

③ 330

④ 440

ANSWER 9.③ 10.②

9

주기가 50[msec]이므로 주파수는 $f = \dfrac{1}{T} = \dfrac{1}{0.05} = 20[Hz]$

정현대칭이므로 기수파만 존재한다.

3고조파는 60[Hz], 5고조파는 100[Hz], 7고조파는 140[Hz]

10

Y결선에서 1상에 공급되는 평균전력 $P = \dfrac{V^2 R}{R^2 + X^2}[W]$

1상당 임피던스 $220\angle -60° + 110\angle 60° = 220(\cos 60° - j\sin 60°) + 110(\cos 60° + j\sin 60°)$

$\qquad\qquad\qquad = 110 - j110\sqrt{3} + 55 + j55\sqrt{3} = 165 - j95.26[\Omega]$

$P = \dfrac{V^2 R}{R^2 + X^2} = \dfrac{220^2 \times 165}{165^2 + 95.26^2} = 220[W]$

11 $R-L-C$ 직렬회로에 100 [V]의 교류 전원을 인가할 경우, 이 회로에 가장 큰 전류가 흐를 때의 교류 전원 주파수 f [Hz]와 전류 I[A]는? (단, $R = 50 [\Omega]$, $L = 100 [mH]$, $C = 1,000 [\mu F]$이다)

$\quad\quad \underline{f\,[\text{Hz}]} \quad\quad\quad\quad \underline{I\,[\text{A}]}$

① $\dfrac{50}{\pi}$ $\quad\quad\quad\quad$ 2

② $\dfrac{50}{\pi}$ $\quad\quad\quad\quad$ 4

③ $\dfrac{100}{\pi}$ $\quad\quad\quad\quad$ 2

④ $\dfrac{100}{\pi}$ $\quad\quad\quad\quad$ 4

12 1대의 용량이 100 [kVA]인 단상 변압기 3대를 평형 3상 △ 결선으로 운전 중 변압기 1대에 장애가 발생하여 2대의 변압기를 V결선으로 이용할 때, 전체 출력용량[kVA]은?

① $\dfrac{100}{\sqrt{3}}$ $\quad\quad\quad\quad\quad\quad\quad\quad\quad\quad\quad$ ② $\dfrac{173}{\sqrt{3}}$

③ $\dfrac{220}{\sqrt{3}}$ $\quad\quad\quad\quad\quad\quad\quad\quad\quad\quad\quad$ ④ $\dfrac{300}{\sqrt{3}}$

ANSWER 11.① 12.④

11
가장 큰 전류가 흐르면 공진상태이다. 전류는 $I = \dfrac{V}{R} = \dfrac{100}{50} = 2[A]$

임피던스는 $Z = R + jX_L - jX_C = R[\Omega]$

$X_L = X_C, \ 2\pi fL = \dfrac{1}{2\pi fC}$

$f = \dfrac{1}{2\pi\sqrt{LC}} = \dfrac{1}{2\pi\sqrt{100 \times 10^{-3} \times 1000 \times 10^{-6}}} = \dfrac{100}{2\pi} = \dfrac{50}{\pi}[Hz]$

12
V결선의 출력은 $P_V = \sqrt{3}\,P_1 = \sqrt{3} \times 100 = \dfrac{300}{\sqrt{3}}[KVA]$

13 자속밀도 4 [Wb/m²]의 평등자장 안에서 자속과 30° 기울어진 길이 0.5 [m]의 도체에 전류 2 [A]를 흘릴 때, 도체에 작용하는 힘 F[N]는?

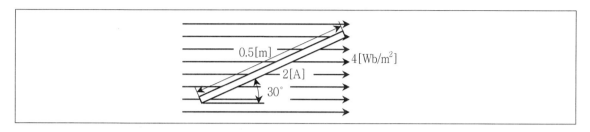

① 1

② 2

③ 3

④ 4

14 다음 $R-L$ 직렬회로에서 $t = 0$에서 스위치 S를 닫았다. $t = 3$에서 전류의 크기가 $i(3) = 4(1 - e^{-1})$ [A]일 때, 전압 E[V]와 인덕턴스 L[H]은?

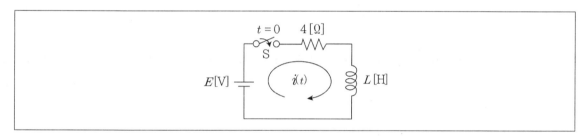

	E[V]	L[H]
①	8	6
②	8	12
③	16	6
④	16	12

....

ANSWER 13.② 14.④

13 플레밍의 식에서 $F = l[I \times B] = lIB\sin\theta = 0.5 \times 2 \times 4 \times \sin 30° = 2 [N]$

14

R-L 회로에서 $i(t) = \dfrac{V}{R}(1 - e^{-\frac{R}{L}t})[A]$

3초에서 전류의 크기가 $i(3) = 4(1 - e^{-1})[A]$이라면 $t = 3$이 시정수이므로 63[%]의 전류값이 4[A]가 된다는 의미이다.

식에서 저항이 4[Ω]이므로 $E = 16$[V].

시정수는 $\dfrac{L}{R} = \dfrac{L}{4} = 3$[sec]에서 $L = 12$[H]

15 다음 회로의 역률이 0.8일 때, 전압 V_s [V]와 임피던스 X [Ω]는? (단, 전체 부하는 유도성 부하이다)

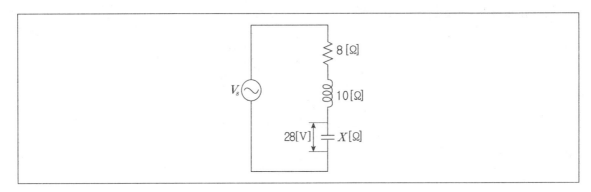

	V_s [V]	X [Ω]
①	70	2
②	70	4
③	80	2
④	80	4

16 $R-L$ 직렬회로에 직류 전압 100 [V]를 인가하면 정상상태 전류는 10 [A]이고, $R-C$ 직렬회로에 직류 전압 100 [V]를 인가하면 초기전류는 10 [A]이다. 이 두 회로의 설명으로 옳지 않은 것은? (단, $C = 100\,[\mu F]$, $L = 1\,[mH]$이고, 각 회로에 직류 전압을 인가하기 전 초깃값은 0이다)

① $R-L$ 직렬회로의 시정수는 L이 10배 증가하면 10배 증가한다.

② $R-L$ 직렬회로의 시정수가 $R-C$ 직렬회로의 시정수보다 10배 크다.

③ $R-C$ 직렬회로의 시정수는 C가 10배 증가하면 10배 증가한다.

④ $R-L$ 직렬회로의 시정수는 0.1 [msec]다.

···

ANSWER 15.② 16.②

15 회로의 역률이 0.8이면, 지금 저항이 8[Ω]이므로 임피던스는 10[Ω], 합성리액턴스는 6[Ω]이 되어야 하므로 $X=4[Ω]$, $X[Ω]$에 걸리는 전압이 28[V]이므로 전류는 7[A], 합성 임피던스가 10[Ω]이므로 전원전압은 70[V]가 된다.

16 R-L 직렬회로 : 직류전압 100[V]에서 정상상태 전류가 10[A]이면 $R=\dfrac{V}{I}=\dfrac{100}{10}=10[Ω]$

시정수는 $\dfrac{L}{R}=\dfrac{1\times10^{-3}}{10}=10^{-4}=0.1[ms]$, L이 10배 증가하면 시정수도 10배 증가한다.

R-C 직렬회로 : 전류 $i(t)=10e^{-\frac{1}{RC}t}[A]$ 직류전압이 100[V]이므로 $R=10[Ω]$

시정수 $RC=10\times100\times10^{-6}=10^{-3}=1[ms]$이므로 C가 10배 증가하면 시정수도 10배 증가한다.

R-C회로의 시정수가 R-L회로의 시정수보다 10배 크다.

17 다음 회로에서 전원 V_s [V]가 $R-L-C$로 구성된 부하에 인가되었을 때, 전체 부하의 합성 임피던스 Z [Ω] 및 전압 V_s와 전류 I의 위상차 θ [°]는?

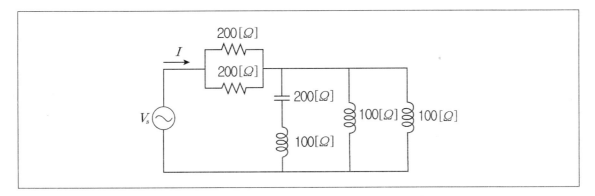

	Z [Ω]	θ [°]
①	100	45
②	100	60
③	$100\sqrt{2}$	45
④	$100\sqrt{2}$	60

17 합성 임피던스를 구하면

저항의 병렬과 유도성 리액턴스의 병렬은 각각 2로 나누어 계산 후 식을 정리하면

$$Z_o = 100 + \frac{j50(-j200+j100)}{j50 - j200 + j100} = 100 + \frac{5000}{-j50} = 100 + j100 [\Omega]$$

$$Z_o = 100\sqrt{2} \angle 45°$$

전압이 전류보다 45° 앞선다.

18 다음 직류회로에서 4[Ω] 저항의 소비전력[W]은?

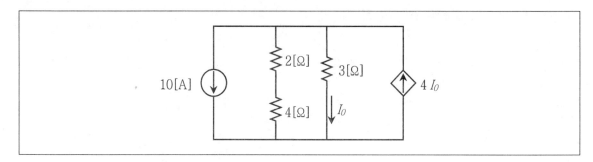

① 4

② 8

③ 12

④ 16

18 회로 상단의 전압을 V_1, 하단의 전압을 V_2라고 하면

2[Ω]과 4[Ω]에 흐르는 전류는

$$\frac{V_1 - V_2}{2[\Omega] + 4[\Omega]} = 3I_o - 10[A]$$

$$V_1 - V_2 = 3I_o = 18I_o - 60$$

$$15I_o = 60, \quad I_o = 4[A]$$

그러므로 저항이 2배인 2[Ω]과 4[Ω]에는 2[A]전류가 흐른다.

4[Ω] 저항의 소비전력은

$$P = I^2 R = 2^2 \times 4 = 16[W]$$

19 다음 직·병렬 회로에서 전류 I[A]의 위상이 전압 V_s [V]의 위상과 같을 때, 저항 R [Ω]은?

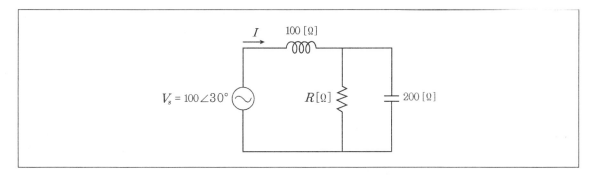

① 100

② 200

③ 300

④ 400

....

ANSWER 19.②

19 전압과 전류의 위상이 같으므로 역률이 1이다.

$$Z_e = j100 + \frac{R \times (-j200)}{R + (-j200)} = j100 + \frac{-j200R}{R - j200} = j100 + \frac{-j200R(R + j200)}{R^2 + 200^2}$$

$\cos\theta = 1$이므로 임피던스의 실수부와 전체 임피던스가 같다.

$$\frac{200^2 R}{R^2 + 200^2} = \frac{j100(R^2 + 200^2) - j200R(R + j200)}{R^2 + 200^2}$$

$$200^2 R = j100R^2 + j100 \times 200^2 - j200R^2 + 200^2 R$$

$$j100R^2 = j100 \times 200^2$$

$$R = 200 [\Omega]$$

20 그림과 같이 저항 $R_1 = R_2 = 10\,[\Omega]$, 자기 인덕턴스 $L_1 = 10\,[H]$, $L_2 = 100\,[H]$, 상호 인덕턴스 $M = 10$ $[H]$로 구성된 회로의 임피던스 $Z_{ab}\,[\Omega]$는? (단, 전원 V_s의 각속도는 $\omega = 1\,[rad/s]$이고 $Z_L = 10 - j100$ $[\Omega]$이다)

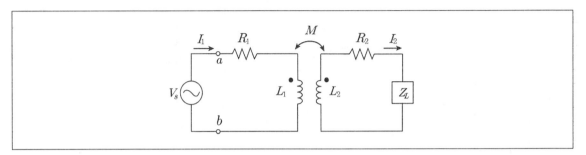

① $10 - j15$

② $10 + j15$

③ $15 - j10$

④ $15 + j10$

ANSWER 20.④

20 $V_s = (R_1 + j\omega L_1)I_1 - j\omega M I_2\,[V]$

$0 = -j\omega M I_1 + (R_2 + j\omega L_2 + Z_L)I_2\,[V]$

$I_2 = \dfrac{j\omega M I_1}{R_2 + j\omega L_2 + Z_L} = \dfrac{j10 I_1}{10 + j100 + 10 - j100} = j0.5 I_1$

$V_s = (R_1 + j\omega L_1)I_1 - j\omega M I_2 = (10 + j10)I_1 - j10 \times j0.5 I_1 = (10 + 5 + j10)I_1\,[V]$

따라서 $Z_{ab} = \dfrac{V_s}{I_1} = 15 + j10\,[\Omega]$

1 2개의 코일이 단일 철심에 감겨 있으며 결합계수가 0.5이다. 코일 1의 인덕턴스가 10 $[\mu H]$이고 코일 2의 인덕턴스가 40 $[\mu H]$일 때, 상호 인덕턴스$[\mu H]$는?

① 1

② 2

③ 4

④ 10

2 비사인파 교류 전압 $v(t) = 10 + 5\sqrt{2}\sin wt + 10\sqrt{2}\sin\left(3wt + \dfrac{\pi}{6}\right)$[V]일 때, 전압의 실횻값[V]은?

① 5

② 10

③ 15

④ 20

ANSWER 1.④ 2.③

1 결합계수는 1차의 에너지가 2차에 얼마나 전달되는지를 나타낸다.

$$k = \frac{M}{\sqrt{L_1 L_2}} = 0.5$$

$$k = \frac{M}{\sqrt{10 \times 40}} = 0.5 \text{ 에서 } M = 10[\mu H]$$

2 비사인파 교류전압에서 전압의 실횻값은 각각의 성분의 실횻값의 제곱의 합을 제곱근을 취하여 얻는다.

$$v = \sqrt{10^2 + 5^2 + 10^2} = \sqrt{225} = 15[V]$$

3 전압 $v(t) = 110\sqrt{2}\sin\left(120\pi t + \dfrac{2\pi}{3}\right)$ [V]인 파형에서 실횻값[V], 주파수[Hz] 및 위상[rad]으로 옳은 것은?

	실횻값	주파수	위상
①	110	60	$\dfrac{2\pi}{3}$
②	110	60	$-\dfrac{2\pi}{3}$
③	$110\sqrt{2}$	120	$-\dfrac{2\pi}{3}$
④	$110\sqrt{2}$	120	$\dfrac{2\pi}{3}$

4 회로에서 임의의 두 점 사이를 5[C]의 전하가 이동하여 외부에 대하여 100[J]의 일을 하였을 때, 두 점 사이의 전위차[V]는?

① 20 ② 40

③ 50 ④ 500

ANSWER 3.① 4.①

3 $v(t) = 110\sqrt{2}\,sin(120\pi t + \dfrac{2\pi}{3})\,[V]$ 에서

최댓값 $v_m = 110\sqrt{2}\,[V]$

실횻값 $v = 110[V]$

주파수 $\omega = 2\pi f = 120\pi\,[rad/s]$ 에서 주파수는 60[Hz]

위상은 $\dfrac{2\pi}{3} = 240°$

4 일 $W = QV[J]$ 에서 5[C]의 전하가 100[J]의 일을 한 것이므로

$100 = 5 \times V$

$V = 20[V]$

5 그림의 회로에서 저항 $R[\Omega]$은?

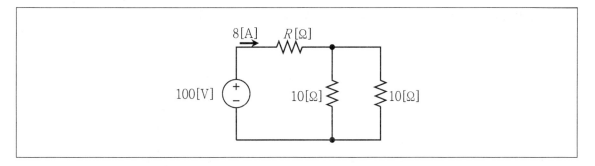

① 2.5

② 5.0

③ 7.5

④ 10.0

....

ANSWER 5.③

5
　　회로의 전체 등가저항은 $R_t = \dfrac{V}{I} = \dfrac{100}{8} = 12.5[\Omega]$

　　$10[\Omega]$의 저항이 병렬이고, 병렬 합성저항은 $\dfrac{10}{2} = 5[\Omega]$이므로 $R = 7.5[\Omega]$

6 그림의 회로에서 $N_1 : N_2 = 1 : 10$을 가지는 이상변압기(ideal transformer)를 적용하는 경우 $\dot{Z}_L$에 최대 전력이 전달되기 위한 $\dot{Z}_S$는? (단, 전원의 각속도 $w = 50\,[\text{rad/s}]$이다)

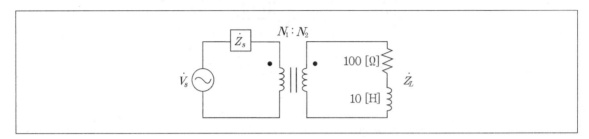

① 1 [Ω] 1 [H]

② 1 [Ω]   10[mH]

③ 1 [Ω] 4[mF]

④ 1 [Ω]   4[F]

6

최대전력 전달조건 $\dfrac{N_1}{N_2} = \sqrt{\dfrac{Z_s}{Z_L}} = \dfrac{1}{10}$ 이므로 $Z_s : Z_L = 1 : 100$

또한 $Z_L = R + jX[\Omega]$이면 최대전력을 위한 $Z_s = R - jX[\Omega]$이므로 $Z_L = 100 + j500[\Omega]$

1/100으로 하면 $Z_L = 1 + j5[\Omega]$

$Z_s = 1 - j5 = 1 - j\dfrac{1}{\omega C}[\Omega]$

$\omega C = \dfrac{1}{5}$, $C = \dfrac{1}{\omega 5} = \dfrac{1}{50 \times 5} = 0.004 = 4[mF]$

7 그림의 회로에서 $I_1 + I_2 - I_3$[A]는?

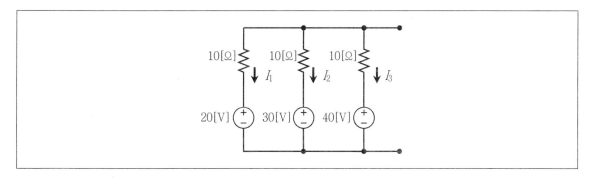

① 1

② 2

③ 3

④ 4

ANSWER 7.②

7 밀만의 정리에 의해서 중성점의 전위를 구하면

$$V_n = \frac{\dfrac{20}{10} + \dfrac{30}{10} + \dfrac{40}{10}}{\dfrac{1}{10} + \dfrac{1}{10} + \dfrac{1}{10}} = 30[V]$$

I_1 전류는 중성점 전위 30[V]와 20[V]와의 전위차 10[V]에 의해서 흐르는 전류

I_2 전류는 중성점 전위 30[V]와 30[V]가 전위차가 없으므로 전류가 흐르지 않는다.

I_3 전류는 중성점 전위 30[V]와 40[V]가 전위차가 −10[V]이므로 전류는 −1[A]

$$I_1 = \frac{10}{10} = 1[A], \ I_2 = \frac{0}{10} = 0, \ I_3 = \frac{-10}{10} = -1[A]$$

그러므로 $I_1 + I_2 - I_3 = 2[A]$

8 그림의 회로에서 저항 20 [Ω]에 흐르는 전류 $I = 0$[A]가 되도록 하는 전류원 I_S[A]는?

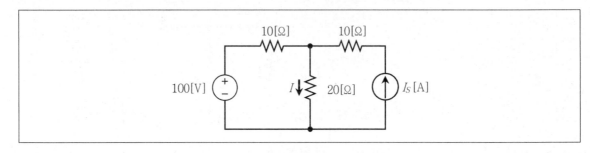

① 10

② 15

③ 20

④ 25

9 그림의 회로에서 $v_s(t) = 100 \sin wt$[V]를 인가한 후, L[H]을 조절하여 $i_s(t)$[A]의 실훗값이 최소가 되기 위한 L[H]은?

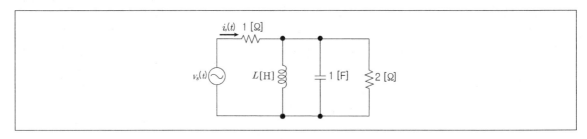

① $\dfrac{1}{\omega^2}$

② $\dfrac{1}{\omega}$

③ $\dfrac{1}{\omega\sqrt{2}}$

④ $\dfrac{\sqrt{2}}{\omega}$

ANSWER 8.① 9.①

8 중첩의 정리로 구한다.

전압원 100[V]만 있는 경우 전류원을 개방하면 20[Ω]에 흐르는 전류는 $\dfrac{10}{3}[A]$

전류원만 있는 경우 전압원을 단락시키면 20[Ω]에 흐르는 전류는 $\dfrac{10}{3}[A]$가 되어야 $I = 0[A]$가 되는 것이므로

$\dfrac{10}{10+20}I_s = \dfrac{10}{3}[A]$, $I_s = 10[A]$

9 전류의 실훗값이 최소가 되려면 병렬공진이어야 한다. $\omega C = \dfrac{1}{\omega L}$에서 $L = \dfrac{1}{\omega^2 C} = \dfrac{1}{\omega^2}[H]$

10 그림의 회로에서 이상변압기(ideal transformer)의 권선비가 $N_1 : N_2 = 1 : 2$일 때, 전압 $\dot{V}_o$ [V]는?

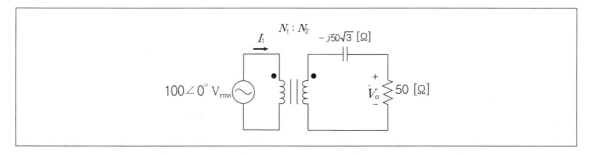

① $100 \angle 30°$

② $100 \angle 60°$

③ $200 \angle 30°$

④ $200 \angle 60°$

10

이상변압기의 권선비가 $\dfrac{V_1}{V_2} = \dfrac{N_1}{N_2} = \dfrac{1}{2}$ 에서

변압기 2차측의 전압은 $200 \angle 0°\,[V]$

부하는 $R - jX_c = 50 - j50\sqrt{3} = 100 \angle -60°$

2차측 전류는 $I_2 = \dfrac{200 \angle 0°}{100 \angle -60°} = 2 \angle 60°\,[A]$

따라서 저항에는 $V_o = I_2 R = 50 \times 2 \angle 60° = 100 \angle 60°\,[V]$

11 전자유도(electromagnetic induction)에 대한 설명으로 옳은 것만을 모두 고르면?

> ⊙ 코일에 흐르는 시변 전류에 의해서 같은 코일에 유도기전력이 발생하는 현상을 자기유도(self induction)라 한다.
>
> ⊙ 자계의 방향과 도체의 운동 방향이 직각인 경우에 유도기전력의 방향은 플레밍(Fleming)의 오른손 법칙에 의하여 결정된다.
>
> ⊙ 도체의 운동 속도가 v[m/s], 자속밀도가 B[Wb/m^2], 도체 길이가 l[m], 도체 운동의 방향이 자계의 방향과 각(θ)을 이루는 경우, 유도기전력의 크기 $e = Blv\sin\theta$[V]이다.
>
> ⊙ 전자유도에 의해 만들어지는 전류는 자속의 변화를 방해하는 방향으로 발생한다. 이를 렌츠(Lenz)의 법칙이라고 한다.

① ⊙, ⊙

② ⊙, ⊙

③ ⊙, ⊙, ⊙

④ ⊙, ⊙, ⊙, ⊙

ANSWER 11.④

11 ⊙ 자기유도 : 전기 흐름의 변화를 저지하려고 하는 방향에 발생하는 전류를 말한다.

$e = L\dfrac{di}{dt}[V]$ 시변전류에 의하여 유기기전력이 발생한다.

⊙ 도체가 운동하여 기전력이 발생하는 발전기의 원리로 플레밍의 오른손 법칙이다.

⊙ 유도기전력 $e = l[v \times B] = Blv\sin\theta[V]$

⊙ 전자유도에 의하여 만들어지는 전류의 방향은 렌츠의 법칙이다.

예시 모두 옳다.

12 그림의 회로에 대한 설명으로 옳은 것은?

$$i(t) = 10\sqrt{2}\sin(wt + 60°)\,[\mathrm{A}]$$

$$v(t) = 200\sin(wt + 30°)\,[\mathrm{V}] \qquad \dot{Z}$$

① 전압의 실횻값은 200 [V]이다.

② 순시전력은 항상 전원에서 부하로 공급된다.

③ 무효전력의 크기는 $500\sqrt{2}$ [Var]이다.

④ 전압의 위상이 전류의 위상보다 앞선다.

ANSWER 12.③

12 $v(t) = 200\sin(\omega t + 30°)\,[V]$, $i(t) = 10\sqrt{2}\sin(\omega t + 60°)\,[A]$이면

전압의 최댓값 200[V], 실횻값 $\dfrac{200}{\sqrt{2}} = 100\sqrt{2}\,[V]$

유효전력은 $P = VI\cos\theta = \dfrac{200}{\sqrt{2}} \times 10 \times \cos 30° = \dfrac{2000}{\sqrt{2}} \times \dfrac{\sqrt{3}}{2} = 1224.7\,[W]$

무효전력 $P_r = VI\sin\theta = \dfrac{200}{\sqrt{2}} \times 10 \times \sin 30° = 500\sqrt{2}\,[Var]$

전류의 위상이 전압의 위상보다 30° 앞서 있다.

13 어떤 부하에 단상 교류전압 $v(t) = \sqrt{2}\,V\sin wt$[V]를 인가하여 부하에 공급되는 순시전력이 그림과 같이 변동할 때 부하의 종류는?

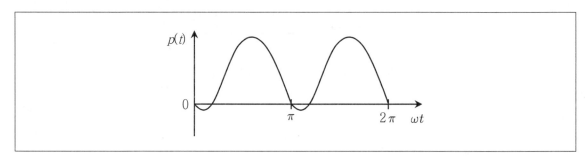

① R 부하

② $R-L$ 부하

③ $R-C$ 부하

④ $L-C$ 부하

14 0.3 [μF]과 0.4 [μF]의 커패시터를 직렬로 접속하고 그 양단에 전압을 인가하여 0.3 [μF]의 커패시터에 24 [μC]의 전하가 축적되었을 때, 인가한 전압[V]은?

① 120

② 140

③ 160

④ 180

13 그림에서 전력의 위상이 뒤지므로 유도성 회로이다. 주어진 전압의 위상에 대해서 전류의 위상이 늦다.
따라서 R-L 부하이다.

14 두 개의 콘덴서가 직렬연결이므로 각각에 충전되는 전하량은 동일하다.

$$V_1 = \frac{Q}{C} = \frac{24}{0.3} = 80[V], \quad V_2 = \frac{Q}{C} = \frac{24}{0.4} = 60[V]$$

따라서 직렬인가전압은 $V = V_1 + V_2 = 80 + 60 = 140[V]$

15 그림과 같이 평형 3상 회로에 임피던스 $\dot{Z}_{\Delta} = 3\sqrt{2} + j3\sqrt{2}$ [Ω]인 부하가 연결되어 있을 때, 선전류 I_L[A]은? (단, V_L = 120 [V])

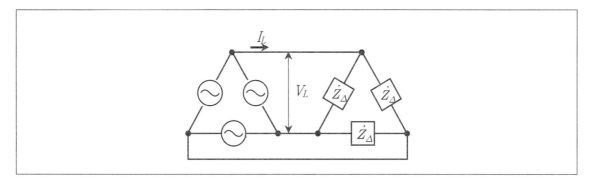

① 20

② $20\sqrt{3}$

③ 60

④ $60\sqrt{3}$

16 선간전압 V_s [V], 한 상의 부하 저항이 R [Ω]인 평형 3상 $\triangle - \triangle$ 결선 회로의 유효전력은 P [W]이다. $\triangle$ 결선된 부하를 Y결선으로 바꿨을 때, 동일한 유효전력 P [W]를 유지하기 위한 전원의 선간전압 [V]은?

① $\dfrac{V_s}{\sqrt{3}}$

② V_s

③ $\sqrt{3}\,V_s$

④ $3\,V_s$

ANSWER 15.② 16.③

15
상전류 $I_p = \dfrac{V_p}{Z_{\Delta}} = \dfrac{120}{3\sqrt{2} + j3\sqrt{2}} = \dfrac{120}{\sqrt{(3\sqrt{2})^2 + (3\sqrt{2})^2}} = 20[A]$

$\triangle$회로이므로 선전류는 $I_l = \sqrt{3}\,I_p = 20\sqrt{3}[A]$

16
$P_{\triangle} = \sqrt{3}\,V_s I \cos\theta\,[W]$, $V_s = V_p = V_l$

$P_Y = \sqrt{3}\,VI\cos\theta\,[W]$, $V = \sqrt{3}\,V_p = \sqrt{3}\,V_s$

Y결선으로 바꿨을 때 동일한 유효전력이 되려면 Y결선 전원의 선간전압이 $\sqrt{3}\,V_s$가 되어야 한다.

17 그림의 회로에 $t = 0$에서 직류전압 $V = 50$ [V]를 인가할 때, 정상상태 전류 I[A]는? (단, 회로의 시 정수는 2 [ms], 인덕터의 초기전류는 0 [A]이다)

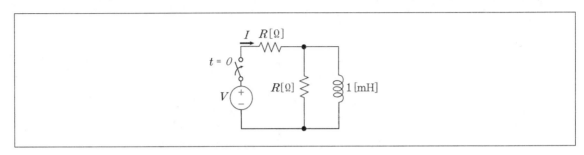

① 12.5

② 25

③ 35

④ 50

18 그림의 회로에서 단자 A와 B에서 바라본 등가저항이 12 [Ω]이 되도록 하는 상수 β는?

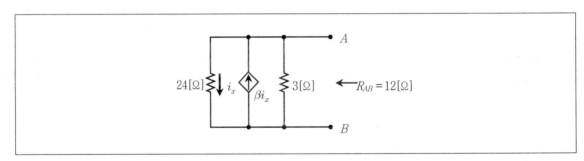

① 2

② 4

③ 5

④ 7

ANSWER 17.④ 18.④

17
정상상태 전류에서 인덕터는 단락이 되므로 $I = \dfrac{V}{R} = \dfrac{50}{R} [A]$

회로의 시정수는 $\dfrac{L}{R_e} = \dfrac{L}{\dfrac{R}{2}} = \dfrac{2L}{R} = \dfrac{2 \times 1 \times 10^{-3}}{R} = 2 \times 10^{-3}$ 에서 $R = 1 [\Omega]$, 따라서 $I = \dfrac{V}{R} = \dfrac{50}{1} = 50 [A]$

18
단자 A,B에 1[V]의 전압원을 연결하면 $R_{AB} = 12 [\Omega]$이므로 $I_o = \dfrac{1}{12} [A]$

KCL을 적용하면 $\dfrac{1}{12} + \beta i_x = i_x + \dfrac{1}{3}$, $(\beta - 1)i_x = \dfrac{1}{4}$, $1 [V] = 24 [\Omega] \times i_x$

$\beta - 1 = \dfrac{24}{4}$, $\beta = 7$

19 그림과 같은 회로에서 스위치를 B에 접속하여 오랜 시간이 경과한 후에 $t = 0$에서 A로 전환하였다. $t = 0^+$에서 커패시터에 흐르는 전류 $i(0^+)$[mA]와 $t = 2$에서 커패시터와 직렬로 결합된 저항 양단의 전압 $v(2)$ [V]은?

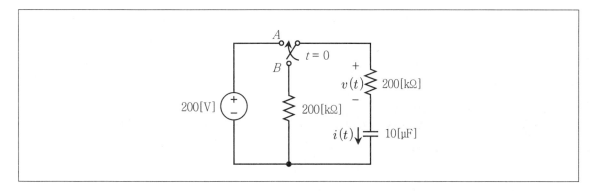

	$i(0^+)$ [mA]	$v(2)$ [V]
①	0	약 74
②	0	약 126
③	1	약 74
④	1	약 126

ANSWER 19.③

19 t = 0에서 C에 충전된 전압은 0[V]

t = 0에서 $i(0) = \dfrac{V}{R} = \dfrac{200}{200 \times 10^3} = 1[mA]$

$i = \dfrac{V}{R} e^{-\frac{1}{RC}t}[A]$,   t = 2에서

$i = \dfrac{200}{200 \times 10^3} e^{-1} = 0.37 \times 10^{-3}[A]$

그러므로 저항 양단의 전압 $v(2) = iR = 0.37 \times 10^{-3} \times 200 \times 10^3 = 74[V]$

20 $v_1(t) = 100\sin(30\pi t + 30°)$[V]와 $v_2(t) = V_m\sin(30\pi t + 60°)$[V]에서 $v_2(t)$의 **실횻값**은 $v_1(t)$의 **최댓값의** $\sqrt{2}$ **배이다.** $v_1(t)$ [V]와 $v_2(t)$ [V]의 **위상차에 해당하는 시간[s]과** $v_2(t)$의 **최댓값** V_m [V]은?

시간	최댓값
① $\dfrac{1}{180}$	200
② $\dfrac{1}{360}$	200
③ $\dfrac{1}{180}$	$200\sqrt{2}$
④ $\dfrac{1}{360}$	$200\sqrt{2}$

ANSWER 20.①

20 $v_1(t) = 100\sin(30\pi t + 30°)[V]$

$v_2(t) = V_m\sin(30\pi t + 60°)[V]$

$V = 100\sqrt{2}[V]$ 이므로 $V_m = 200[V]$

위상차는 $30°$ 이므로 $\omega = 2\pi f = 30\pi$ 에서

주파수는 15[Hz], 주기는 $T = \dfrac{1}{15}[s]$ 이다

$360° : \dfrac{1}{15} = 30° : x$ 로 하여 위상차에 해당하는 시간을 구하면

$x = \dfrac{1}{15} \times \dfrac{1}{12} = \dfrac{1}{180}[\sec]$

1 그림의 회로에서 $i_1 + i_2 + i_3$의 값[A]은?

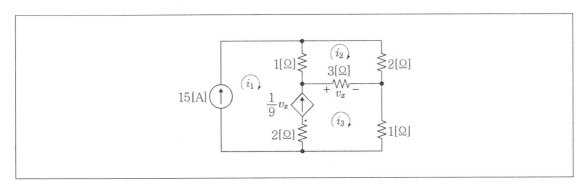

① 40[A]

② 41[A]

③ 42[A]

④ 43[A]

ANSWER 1.④

1

중첩의 원리를 이용한다면

15[A]전류원만 있는 경우의 전류의 흐름

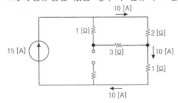

전압제어 전류원만 있는 경우 전류의 흐름

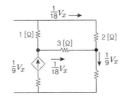

$i_1 = 15[A]$, $i_2 = 10 + \dfrac{1}{18}v_x[A]$, $i_3 = 15 + \dfrac{1}{9}v_x[A]$

$(5 + \dfrac{1}{18}v_x) \times 3 = v_x$ 따라서 $v_x = 18[V]$

$i_1 + i_2 + i_3 = 15 + 11 + 17 = 43[A]$

2 그림과 같이 한 접합점에 전류가 유입 또는 유출된다. $i_1(t) = 10\sqrt{2}\,\sin t$[A], $i_2(t) = 5\sqrt{2}\,\sin(t + \frac{\pi}{2})$[A], $i_3(t) = 5\sqrt{2}\,\sin\left(t - \frac{\pi}{2}\right)$[A]일 때, 전류 i_4의 값[A]은?

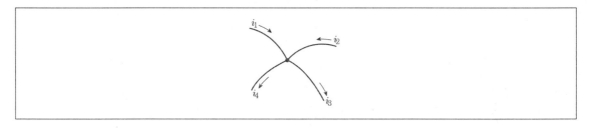

① $10\sin t$[A]

② $10\sqrt{2}\,\sin t$[A]

③ $20\sin(t + \frac{\pi}{4})$[A]

④ $20\sqrt{2}\,\sin(t + \frac{\pi}{4})$[A]

3 그림의 회로에서 $v(t = 0) = V_0$일 때, 시간 t에서의 $v(t)$의 값[V]은?

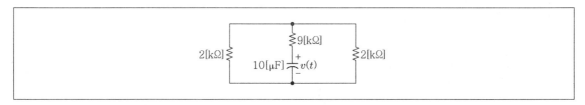

① $v(t) = V_0 e^{-10t}$[V]

② $v(t) = V_0 e^{0.1t}$[V]

③ $v(t) = V_0 e^{10t}$[V]

④ $v(t) = V_0 e^{-0.1t}$[V]

---

2 키르히호프의 전류법칙에 의해서 유입전류의 합은 유출전류의 합과 같으므로 $i_1(t) + i_2(t) = i_3(t) + i_4(t)$

$10\sqrt{2}\,sint + 5\sqrt{2}\,sin(t + \frac{\pi}{2}) = 5\sqrt{2}\,sin(t - \frac{\pi}{2}) + i_4(t)$

$i_4(t) = 10\sqrt{2}\,sint + 5\sqrt{2}\,sin(t + \frac{\pi}{2}) - 5\sqrt{2}\,sin(t - \frac{\pi}{2}) = 10\sqrt{2}\,sint + 10\sqrt{2}\,sin(t + \frac{\pi}{2}) = 20sin(t + \frac{\pi}{4})[A]$

(참고) $5\sqrt{2}\,sin(t + \frac{\pi}{2}) - 5\sqrt{2}\,sin(t - \frac{\pi}{2}) = 10\sqrt{2}\,sin(t + \frac{\pi}{2})$ 는 90도 반대방향의 두 개의 값을 뺀 것이므로 2배를 한 것이다.

3 그림의 회로는 콘덴서 충전전압이 방전되고 있는 것이다. 저항의 합성은 $10[K\Omega]$이 되므로

$v(t) = V_0 e^{-\frac{1}{RC}t} = V_0 e^{-\frac{1}{10 \times 10^3 \times 10 \times 10^{-6}}t} = V_0 e^{-10t}[V]$

4 그림의 회로에서 $C=200[p\text{F}]$의 콘덴서가 연결되어 있을 때, 시정수 $\tau[p\sec]$와 단자 $a-b$ 왼쪽의 테브 냉 등가전압 V_{Th}의 값[V]은?

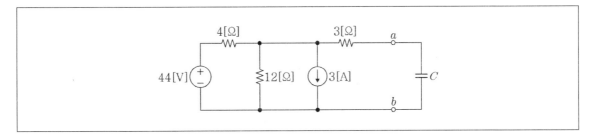

① $\tau=1200[p\sec]$, $V_{Th}=24[\text{V}]$

② $\tau=1200[p\sec]$, $V_{Th}=12[\text{V}]$

③ $\tau=600[p\sec]$, $V_{Th}=12[\text{V}]$

④ $\tau=600[p\sec]$, $V_{Th}=24[\text{V}]$

ANSWER 4.①

4 단자ab의 왼쪽의 회로에서 전류원을 제거하면 44[V]전압원에 의한 12[Ω]에 걸리는 전압은

$$V_1 = \frac{12}{4+12} \times 44 = 33[V]$$

전류원 3[A]에 의한 12[Ω]의 전압 $V_2 = 12 \times \frac{4}{4+12} \times 3 = 9[V]$

따라서 단자 ab의 왼쪽 회로의 등가 전압은 $V_e = 33-9 = 24[V]$

등가 임피던스는 전압원을 단락하고 전류원을 개방해서 구하면

$$R_e = 3 + \frac{4 \times 12}{4+12} = 6[\Omega] \quad \text{시정수는 } R_e C = 6 \times 200 = 1200[psec]$$

5 그림과 같은 전압 파형이 100[mH] 인덕터에 인가되었다. $t = 0$[sec]에서 인덕터 초기 전류가 0[A]라고 한다면, t=14[sec]일 때 인덕터 전류의 값[A]은?

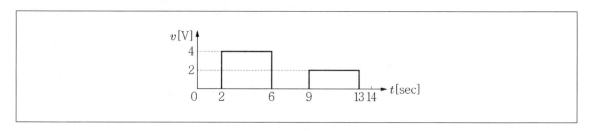

① 210[A]

② 220[A]

③ 230[A]

④ 240[A]

6 20[Ω]의 저항에 실효치 20[V]의 사인파가 걸릴 때 발생열은 직류 전압 10[V]가 걸릴 때 발생열의 몇 배 인가?

① 1배

② 2배

③ 4배

④ 8배

5 2초부터 6초까지 전류의 증가분 : $e_1 = L\dfrac{di}{dt} = 100 \times 10^{-3} \times \dfrac{di}{6-2} = 4[V]$ 에서 전류는 160[A] 증가

9초부터 13초까지 전류의 증가분 : $e_2 = 100 \times 10^{-3} \times \dfrac{di}{13-9} = 2[V]$ 에서 전류는 80[A]증가

그러므로 14초일 때 인덕터 전류는 $e_1 + e_2 = 240[A]$

6 20[V]의 사인파에서의 줄열 $I^2 R = 1^2 \times 20[w]$

10[V]의 직류전압에서의 줄열 $I^2 r = 0.5^2 \times 20 = 5[w]$

7 교류전원 $v_s(t) = 2\cos 2t$ [V]가 직렬 RL 회로에 연결되어 있다. $R = 2[\varOmega]$, $L = 1$[H]일 때, 회로에 흐르는 전류 $i(t)$의 값[A]은?

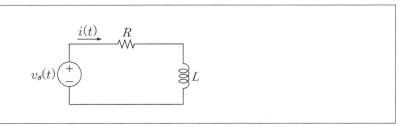

① $\sqrt{2}\,\cos(2t - \dfrac{\pi}{4})$[A]

② $\sqrt{2}\,\cos(2t + \dfrac{\pi}{4})$[A]

③ $\dfrac{1}{\sqrt{2}}\cos(2t + \dfrac{\pi}{4})$[A]

④ $\dfrac{1}{\sqrt{2}}\cos(2t - \dfrac{\pi}{4})$[A]

8 단면적은 A, 길이는 L인 어떤 도선의 저항의 크기가 10$[\varOmega]$이다. 이 도선의 저항을 원래 저항의 $\dfrac{1}{2}$로 줄일 수 있는 방법으로 가장 옳지 않은 것은?

① 도선의 길이만 기존의 $\dfrac{1}{2}$로 줄인다.

② 도선의 단면적만 기존의 2배로 증가시킨다.

③ 도선의 도전율만 기존의 2배로 증가시킨다.

④ 도선의 저항률만 기존의 2배로 증가시킨다.

ANSWER 7.④ 8.④

7
$$i(t) = \frac{v}{Z} = \frac{2\cos 2t}{2 + j2} = \frac{2\cos 2t}{2\sqrt{2}\,\angle\,\dfrac{\pi}{4}} = \frac{1}{\sqrt{2}}\cos\left(2t - \frac{\pi}{4}\right)[A]$$

8 저항 $R = \rho\dfrac{l}{A}[\varOmega]$이므로 저항을 절반으로 줄이려면 길이만 1/2로 줄이든지, 저항률 ρ를 1/2로 줄이면 된다.

단면적을 2배로 하면 저항이 1/2로 감소한다. 예시에서 저항률을 크게하는 것은 저항이 증가하게 되는 경우이다.

9 그림의 회로에서 1[Ω]에서의 소비전력이 4[W]라고 할 때, 이 회로의 전압원의 전압 V_s[V]의 값과 2 [Ω] 저항에 흐르는 전류 I_2의 값[A]은?

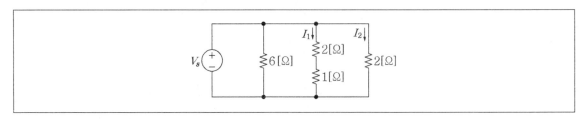

① $V_s = 5$[V], $I_2 = 2$[A]

② $V_s = 5$[V], $I_2 = 3$[A]

③ $V_s = 6$[V], $I_2 = 2$[A]

④ $V_s = 6$[V], $I_2 = 3$[A]

10 정전용량이 C_0[F]인 평행평판 공기콘덴서가 있다. 이 극판에 평행하게, 판 간격 d[m]의 $\frac{4}{5}$ 두께가 되는 비유전율 ϵ_s인 에보나이트 판으로 채우면, 이때의 정전용량의 값[F]은?

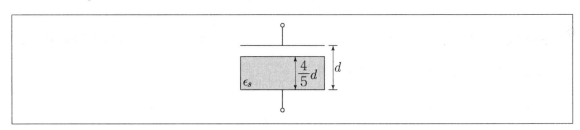

① $\dfrac{5\epsilon_s}{1 + 4\epsilon_s} C_0$[F]

② $\dfrac{5\epsilon_s}{4 + \epsilon_s} C_0$[F]

③ $\dfrac{4 + \epsilon_s}{5} C_0$[F]

④ $\dfrac{1 + 4\epsilon_s}{5} C_0$[F]

ANSWER 9.④ 10.②

9 1[Ω]에서 소비전력이 4[W]이면 전류가 2[A]인 것이므로 ($I^2 R = 4$[W]), 2[Ω]과 1[Ω]을 흐르는 전류가 2[A]이면 전압원은 6[V]
병렬회로이므로 2[Ω]의 저항에도 6[V]가 걸리고, 전류는 3[A]가 흐른다.

10 지금 정전용량은 직렬로 에보나이트를 넣은 것이다.

직렬회로에서 합성 정전용량식에 대입하면 $C = \dfrac{C_1 C_2}{C_1 + C_2} = \dfrac{\epsilon_0 \dfrac{S}{\frac{1}{5}d} \cdot \epsilon_0 \epsilon_s \dfrac{S}{\frac{4}{5}d}}{\epsilon_0 \dfrac{S}{\frac{1}{5}d} + \epsilon_0 \epsilon_s \dfrac{S}{\frac{4}{5}d}} = \dfrac{\epsilon_0 \epsilon_s \dfrac{S}{\frac{4}{5}d}}{1 + \epsilon_s \dfrac{1}{4}} = \dfrac{5\epsilon_s}{4 + \epsilon_s} C_0$

11 그림의 회로에서 전류 i의 값[A]은?

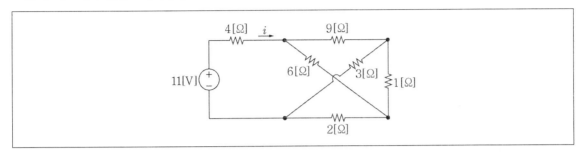

① $\dfrac{3}{4}$[A]

② $\dfrac{5}{4}$[A]

③ $\dfrac{7}{4}$[A]

④ $\dfrac{9}{4}$[A]

12 그림과 같이 전압원 V_s는 직류 1[V], R_1=1[Ω], R_2=1[Ω], R_3=1[Ω], L_1=1[H], L_2=1[H]이며, t =0일 때, 스위치는 단자 1에서 단자 2로 이동했다. $t=\infty$일 때, i_1의 값[A]은?

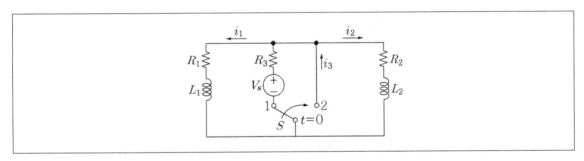

① 0[A]

② 0.5[A]

③ −0.5[A]

④ −1[A]

ANSWER 11.② 12.①

11 저항을 펴서 합성하면 브리지 저항의 대각선에 있는 저항의 곱이 같으므로 중간 1[Ω]에는 전류가 흐르지 않는다.

따라서 합성저항은 $R=4+\dfrac{12\times8}{12+8}=8.8[\Omega]$, 전류는 $i=\dfrac{E}{R}=\dfrac{11}{8.8}=1.25=\dfrac{5}{4}[A]$

12 전원을 제거한 후 정상값을 구하는 문제이다.

전원을 제거하면 전류는 감소하여 0[A]가 된다.

1의 위치에 있을 때 $i_1=i_2=\dfrac{10}{1.5}[A]$

2로 옮기면 전압원이 제거되므로 $i_1=\dfrac{10}{1.5}e^{-2t}[A]$로 감소하여 0[A]가 된다.

13 그림과 같은 회로에서 단자 A, B 사이의 등가저항의 값[kΩ]은?

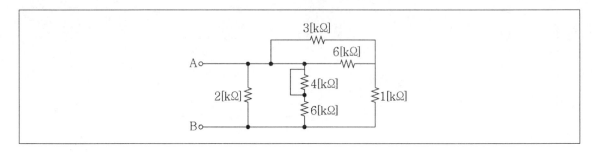

① 0.5[kΩ]

② 1.0[kΩ]

③ 1.5[kΩ]

④ 2.0[kΩ]

14 그림에서 ㈎의 회로를 ㈏와 같은 등가회로로 구성한다고 할 때, $x+y$의 값은?

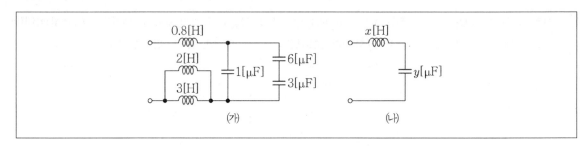

① 3

② 4

③ 5

④ 6

13 등가저항을 계산하면 우선 회로 그림의 맨 오른쪽 $R_{e1} = \dfrac{3 \times 6}{3+6} + 1 = 3[K\Omega]$, 왼쪽의 $4[K\Omega]$은 단락된 상태이므로 고려하지 않는다. 그 아래 $6[K\Omega]$과 병렬이므로 $R_{e2} = \dfrac{3 \times 6}{3+6} = 2[K\Omega]$, 마지막으로 맨 왼쪽의 저항 $2[K\Omega]$과 병렬이므로 계산하면 전체 등가저항은 $R_e = 1[K\Omega]$

14 ㈎회로의 임피던스를 계산하면

c 병렬의 합성은 직렬 콘덴서 $\dfrac{6 \times 3}{6+3} = 2[\mu F]$, 병렬합성하면 $3[\mu F]$

L 병렬의 합성은 $\dfrac{2 \times 3}{2+3} = 1.2[H]$

$Z = j0.8 - j3 \times 10^{-6} + j1.2 = j2 - j3 \times 10^{-6}\,[\Omega]$ 이므로 $x = 2[H]$, $y = 3[\mu F]$

$x + y = 2 + 3 = 5$

15 그림과 같은 자기회로에서 철심의 자기저항 R_c의 값[A · turns/Wb]은? (단, 자성체의 비투자율 μ_{r1}은 100이고, 공극 내 비투자율 μ_{r2}은 1이다. 자성체와 공극의 단면적은 4[m^2]이고, 공극을 포함한 자로의 전체 길이 $L_c = 52$[m]이며, 공극의 길이 $L_g = 2$[m]이다. 누설 자속은 무시한다.)

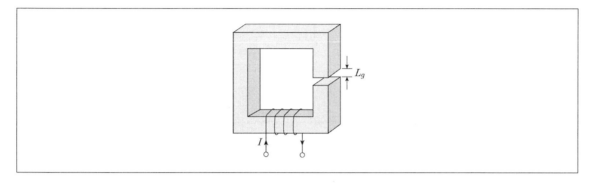

① $\dfrac{1}{32\pi} \times 10^7$[A · turns/Wb]

② $\dfrac{1}{16\pi} \times 10^7$[A · turns/Wb]

③ $\dfrac{1}{8\pi} \times 10^7$[A · turns/Wb]

④ $\dfrac{1}{4\pi} \times 10^7$[A · turns/Wb]

ANSWER 15.①

15

총 자기저항 $R = R_c + R_g = \dfrac{l}{\mu_0 \mu_{r1} S} + \dfrac{l_g}{\mu_0 S} = \dfrac{50}{4\pi \times 10^{-7} \times 100 \times 4} + \dfrac{2}{4\pi \times 10^{-7} \times 4}$

철심의 자기저항 $R_c = \dfrac{l}{\mu_0 \mu_{r1} S} = \dfrac{50}{4\pi \times 10^{-7} \times 100 \times 4} = \dfrac{1}{32\pi} \times 10^7 [A \cdot turns/wb]$

16 그림과 같은 전압 파형의 실횻값[V]은? (단, 해당 파형의 주기는 16[sec]이다.)

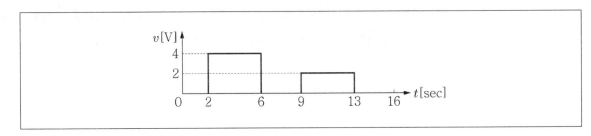

① $\sqrt{3}$ [V]

② 2[V]

③ $\sqrt{5}$ [V]

④ $\sqrt{6}$ [V]

17 시변 전계, 시변 자계와 관련한 Maxwell 방정식의 4가지 수식으로 가장 옳지 않은 것은?

① $\nabla \cdot \vec{D} = \rho_v$

② $\nabla \cdot \vec{E} = 0$

③ $\nabla \cdot \vec{B} = 0$

④ $\nabla \times \vec{H} = \vec{J} + \dfrac{\partial \vec{D}}{\partial t}$

---

16 파형의 실횻값

$$v_0 = \sqrt{\frac{1}{T}\int v^2 dt} = \sqrt{\frac{1}{16}\left(\int_2^6 4^2 dt + \int_9^{13} 2^2 dt\right)}$$

$$v_0 = \sqrt{\frac{1}{16}\left([16t]_2^6 + [4t]_9^{13}\right)} = \sqrt{\frac{64+16}{16}} = \sqrt{5}$$

17 맥스웰 방정식에서

㉠ $\nabla \times \vec{H} = \vec{J} + \dfrac{\partial \vec{D}}{\partial t}$ 전도전류와 변위전류는 회전하는 자계를 만든다.

㉡ $\nabla \times \vec{E} = -\dfrac{\partial \vec{B}}{\partial t}$ 패러데이법칙의 미분형

예시 ①은 가우스법칙의 미분형, ②는 자속의 연속성을 각각 나타낸다.

18 무한히 먼 곳에서부터 A점까지 +3[C]의 전하를 이동시키는 데 60[J]의 에너지가 소비되었다. 또한 무한히 먼 곳에서부터 B점까지 +2[C]의 전하를 이동시키는 데 10[J]의 에너지가 생성되었다. A점을 기준으로 측정한 B점의 전압[V]은?

① −20[V]

② −25[V]

③ +20[V]

④ +25[V]

19 그림과 같은 연산증폭기 회로에서 v_1=1[V], v_2=2[V], R_1=1[Ω], R_2=4[Ω], R_3=1[Ω], R_4=4[Ω]일 때, 출력 전압 v_o의 값[V]은? (단, 연산증폭기는 이상적이라고 가정한다.)

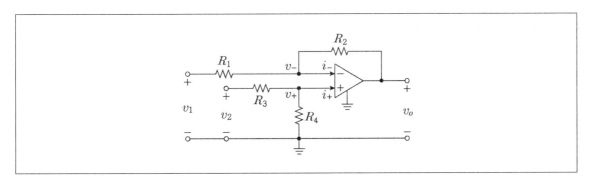

① 1[V]

② 2[V]

③ 3[V]

④ 4[V]

ANSWER 18.② 19.④

18 에너지 W=QV[J].
무한히 먼 곳에서 A점까지 3[C]의 전하를 이동시키는 데 60[J] 에너지가 소비된 것은 포텐셜 에너지가 감소한 것이므로 전위가 −20[V]된 것이다. 이번에는 무한히 먼 곳에서 B점까지 2[C]의 전하를 이동시켜서 에너지가 10[J]이 생성되었으므로 포텐셜 에너지가 증가한 것이고 전위는 5[V]이다. A점을 기준으로 하면 거리가 멀어진 것이므로 (−20)−5 = −25[V]

19 출력전압의 값

$$v_+ = \frac{R_4}{R_3 + R_4} v_2 = \frac{4}{1+4} \times 2 = 1.6[V]$$

$$I_{R_2} = \frac{v_1 - v_-}{R_1} = \frac{v_1}{R_1} - \frac{1}{R_1} \frac{R_4}{R_3 + R_4} v_2 \quad (v_+ = v_-)$$

$$v_{R_2} = -I_{R_2} \cdot R_2 = -\frac{v_1 R_2}{R_1} + \frac{R_2}{R_1} \frac{R_4 v_2}{R_3 + R_4} = -4 + \frac{32}{5} = 2.4[V]$$

출력전압은 $V_o = v_+ + v_{R_2} = 1.6 + 2.4 = 4[V]$

차동증폭기의 다른 해석 $V_o = \frac{R_2}{R_1}(V_2 - V_1) = \frac{4}{1}(2-1) = 4[V]$

20 커패시터 양단에 인가되는 전압이 $v(t) = 5\sin(120\pi t - \frac{\pi}{3})$[V]일 때, 커패시터에 입력되는 전류는

$i(t) = 0.03\pi\cos(120\pi t - \frac{\pi}{3})$[A]이다. 이 커패시터의 커패시턴스의 값[$\mu$F]은?

① 40[μF]

② 45[μF]

③ 50[μF]

④ 55[μF]

....

ANSWER 20.③

20

전압을 정지벡터로 나타내면 $v(t) = \frac{5}{\sqrt{2}} \angle -\frac{\pi}{3}$

전류를 정지벡터로 나타내면 $i(t) = \frac{0.03\pi}{\sqrt{2}} \angle \frac{\pi}{6}$

용량성 리액턴스는 $X_c = \dfrac{v(t)}{i(t)} = \dfrac{\dfrac{5}{\sqrt{2}} \angle -\dfrac{\pi}{3}}{\dfrac{0.03\pi}{\sqrt{2}} \angle \dfrac{\pi}{6}} = 53.01 \angle -\dfrac{\pi}{2}$

$X_c = \dfrac{1}{\omega C} = 53.1[\Omega]$, 따라서 정전용량 $C = \dfrac{1}{53.1 \times 120\pi} = 50[\mu F]$

1 그림의 자기 히스테리시스 곡선에서 가로축(X)과 세로축(Y)에 해당하는 것은?

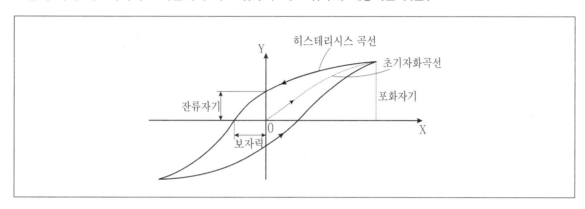

	X	Y
①	자속밀도	투자율
②	자속밀도	자기장의 세기
③	자기장의 세기	투자율
④	자기장의 세기	자속밀도

ANSWER 1.④

1 히스테리시스 곡선은 자기이력곡선이라고도 한다. 강자성체에서 외부자기장 방향과 세기에 따라 자기화가 변하는 곡선으로 외부
자기장이 없을 때 물질에 남는 자기장을 잔류자속밀도라 하며 세로축에 표시가 되고, 보자력에서 잔류자속은 0이된다.
④ 히스테리시스 곡선의 가로축(X)은 자기장의 세기, 세로축(Y)은 자속밀도이다.

2 그림의 회로에서 전류 I_1[A]은?

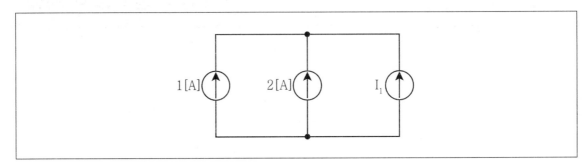

① -1

② 1

③ -3

④ 3

3 그림의 회로에서 공진주파수[Hz]는?

① $\dfrac{1}{\sqrt{LC}}$

② $\dfrac{1}{LC}$

③ $\dfrac{1}{2\pi LC}$

④ $\dfrac{1}{2\pi\sqrt{LC}}$

2 $1[A]+2[A]+I_1=0$이므로 $I_1=-3[A]$

3 R-L-C직렬회로에서 공진이란 임피던스의 허수부가 0이 되어 최소가 되고 전류는 가장 크게 증가하는 현상이다. 이때 허수부는 유도성 리액턴스와 용량성 리액턴스가 같아지므로

$X_L=X_C$ 즉 $\omega L=\dfrac{1}{\omega C}$이므로 $2\pi f_0 L=\dfrac{1}{2\pi f_0 C}$, 따라서 공진주파수는 $f_0^2=\dfrac{1}{(2\pi)^2 LC}$, $f_0=\dfrac{1}{2\pi\sqrt{LC}}[Hz]$

4 그림의 Ch1 파형과 Ch2 파형에 대한 설명으로 옳은 것은?

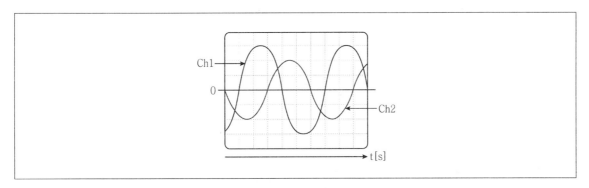

① Ch1 파형이 Ch2 파형보다 위상은 앞서고, 주파수는 높다.

② Ch1 파형이 Ch2 파형보다 위상은 앞서고, 주파수는 같다.

③ Ch1 파형이 Ch2 파형보다 위상은 뒤지고, 진폭은 크다.

④ Ch1 파형이 Ch2 파형보다 위상은 뒤지고, 진폭은 같다.

5 그림의 회로에서 t=0일 때, 스위치 SW를 닫았다. 시정수 τ[s]는?

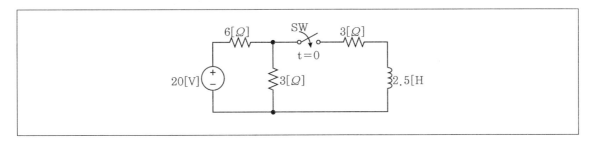

① $\dfrac{1}{2}$

② $\dfrac{2}{3}$

③ 1

④ 2

·····

ANSWER 4.② 5.①

4 파형을 보고 바로 알 수 있는 것

㉠ ch1 파형과 ch2 파형의 주기가 같으므로 주파수는 같다.

㉡ ch1 파형이 ch2 파형보다 진폭이 크다.

㉢ ch1 주기와 ch2 주기를 비교해 볼 때 위상은 ch1이 앞선다.

5 스위치SW를 닫으면 R-L회로이므로 시정수는 $\dfrac{L}{R}$[sec]에서 $R = \dfrac{6 \times 3}{6+3} + 3 = 5$[$\Omega$], 시정수 $\tau = \dfrac{L}{R} = \dfrac{2.5}{5} = \dfrac{1}{2}$[sec]

6 0.8 지상 역률을 가진 20[kVA] 단상 부하가 200[V$_{rms}$] 전압원에 연결되어 있다. 이 부하에 병렬로 커패시터를 연결하여 역률을 1로 개선하였다. 역률 개선 전과 비교한 역률 개선 후의 실효치 전원 전류는?

① 변화 없음

② $\dfrac{2}{5}$로 감소

③ $\dfrac{3}{5}$으로 감소

④ $\dfrac{4}{5}$로 감소

7 그림의 회로에서 3[Ω]에 흐르는 전류 I[A]는?

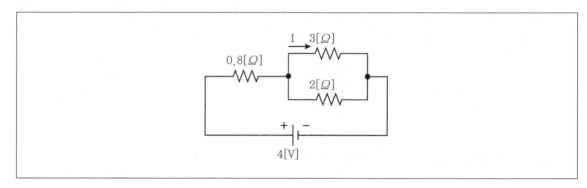

① 0.4

② 0.8

③ 1.2

④ 2

.....

ANSWER 6.④ 7.②

6 역률 개선 전 전류 $I_1 = \dfrac{P}{V cos\theta} = \dfrac{20 \times 10^3}{200 \times 0.8} = 125[A]$

역률 개선 후 전류 $I_2 = \dfrac{20 \times 10^3}{200} = 100[A]$

실효치 전류는 $\dfrac{I_2}{I_1} = \dfrac{100}{125} = \dfrac{4}{5}$로 감소한다.

※ 단위는 20[KVA]가 아니라 20[Kw]이 적절하다.

7 전체 합성저항 $R_e = \dfrac{3 \times 2}{3+2} + 0.8 = 2[\Omega]$

전체전류 $I_0 = \dfrac{V}{R} = \dfrac{4}{2} = 2[A]$

그러므로 3[Ω]에 흐르는 전류는 $I = \dfrac{2}{3+2} \times 2 = 0.8[A]$

8 그림의 회로에서 30[Ω]의 양단전압 V_1[V]은?

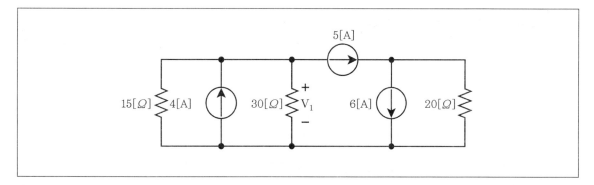

① -10

② 10

③ 20

④ -20

8 전류원만의 회로이므로 중첩의 원리를 이용하여 구한다.

  ㉠ 4[A]의 전류원만 있는 경우

  30[Ω]의 저항을 개방시킨 경우 $V_{oc1} = 60[V]$

  ㉡ 5[A]의 전류원만 있는 경우

  30[Ω]의 저항을 개방시킨 경우 $V_{oc2} = -75[V]$

  따라서 $V_{oc} = -15[V]$

  전류원을 모두 개방시키면 회로의 등가저항은 30[Ω]과 15[Ω]이므로

  $V_1 = -10[V]$가 걸린다.

9 그림의 회로에서 $v = 200\sqrt{2}\,sin(120\pi t)$ [V]의 전압을 인가하면 $i = 10\sqrt{2}\,sin(120\pi t - \dfrac{\pi}{3})$ [A]의 전류가 흐른다. 회로에서 소비전력[kW]과 역률[%]은?

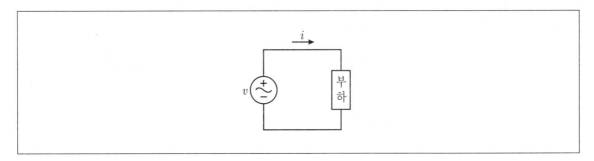

	소비전력	역률
①	4	86.6
②	1	86.6
③	4	50
④	1	50

9 $v = 200\sqrt{2}\,sin120\pi t$ $[V]$, $i = 10\sqrt{2}\,sin(120\pi t - \dfrac{\pi}{3})[A]$

소비전력 $P = VIcos\theta = 200 \times 10 \times cos\dfrac{\pi}{3} = 1000[W] = 1[kW]$

역률은 전압과 전류의 위상각차에 cos값이므로

$cos\dfrac{\pi}{3} = 0.5, 50\%$

10 그림의 회로에서 스위치 SW가 충분히 긴 시간 동안 접점 a에 연결되어 있다. t=0에서 접점 b로 이동한 직후의 인덕터와 커패시터에 저장된 에너지[mJ]는?

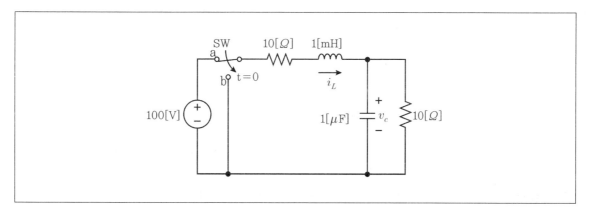

인덕터	커패시터
① 12.5	1.25
② 1.25	12.5
③ 12.5	1,250
④ 1,250	12.5

....

ANSWER 10.①

10 t＜0에서 L은 단락, C는 50[V]로 충전되어 개방되어 있다.

초기전류는 $I_o = \dfrac{100}{20} = 5[A]$ 이므로

㉠ 인덕터에 저장된 에너지 $W = \dfrac{1}{2}LI^2 = \dfrac{1}{2} \times 10^{-3} \times 5^2 = 12.5[mJ]$

㉡ 커패시터에 저장된 에너지 $W = \dfrac{1}{2}CV^2 = \dfrac{1}{2} \times 10^{-6} \times 50^2 = 1.25[mJ]$

11 선간전압 200 [V$_{rms}$]인 평형 3상 회로의 전체 무효전력이 3,000 [Var]이다. 회로의 선전류 실횻값[A]은? (단, 회로의 역률은 80 [%]이다)

① $25\sqrt{3}$

② $\dfrac{75}{4\sqrt{3}}$

③ $\dfrac{25}{\sqrt{3}}$

④ $300\sqrt{3}$

12 비정현파 전압 $v = 3 + 4\sqrt{2}\,sin\omega t$ [V]에 대한 설명으로 옳은 것은?

① 실횻값은 5 [V]이다.

② 직류성분은 7 [V]이다.

③ 기본파 성분의 최댓값은 4 [V]이다.

④ 기본파 성분의 실횻값은 0 [V]이다.

11 전체 무효전력이 3,000[Var]이고 역률이 80[%]이므로 무효율 $sin\theta = \sqrt{1-\cos^2\theta} = \sqrt{1-0.8^2} = 0.6$

피상전력은 5,000[KVA]이다.

$P_a = \sqrt{3}\,VI = 5,000[VA]$이므로 전압이 200[V]이면 선전류는

$I = \dfrac{5,000}{\sqrt{3}\times 200} = \dfrac{25}{\sqrt{3}}[A]$

12 $v = 3 + 4\sqrt{2}\,sin\omega t\,[V]$에서

① 실횻값 $v_s = \sqrt{3^2+4^2} = 5[V]$이다.

② 직류성분은 3[V]이다.

③ 기본파 성분의 최댓값은 $4\sqrt{2}\,[V]$이다.

④ 기본파 성분의 실횻값은 4[V]이다.

13 어떤 코일에 0.2초 동안 전류가 2[A]로 4[A]로 변화하였을 때 4[V]의 기전력이 유도되었다. 코일의 인덕턴스[H]는?

① 0.1

② 0.4

③ 1

④ 2.5

14 전자유도현상에 대한 설명이다. ㉠과 ㉡에 해당하는 것은?

(㉠)은 전자유도에 의해 코일에 발생하는 유도기전력의 방향은 자속의 증가 또는 감소를 방해하는 방향으로 발생한다는 법칙이고, (㉡)은 전자유도에 의해 코일에 발생하는 유도기전력의 크기는 코일과 쇄교하는 자속의 변화율에 비례한다는 법칙이다.

	㉠	㉡
①	플레밍의 왼손 법칙	플레밍의 오른손 법칙
②	플레밍의 왼손 법칙	패러데이의 법칙
③	렌츠의 법칙	플레밍의 오른손 법칙
④	렌츠의 법칙	패러데이의 법칙

ANSWER 13.② 14.④

13 $e = L\dfrac{di}{dt} = L \times \dfrac{(4-2)}{0.2} = 4[V]$, $L = \dfrac{4}{10} = 0.4[H]$

14 ㉠ 렌츠의 법칙은 전자유도 작용에 의해 발생되는 유도기전력의 방향은 항상 유도작용을 일으키는 원인을 방해하려는 방향으로 발생한다는 법칙이다.

㉡ 패러데이 법칙은 전자유도에 의해 발생하는 유도기전력이 쇄교하는 자속의 변화율에 비례한다는 법칙이다.

$e = -\dfrac{\partial \varnothing}{\partial t}[V]$

15 그림의 회로에 200 [V$_{rms}$] 정현파 전압을 인가하였다. 저항에 흐르는 평균전류[A]는? (단, 회로는 이상적이다)

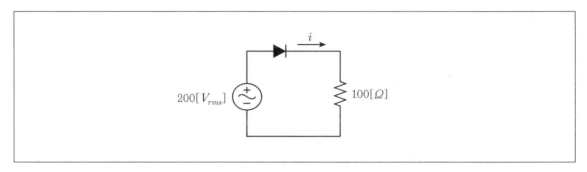

① $\dfrac{4\sqrt{2}}{\pi}$

② $\dfrac{4}{\pi}$

③ $\dfrac{2\sqrt{2}}{\pi}$

④ $\dfrac{2}{\pi}$

16 그림과 같이 유전체 절반이 제거된 두 전극판 사이의 정전용량[μF]은? (단, 두 전극판 사이에 비유전율 ϵ_r = 5인 유전체로 가득 채웠을 때 정전용량은 10 [μF]이며 전극판 사이의 간격은 일정하게 유지된다)

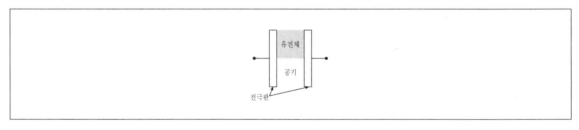

① 5

② 6

③ 9

④ 10

ANSWER 15.③ 16.②

15
다이오드가 한 개 있는 반파정류이므로 $I_{av} = \dfrac{I_m}{\pi} = \dfrac{\sqrt{2}}{\pi} I = \dfrac{\sqrt{2}}{\pi} \cdot \dfrac{200}{100} = \dfrac{2\sqrt{2}}{\pi} [A]$

16 평행판에서 유전체 절반이 제거되었으므로 공기콘덴서와 유전체콘덴서가 병렬로 된 것이다.
$C = \dfrac{1}{2} C_0 + \dfrac{1}{2} C = \dfrac{1}{2} \times 2 + \dfrac{1}{2} \times 10 = 6[\mu F]$

17 그림과 같이 3상 회로의 상전압을 직렬로 연결했을 때, 양단 전압 $\dot{V}$ [V]는?

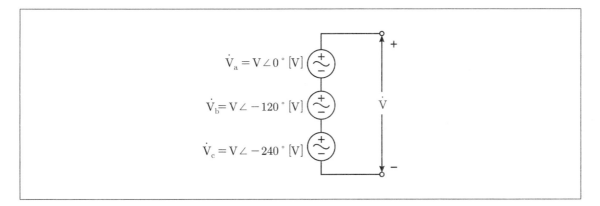

① $0\angle 0\,^\circ$

② $V\angle 90\,^\circ$

③ $\sqrt{2}\,V\angle 120\,^\circ$

④ $\dfrac{1}{\sqrt{2}}V\angle 240\,^\circ$

17 전압의 합성

$$\dot{V_a}+\dot{V_b}+\dot{V_c}= V\angle 0\,^\circ + V\angle -120\,^\circ + V\angle -240\,^\circ$$

$$V+ V(-\frac{1}{2}+j\frac{\sqrt{3}}{2}) + V(-\frac{1}{2}-j\frac{\sqrt{3}}{2}) = 0\angle 0\,^\circ$$

18 그림 (a)회로에서 스위치 SW의 개폐에 따라 코일에 흐르는 전류 i_L이 그림 (b)와 같이 변화할 때 옳지 않은 것은?

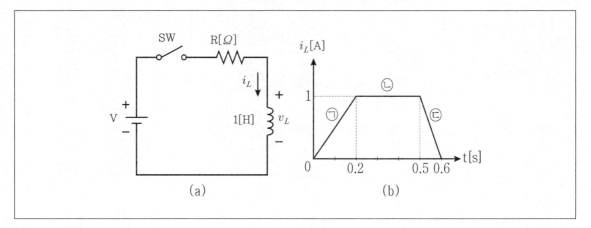

① ㉠구간에서 코일에서 발생하는 유도기전력 v_L은 5 [V]이다.

② ㉡구간에서 코일에서 발생하는 유도기전력 v_L은 0 [V]이다.

③ ㉢구간에서 코일에서 발생하는 유도기전력 v_L은 10 [V]이다.

④ ㉡구간에서 코일에 저장된 에너지는 0.5 [J]이다.

18

① ㉠구간의 코일에서 발생하는 유도기전력 $V_L = L\dfrac{di}{dt} = \dfrac{1-0}{0.2} = 5[V]$이다.

② ㉡구간의 코일에서 발생하는 유도기전력은 전류의 변화가 없으므로 0[V]이다.

③ ㉢구간의 코일에서 발생하는 유도기전력은 $V_L = L\dfrac{di}{dt} = \dfrac{0-1}{0.1} = -10[V]$이다.

④ ㉡구간에서 코일에 저장된 에너지 $W = \dfrac{1}{2}LI^2 = \dfrac{1}{2} \times 1 \times 1^2 = \dfrac{1}{2}[J]$이다.

19 그림의 회로에서 I_1에 흐르는 전류는 1.5 [A]이다. 회로의 합성저항[$\varOmega$]은?

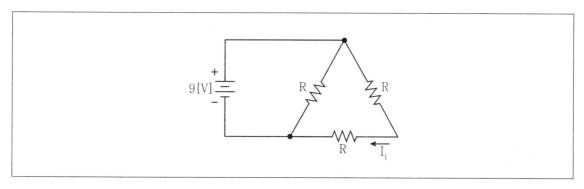

① 2

② 3

③ 6

④ 9

20 평형 3상 Y–Y 회로의 선간전압이 100 [V_{rms}]이고 한 상의 부하가 $Z_L = 3 + j4$ [$\varOmega$]일 때 3상 전체의 유효전력[kW]은?

① 0.4

② 0.7

③ 1.2

④ 2.1

ANSWER 19.① 20.③

19 합성저항 $R_e = \dfrac{2R \times R}{2R + R} = \dfrac{2}{3} R [\varOmega]$

2R에 흐르는 전류는 $I = \dfrac{R}{2R + R} \cdot \dfrac{E}{R_e} = \dfrac{1}{3} \cdot \dfrac{9}{\dfrac{2}{3}R} = 1.5 [A]$

$R = 3 [\varOmega]$ 따라서 합성저항 $R_e - \dfrac{2}{3} R = \dfrac{2}{3} \times 3 = 2 [\varOmega]$

20 3상 회로의 유효전력

$P = 3I^2 R = 3(\dfrac{V_p}{Z})^2 R = 3 \dfrac{V_p^2}{R^2 + X_L^2} R = 3 \times \dfrac{\left(\dfrac{100}{\sqrt{3}}\right)^2}{3^2 + 4^2} \times 3 = 1,200 [W] = 1.2 [kW]$

1 다음의 교류전압 $v_1(t)$과 $v_2(t)$에 대한 설명으로 옳은 것은?

> • $v_1(t) = 100\sin\left(120\pi t + \dfrac{\pi}{6}\right)[\text{V}]$
>
> • $v_2(t) = 100\sqrt{2}\sin\left(120\pi t + \dfrac{\pi}{3}\right)[\text{V}]$

① $v_1(t)$과 $v_2(t)$의 주기는 모두 $\dfrac{1}{60}[\sec]$이다.

② $v_1(t)$과 $v_2(t)$의 주파수는 모두 $120\pi[\text{Hz}]$이다.

③ $v_1(t)$과 $v_2(t)$는 동상이다.

④ $v_1(t)$과 $v_2(t)$의 실횻값은 각각 $100[\text{V}]$, $100\sqrt{2}[\text{V}]$이다.

ANSWER 1.①

1

①② $\sin(120\pi t)$에서 $\sin\omega t = \sin 2\pi f t$이므로 주파수 $f = 60[Hz]$, 주기는 $T = \dfrac{1}{60}[\sec]$이다.

③ $v_1(t) = \dfrac{100}{\sqrt{2}}\angle\dfrac{\pi}{6}$, $v_2(t) = 100\angle\dfrac{\pi}{3}$이므로 두 교류전압은 위상이 다르다.

④ $v_1(t) = \dfrac{100}{\sqrt{2}}\angle\dfrac{\pi}{6}$, $v_2(t) = 100\angle\dfrac{\pi}{3}$으로 실횻값은 각각 $v_1(t) = \dfrac{100}{\sqrt{2}}$, $v_2(t) = 100$이다.

2 그림의 회로에서 1[Ω]에 흐르는 전류 I [A]는?

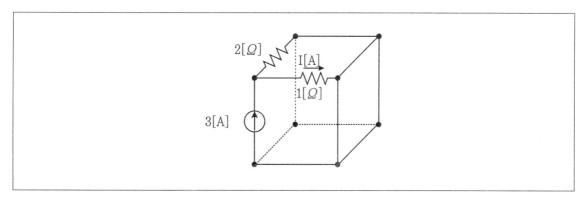

① 1

② 2

③ 3

④ 4

3 2Q [C]의 전하량을 갖는 전하 A에서 q [C]의 전하량을 떼어 내어 전하 A로부터 1 [m] 거리에 q [C]를 위치시킨 경우, 두 전하 사이에 작용하는 전자기력이 최대가 되는 q [C]는? (단, 0 < q < 2Q이다)

① Q

② Q/2

③ Q/3

④ Q/4

....

ANSWER 2.② 3.①

2 전류는 저항에 반비례한다.
따라서 전류원이 3[A]이므로 2[Ω]에 흐르는 전류는 1[A],

1[Ω]에 흐르는 전류는 $I_{1\Omega} = \dfrac{2}{1+2} \times 3 = 2[A]$ 이다.

3 쿨롱의 법칙

$$F = \frac{1}{4\pi\epsilon} \frac{(2Q-q) \cdot q}{1^2} [N]$$

최대가 되려면

$$\frac{d(2Q-q) \cdot q}{dq} = \frac{d(2Qq - q^2)}{dq} = 2Q - 2q = 0 \text{에서}$$

따라서 $Q = q$

4 그림과 같이 공극의 단면적 $S = 100 \times 10^{-4}[\text{m}^2]$인 전자석에 자속밀도 $B = 2[\text{Wb/m}^2]$인 자속이 발생할 때, 철편에 작용하는 힘[N]은? (단, $\mu_0 = 4\pi \times 10^{-7}$이다)

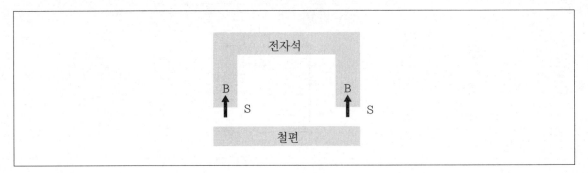

① $\dfrac{1}{\pi} \times 10^5$

② $\dfrac{1}{\pi} \times 10^{-5}$

③ $\dfrac{1}{2\pi} \times 10^5$

④ $\dfrac{1}{2\pi} \times 10^{-5}$

5 3상 평형 △ 결선 및 Y 결선에서, 선간전압, 상전압, 선전류, 상전류에 대한 설명으로 옳은 것은?

① △ 결선에서 선간전압의 크기는 상전압 크기의 $\sqrt{3}$ 배이다.

② Y 결선에서 선전류의 크기는 상전류 크기의 $\sqrt{3}$ 배이다.

③ △ 결선에서 선간전압의 위상은 상전압의 위상보다 $\dfrac{\pi}{6}[rad]$ 앞선다.

④ Y 결선에서 선간전압의 위상은 상전압의 위상보다 $\dfrac{\pi}{6}[rad]$ 앞선다.

ANSWER 4.① 5.④

4
　철편에 작용하는 힘 $f = \dfrac{1}{2}\dfrac{B^2}{\mu_o} \times 2S = \dfrac{2^2}{4\pi \times 10^{-7}} \times 100 \times 10^{-4} = \dfrac{1}{\pi} \times 10^5 [N]$

5　① △결선에서 선간전압과 상전압의 크기는 같다.　$V_l = V_p$

　② Y결선에서 상전류와 선전류는 크기가 같다. $I_l = I_p$

　③ △결선에서 선간전압과 상전압의 위상은 같다.

6 그림의 회로에서 전류 I[A]는?

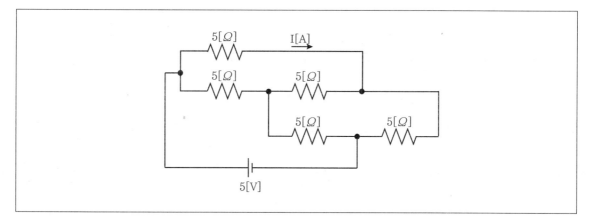

① 0.25

② 0.5

③ 0.75

④ 1

6

그림은 브릿지 회로이고 대각선 위치에 있는 저항의 곱이 같으므로 중앙에 있는 5[Ω]에는 전류가 흐르지 않는다.

그러므로 합성저항은 $R_e = \dfrac{10 \times 10}{10 + 10} = 5[\Omega]$이 되고 회로에는 $I_o = \dfrac{V}{R} = \dfrac{5}{5} = 1[A]$의 전류가 흐른다.

따라서 I=0.5[A] 이다.

7 그림의 회로에서 점 a와 점 b 사이의 정상상태 전압 V_{ab} [V]는?

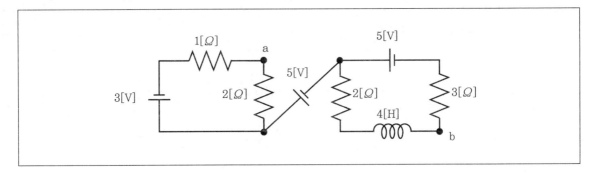

① -2

② 2

③ 5

④ 6

ANSWER 7.③

7 그림에서 L은 직류전원에서 단락상태이므로 전압이 걸리는 부분을 보면 다음과 같다.

그림과 같이 극성이 연결되므로

$$V_{ab} = (-2)[V] + 5[V] + 2[V] = 5[V]$$

8 그림의 회로에서 저항 R_L에 4[W]의 최대전력이 전달될 때, 전압 E[V]는?

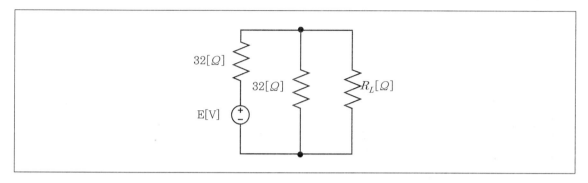

① 32

② 48

③ 64

④ 128

8 회로의 등가회로를 그리면

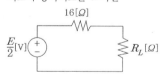

최대전력이 전달되려면 $R_L = 16[\Omega]$이 된다.

$$P_{\max} = \frac{V^2}{4R_L} = \frac{(\frac{E}{2})^2}{4 \times 16} = 4[W] \text{에서} \quad (\frac{E}{2})^2 = 16 \times 16, \quad \frac{E}{2} = 16[V]$$

$$E = 32[V]$$

9 그림 (a)의 T형 회로를 그림 (b)의 π형 등가회로로 변환할 때, $Z_3[\Omega]$은? (단, $\omega = 10^3[rad/s]$ 이다)

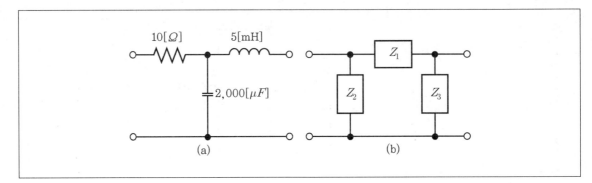

① $-90 + j5$

② $9 - j0.5$

③ $0.25 + j4.5$

④ $9 + j4.5$

· ·

ANSWER 9.③

9
$X_c = \dfrac{1}{jomegaC} = -j\dfrac{1}{10^3 \times 2000 \times 10^{-6}} = -j0.5[\Omega]$

$X_L = j\omega L = j10^3 \times 5 \times 10^{-3} = j5[\Omega]$

(a)의 T형회로를 (b)의 π형 회로로 변환을 하면

$Z_1 = \dfrac{10 \times (-j0.5) + (-j0.5) \times j5 + 10 \times j5}{-j0.5} = \dfrac{2.5 + j45}{-j0.5} = -90 + j5[\Omega]$

$Z_2 = \dfrac{2.5 + j45}{j5} = 9 - j0.5[\Omega]$

$Z_3 = \dfrac{2.5 + j45}{10} = 0.25 + j4.5[\Omega]$

10 그림의 회로에서 전원전압의 위상과 전류 I[A]의 위상에 대한 설명으로 옳은 것은?

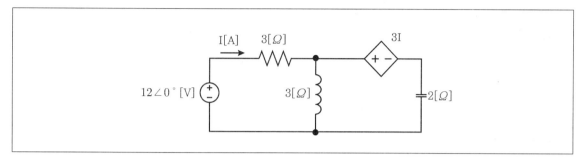

① 동위상이다.

② 전류의 위상이 앞선다.

③ 전류의 위상이 뒤진다.

④ 위상차는 180도이다.

ANSWER 10.②

10 중첩의 원리를 적용하여 전류를 구하면

㉠ 전압원만 있는 경우 전류제어 전압원 단락하고 전류를 구하면

$$I_1 = \frac{12\angle 0°}{3 + \dfrac{j3\times(-j2)}{j3+(-j2)}} = \frac{12\angle 0°}{3 - j6} = \frac{12\angle 0°}{\sqrt{45}\angle -\tan^{-1}2} = 1.79\angle 63.43°\,[A]$$

㉡ 전류제어 전압원만 있는 경우 전압원 단락하고 전류를 구하면

$$I_2 = \frac{3I}{-j2 + \dfrac{3\times j3}{3+j3}} = \frac{3I}{-j2 + \dfrac{j9}{3\sqrt{2}\angle 45°}} = \frac{3I}{-j2 + \dfrac{3}{\sqrt{2}}\angle 45°}\,[A]$$

$$= \frac{3I}{-j2 + 1.5 + j1.5} = \frac{3I}{1.5 - j0.5}\,[A]$$

따라서 $I = I_1 - I_2 = 1.79\angle 63.43° - \dfrac{3I}{1.5 - j0.5}\,[A]$

$I + \dfrac{3I}{1.5 - j0.5} = 1.79\angle 63.43°$,

$$\frac{1.5 - j0.5 + 3}{1.5 - j0.5} = \frac{4.5 - j0.5}{1.5 - j0.5} = \frac{4.53\angle -6.34°}{1.58\angle -18.43°} = 2.87\angle 12.09°$$

$$I = \frac{1.79\angle 63.43°}{2.87\angle 12.09°} = 0.62\angle 51.34°$$

전류의 위상이 앞선다.

11 그림과 같이 3상 평형전원에 연결된 600[VA]의 3상 부하(유도성)의 역률을 1로 개선하기 위한 개별 커패시터 용량 C[μF]는? (단, 3상 부하의 역률각은 30°이고, 전원전압은 $V_{ab}(t) = 100\sqrt{2}\sin 100t$ [V]이다)

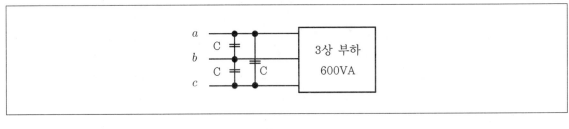

① 30

② 60

③ 90

④ 100

12 2개의 도체로 구성되어 있는 평행판 커패시터의 정전용량을 100[F]에서 200[F]으로 증대하기 위한 방법은?

① 극판 면적을 4배 크게 한다.

② 극판 사이의 간격을 반으로 줄인다.

③ 극판의 도체 두께를 2배로 증가시킨다.

④ 극판 사이에 있는 유전체의 비유전율이 4배 큰 것을 사용한다.

ANSWER 11.④ 12.②

11 역률1로 하려면 공급하는 무효전력은 다음과 같다.

$$Q = P_a \cos\theta \times \frac{\sin\theta}{\cos\theta} = 600 \times \sin 30^o = 300[VA]$$

$$Q = 3\omega CV^2 = 300[VA] \text{이므로}$$

$$C = \frac{300}{3\omega \times 100^2} = \frac{300}{3 \times 100 \times 100^2} = 10^{-4} = 100[\mu F]$$

12 평행판 커패시터의 정전용량 $C = \epsilon \frac{S}{d}$ [F]이므로 정전용량은 판간거리에 반비례한다. 그러므로 용량을 2배 증가하려면 극판면적을 2배로 하는 방법과 간격을 1/2로 가깝게 하는 방법, 그리고 비유전율을 2배로 하면 된다.

13 어떤 회로에 전압 $v(t)=25\sin(wt+\theta)$ [V]을 인가하면 전류 $i(t)=4\sin(wt+\theta-60°)$ [A]가 흐른다. 이 회로에서 평균전력[W]은?

① 15

② 20

③ 25

④ 30

14 그림과 같이 자로 $l=0.3[\text{m}]$, 단면적 $S=3\times10^{-4}[\text{m}^2]$, 권선수 N = 1,000회, 비투자율 $\mu_r=10^4$인 링(ring)모양 철심의 자기인덕턴스 L[H]은? (단, $\mu_0=4\pi\times10^{-7}$이다)

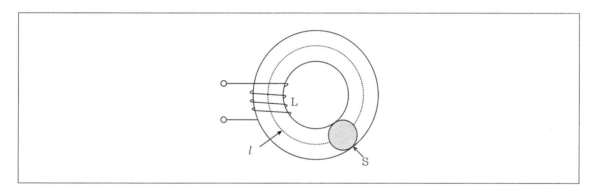

① 0.04π

② 0.4π

③ 4π

④ 5π

---

13 평균전력은 전압의 실횻값과 전류의 실횻값을 곱하고 역률을 곱해서 구한다.

$$P=\frac{25}{\sqrt{2}}\times\frac{4}{\sqrt{2}}cos60^o=25[W]$$

14 환상솔레노이드에서 인덕턴스

$$L=\frac{N^2}{R}=\frac{\mu SN^2}{l}=\frac{4\pi\times10^{-7}\times10^4\times3\times10^{-4}\times1000^2}{0.3}=4\pi[H]$$

15 그림의 자기결합 회로에서 V_2[V]가 나머지 셋과 다른 하나는? (단, M은 상호 인덕턴스이며, L_2 코일로 흐르는 전류는 없다)

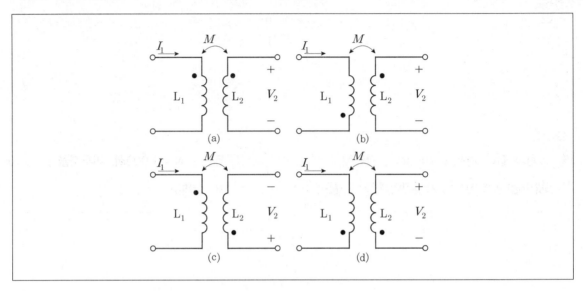

① (a)

② (b)

③ (c)

④ (d)

15 극성에 관한 문제이다.

(a), (c), (d)에서 가극성 $v_1 = L_1 \dfrac{di_1}{dt} + M \dfrac{di_2}{dt}$, $v_2 = L_2 \dfrac{di_2}{dt} + M \dfrac{di_1}{dt}$ [V]

(b) 감극성 $v_1 = L_1 \dfrac{di_1}{dt} - M \dfrac{di_2}{dt}$, $v_2 = L_2 \dfrac{di_2}{dt} - M \dfrac{di_1}{dt}$ [V]

16 그림의 회로에서 교류전압을 인가하여 전류 I[A]가 최소가 될 때, 리액턴스 X_C[Ω]는?

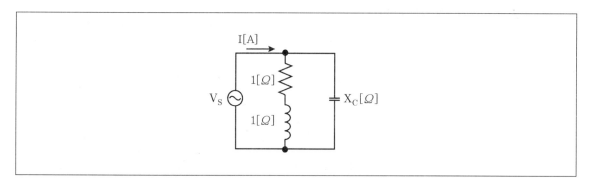

① 2

② 4

③ 6

④ 8

17 2개의 단상전력계를 이용하여 어떤 불평형 3상 부하의 전력을 측정한 결과 $P_1=3$[W], $P_2=6$[W]일 때, 이 3상 부하의 역률은?

① $\dfrac{3}{5}$

② $\dfrac{4}{5}$

③ $\dfrac{1}{\sqrt{3}}$

④ $\dfrac{\sqrt{3}}{2}$

ANSWER 16.① 17.④

16 전류가 최소가 되는 회로는 공진상태를 의미한다.

$$Y=\frac{1}{R+jX_L}+j\frac{1}{X_c}=\frac{R-jX_L}{R^2+X_L^2}+j\frac{1}{X_c}=\frac{R}{R^2+X_L^2}+j\left(\frac{1}{X_c}-\frac{X_L}{R^2+X_L^2}\right)\text{에서 허수가 0이므로}$$

$$\frac{1}{X_c}=\frac{X_L}{R^2+X_L^2}\ ,\ \ X_c=\frac{R^2+X_L^2}{X_L}=\frac{1^2+1^2}{1}=2[\Omega]$$

17 2전력계법으로 구하면 역률

$$\cos\theta=\frac{P_1+P_2}{2\sqrt{P_1^2+P_2^2-P_1P_2}}=\frac{3+6}{2\sqrt{3^2+6^2-3\times6}}=\frac{4.5}{\sqrt{27}}=\frac{\sqrt{3}}{2}$$

18 그림의 회로에서 t=0 [sec]일 때, 스위치 S를 닫았다. t=3 [sec]일 때, 커패시터 양단 전압 $v_c(t)$ [V]은? (단, $v_c(t = 0_-) = 0$ [V]이다)

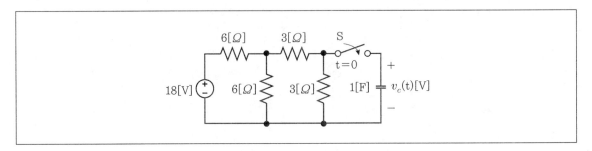

① $3e^{-4.5}$

② $3 - 3e^{-4.5}$

③ $3 - 3e^{-1.5}$

④ $-3e^{-1.5}$

18

스위치를 닫으면 C는 충전을 하게 된다. 따라서 $V_c(t) = V(1 - e^{-\frac{1}{RC}t})$ [V]

최종값은 C의 왼쪽에 있는 3[Ω]에 걸리는 전압과 같게 되므로 3[V]가 걸린다.

그러므로 $V_c(t) = V(1 - e^{-\frac{1}{RC}t}) = 3(1 - e^{-\frac{1}{2 \times 1} \times 3}) = 3(1 - e^{-1.5})$ [V]

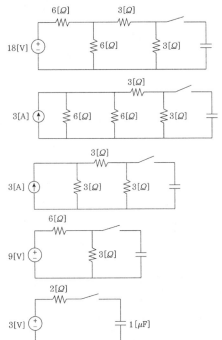

19 그림의 회로에서 t = 0 [sec]일 때, 스위치 S₁과 S₂를 동시에 닫을 때, t > 0에서 커패시터 양단 전압 $v_c(t)$ [V]은?

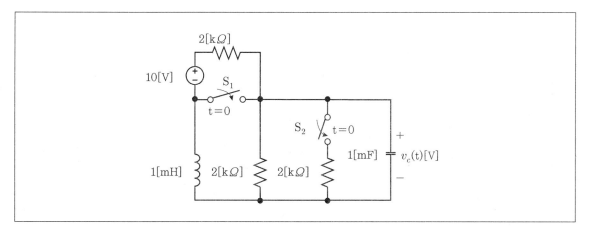

① 무손실 진동

② 과도감쇠

③ 임계감쇠

④ 과소감쇠

....

ANSWER 19.④

19 $t < 0$에서 C에 걸리는 전압은 2[kΩ]의 저항에 걸리는 전압과 같다. 스위치 두 개를 동시에 닫는 경우 전원이 제거되므로 v_c는 방전을 한다. 회로는 R–L 병렬회로이므로 전압은 완만한 감소를 하게 된다.

20 그림과 같은 구형파의 제 $(2n-1)$ 고조파의 진폭(A_1)과 기본파의 진폭(A_2)의 비($\frac{A_1}{A_2}$)는?

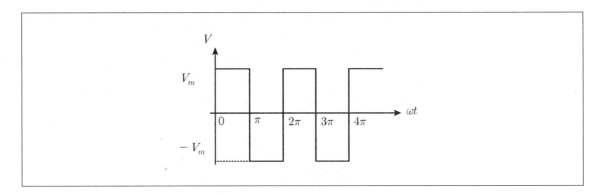

① $\dfrac{1}{2n-1}$

② $2n-1$

③ $\dfrac{\pi}{2n-1}$

④ $\dfrac{2n-1}{\pi}$

20 주어진 진동파형에 관하여 1주기를 프리에 급수로 전개하면 기본파 및 그의 2, 3배의 진동수를 가지는 정현파, 여현파의 합이 된다. 이 기본파의 2, 3···배의 진동수의 진동파형을 고조파라 한다. 고조파는 진동수는 정현파의 정수배가 되고 진폭의 비는 n차 고조파에 대하여 1/n이 된다. 따라서 2n-1 고조파의 진폭은 기본파에 대해 1/(2n-1)이다.

1 전류원과 전압원의 특징에 대한 설명으로 옳은 것만을 모두 고르면?

> ㉠ 이상적인 전류원의 내부저항 r = 1[Ω]이다.
> ㉡ 이상적인 전압원의 내부저항 r = 0[Ω]이다.
> ㉢ 실제적인 전류원의 내부저항은 전원과 직렬 접속으로 변환할 수 있다.
> ㉣ 실제적인 전압원의 내부저항은 전원과 직렬 접속으로 변환할 수 있다.

① ㉠, ㉡   ② ㉠, ㉢

③ ㉡, ㉣   ④ ㉢, ㉣

....

ANSWER 1.③

1 이상적 전류원
   • 내부저항이 무한대에 가까울수록 이상적이다. (내부저항이 개방상태)
   • 실제적인 전류원의 내부저항은 전원과 병렬접속으로 변환할 수 있다.
   이상적 전압원
   • 내부저항이 0에 가까울수록 이상적이다. (내부저항이 단락상태)
   • 실제적인 전압원의 내부저항은 전원과 직렬접속으로 변환할 수 있다.

2 그림의 회로에 대한 설명으로 옳지 않은 것은?

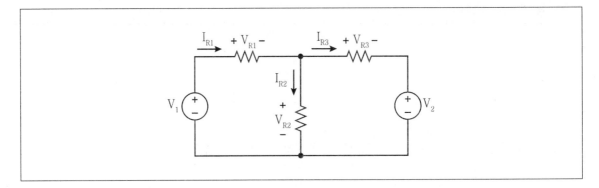

① 회로의 마디(node)는 4개다.

② 회로의 루프(loop)는 3개다.

③ 키르히호프의 전압법칙(KVL)에 의해 $V_1 - V_{R1} - V_{R3} - V_2 = 0$이다.

④ 키르히호프의 전류법칙(KCL)에 의해 $I_{R1} + I_{R2} + I_{R3} = 0$이다.

ANSWER 2.④

2   키르히호프의 전류법칙 $I_{R1} = I_{R2} + I_{R3}$, $I_{R1} - I_{R2} - I_{R3} = 0$

키르히호프의 전압법칙 $V_1 - V_{R1} = V_2 - (-V_{R3})$

$$V_1 - V_{R1} - V_2 - V_{R3} = 0$$

3 그림의 R−C 직렬회로에서 $t=0$[s]일 때 스위치 S를 닫아 전압 E[V]를 회로의 양단에 인가하였다. t = 0.05[s]일 때 저항 R의 양단 전압이 $10\,e^{-10}$[V]이면, 전압 E[V]와 커패시턴스 C[μF]는? (단, R = 5,000[Ω], 커패시터 C의 초기전압은 0[V]이다)

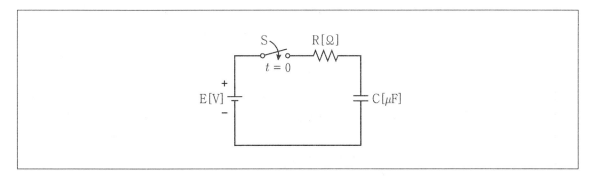

	E[V]	C[μF]
①	10	1
②	10	2
③	20	1
④	20	2

4 전압 V = 100 + j10[V]이 인가된 회로의 전류가 I = 10 − j5[A]일 때, 이 회로의 유효전력[W]은?

① 650   ② 950

③ 1,000   ④ 1,050

ANSWER 3.① 4.②

3 R−C 회로의 전원을 인가하면 전류는

$i(t) = \dfrac{E}{R}e^{-\frac{1}{RC}t}$[A]이므로 주어진 조건대로 t =0.05[s]일 때 $E=10e^{-10}=Ri=5,000\times\dfrac{E}{R}e^{-\frac{1}{RC}\times0.05}$[V]로부터

$e^{-10}=e^{-\frac{1}{RC}\times0.05}$, $\dfrac{0.05}{5,000\times C}=10$, $C=1[\mu F]$

또한 $10=5,000\times\dfrac{E}{R}$이므로 $R=5,000[\Omega]$이면 $E=10[V]$

4 $V=100+j10[V]$, $I=10-j5[A]$에서 복소전력을 구하면

$P_a=\overline{V}I=(100-j10)(10-j5)=1,000-j500-j100-50=950-j600$

따라서 유효전력 950[W], 무효전력 600[Var]

5 그림의 회로에서 평형 3상 △ 결선의 ×표시된 지점이 단선되었다. 단자 a와 단자 b 사이에 인가되는 전압이 120[V]일 때, 저항 r_a에 흐르는 전류 I[A]는? (단, $R_a = R_b = R_c = 3[\Omega]$, $r_a = r_b = r_c = 1[\Omega]$ 이다)

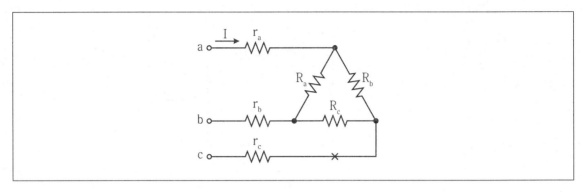

① 10

② 20

③ 30

④ 40

....

5

단선이 되면 $I_c = 0[\text{A}]$이므로 $R_{ab} = \dfrac{R_a(R_b + R_c)}{R_a + R_b + R_c} + r_a + r_b = \dfrac{3 \times 6}{3 + 6} + 2 = 4[\Omega]$

단상전류 $I = \dfrac{V_{ab}}{R_{ab}} = \dfrac{120}{4} = 30[\text{A}]$

6 그림의 회로에서 부하에 최대전력이 전달되기 위한 부하 임피던스[Ω]는? (단, R_1 = R_2 = 5[Ω], R_3 = 2 [Ω], X_C = 5[Ω], X_L = 6[Ω]이다)

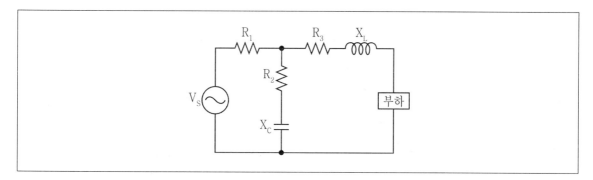

① $5 - j5$

② $5 + j5$

③ $5 - j10$

④ $5 + j10$

6 최대전력이 되기 위해서 부하를 제외한 모든 부하의 합성과 부하가 같아야 한다.
다만 복소수의 형태이면 공액복소수를 취한다.

부하임피던스 $Z_L = R_3 + jX_L + \dfrac{R_1(R_2 - jX_c)}{R_1 + R_2 - jX_c} = 2 + j6 + \dfrac{5(5 - j5)}{5 + 5 - j5} = 2 + j6 + \dfrac{5 - j5}{2 - j}$

$2 + j6 + \dfrac{(5 - j5)(2 + j)}{(2 - j)(2 + j)} = 2 + j6 + \dfrac{15 - j5}{5} = 5 + j5$

그러므로 최대전력을 송전하기 위한 부하임피던스는 $5 - j5$

7 그림 (가)와 그림 (나)는 두 개의 물질에 대한 히스테리시스 곡선이다. 두 물질에 대한 설명으로 옳은 것은?

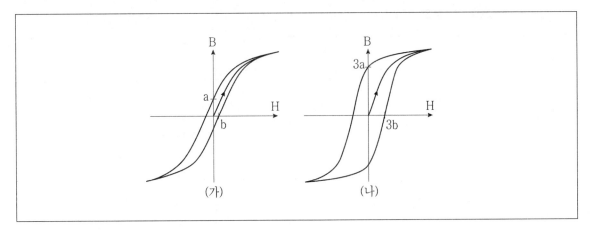

① (가)의 물질은 (나)의 물질보다 히스테리시스 손실이 크다.

② (가)의 물질은 (나)의 물질보다 보자력이 크다.

③ (나)의 물질은 (가)의 물질에 비해 고주파 회로에 더 적합하다.

④ (나)의 물질은 (가)의 물질에 비해 영구자석으로 사용하기에 더 적합하다.

....

ANSWER 7.④

7 두 개의 히스테리시스 곡선을 비교하면 (가)보다 (나)는 잔류자속밀도가 a에서 3a로 3배가 크고, 보자력도 b에서 3b로 3배가 크므로
영구자석에 적합하다.
전자석은 히스테리시스곡선의 면적이 작고 보자력이 작은 것이 보다 쉽게 자화되므로 좋고, 영구자석은 전자석에 비해 히스테리
시스곡선의 면적이 크고 보자력이 큰 것이 유리하다.
히스테리시스곡선의 면적이 자화손실이므로 (가)의 물질이 손실이 적은 것이다.

8 그림의 회로가 역률이 1이 되기 위한 $X_C[\Omega]$는?

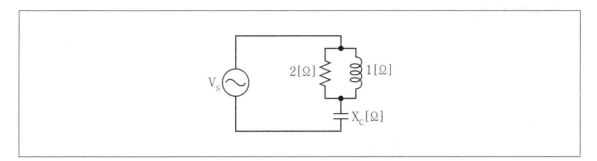

① $\dfrac{2}{5}$

② $\dfrac{3}{5}$

③ $\dfrac{4}{5}$

④ 1

8

합성임피던스 $Z_0 = \dfrac{R \times jX_L}{R + jX_L} - jX_c = \dfrac{2 \times j}{2 + j} - jX_c = \dfrac{2j(2-j)}{(2+j)(2-j)} - jX_c = \dfrac{2}{5} + \dfrac{4j}{5} - jX_c$

역률이 1이 되려면 허수부가 0이 되어야 하므로 $X_c = \dfrac{4}{5}[\Omega]$

9 그림의 Y-Y 결선 평형 3상 회로에서 전원으로부터 공급되는 3상 평균전력[W]은? (단, 극좌표의 크기는 실횻값이다)

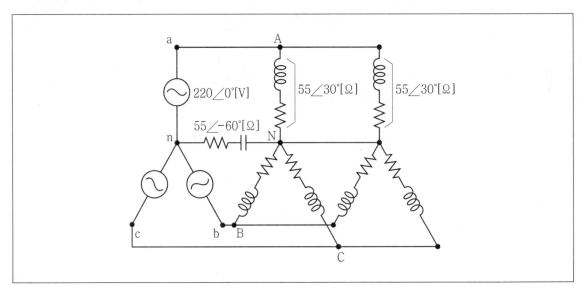

① $440\sqrt{3}$ 　　　　　　　　　　② $660\sqrt{3}$

③ $1,320\sqrt{3}$ 　　　　　　　　　④ $2,640\sqrt{3}$

9 평형 3상 회로이므로 n-N(중성점)에 연결된 임피던스 $55\angle -60^\circ[\Omega]$은 무시하도록 한다.

Y 결선에 연결된 임피던스가 병렬연결이므로

합성 임피던스 $Z_p = \dfrac{55}{2}\angle 30^\circ[\Omega]$

3상 평균전력

$$P = 3VI\cos\theta = 3\times 220\times \frac{220}{\dfrac{55}{2}}\times \cos 30^\circ = 4,572.614 = 2,640\sqrt{3}$$

평형 결선된 Y-Y회로에서 중성점 사이 전압은 0이다. 중성선에는 전류가 흐르지 않는다.

10 그림의 회로에서 스위치 S가 충분히 오랜 시간 동안 개방되었다가 $t = 0[s]$인 순간에 닫혔다. $t > 0$일 때의 전류 $i(t)[A]$는?

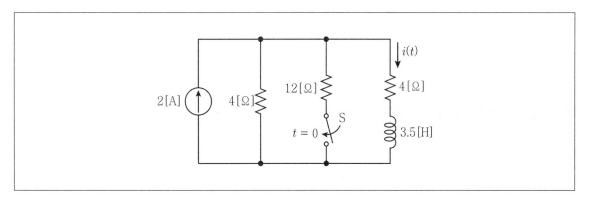

① $\dfrac{1}{7}\left(6 + e^{-2t}\right)$

② $\dfrac{1}{7}\left(6 + e^{-\frac{3}{2}t}\right)$

③ $\dfrac{1}{7}\left(8 - e^{-2t}\right)$

④ $\dfrac{1}{7}\left(8 - e^{-\frac{3}{2}t}\right)$

11 인덕턴스 L의 정의에 대한 설명으로 옳은 것은?

① 전압과 전류의 비례상수이다.
② 자속과 전류의 비례상수이다.
③ 자속과 전압의 비례상수이다.
④ 전력과 자속의 비례상수이다.

ANSWER 10.① 11.②

10 초기의 전류는 스위치 개방, L은 단락상태이므로 회로가 4[Ω] 병렬에 2[A]전원이므로 전류 $i(0) = 1[A]$가 흐른다.

$t = 0$에서 $i(0) = \dfrac{1}{7}(6 + e^0) = 1[A]$

$t > 0$에서 임피턴스

시정수 $\dfrac{L}{R} = \dfrac{3.5}{3+4} = \dfrac{1}{2}$

따라서 전류 $i(t) = \dfrac{1}{7}(6 + e^{-2t})[A]$

11 자속은 전류와 비례한다. $\phi = LI$ 비례상수가 인덕턴스이다.

12 R-L 직렬회로에 200[V], 60[Hz]의 교류전압을 인가하였을 때, 전류가 10[A]이고 역률이 0.8이었다. R을 일정하게 유지하고 L만을 조정하여 역률이 0.4가 되었을 때, 회로의 전류[A]는?

① 5

② 7.5

③ 10

④ 12

13 그림의 회로에서 저항 R에 인가되는 전압이 6[V]일 때, 저항 R[Ω]은?

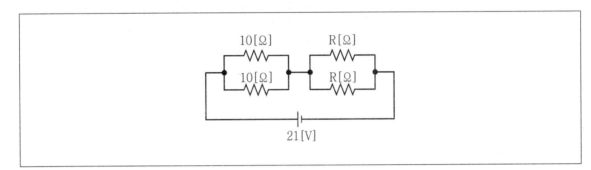

① 2

② 4

③ 10

④ 25

....

ANSWER 12.① 13.②

12 R-L직렬회로 전압이 200[V], 전류가 10[A]이면

임피던스 $Z = \dfrac{V}{I} = \dfrac{200}{10} = 20[\Omega]$ 역률이 0.8이면 $20(0.8 + j0.6) = 16 + j12[\Omega]$

R을 그대로 두고 L을 조정하여 역률이 0.4이면

$\cos\theta = 0.4 = \dfrac{16}{\sqrt{16^2 + X_L^2}}$ 에서 $\sqrt{16^2 + X_L^2} = \dfrac{16}{0.4} = 40$

전류 $i(t) = \dfrac{V}{Z} = \dfrac{200}{\sqrt{16^2 + X_L^2}} = \dfrac{200}{40} = 5[A]$

13 회로를 직렬로 정리하면 10[Ω] 병렬은 합성으로 5[Ω]이 되고 $R[\Omega]$두 개가 병렬이면 합성하여 $\dfrac{R}{2}[\Omega]$이다.

지금 R에 인가되는 전압이 6[V]이면 합성된 5[Ω] 쪽에 인가되는 전압배분은 15[V]

$5 : \dfrac{R}{2} = 15 : 6$

$7.5R = 30, \ R = 4[\Omega]$

14 그림 (가)와 같이 면적이 S, 극간 거리가 d인 평행 평판 커패시터가 있고, 이 커패시터의 극판 내부는 유전율 ε인 물질로 채워져 있다. 그림 (나)와 같이 면적이 S인 평행 평판 커패시터의 극판 사이에 극간 거리 d의 $\frac{1}{3}$ 부분은 유전율 3ε인 물질로 극간 거리 d의 $\frac{1}{3}$ 부분은 유전율 2ε인 물질로 그리고 극간 거리 d의 $\frac{1}{3}$ 부분은 유전율 ε인 물질로 채웠다면, 그림 (나)의 커패시터 전체 정전용량은 그림 (가)의 커패시터 정전용량의 몇 배인가? (단, 가장자리 효과는 무시한다)

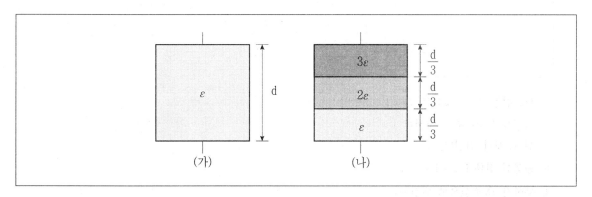

① $\frac{11}{18}$

② $\frac{9}{11}$

③ $\frac{11}{9}$

④ $\frac{18}{11}$

ANSWER 14.④

14
(가) 콘덴서의 용량 $C = \epsilon \dfrac{S}{d} [F]$

(나) 그림에서 콘덴서가 직렬로 구분되어 있으므로

$$\frac{1}{C_o} = \frac{1}{C_1} + \frac{1}{C_2} + \frac{1}{C_3} = \frac{C_2 C_3 + C_1 C_3 + C_1 C_2}{C_1 C_2 C_3}$$

$$C_o = \frac{C_1 C_2 C_3}{C_2 C_3 + C_1 C_3 + C_1 C_2} = \frac{3\epsilon \dfrac{3S}{d} \cdot 2\epsilon \dfrac{3S}{d} \cdot \epsilon \dfrac{3S}{d}}{2\epsilon \dfrac{3S}{d} \cdot \epsilon \dfrac{3S}{d} + 3\epsilon \dfrac{3S}{d} \cdot \epsilon \dfrac{3S}{d} + 3\epsilon \dfrac{3S}{d} \cdot 2\epsilon \dfrac{3S}{d}}$$

정리하면 $C_o = \dfrac{3\epsilon \dfrac{3S}{d} \cdot 2}{2 + 3 + 3 \cdot 2} = \dfrac{18}{11} C$

15 그림의 평형 3상 Y−Y 결선에 대한 설명으로 옳지 않은 것은?

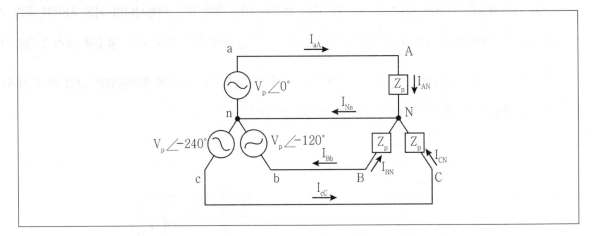

① 선간전압 $V_{ca} = \sqrt{3}\, V_p \angle -210°$로 상전압 V_{cn}보다 크기는 $\sqrt{3}$ 배 크고 위상은 30° 앞선다.

② 선전류 I_{aA}는 부하 상전류 I_{AN}과 크기는 동일하고, Z_p가 유도성인 경우 부하 상전류 I_{AN}의 위상이 선전류 I_{aA}보다 뒤진다.

③ 중성선 전류 $I_{Nn} = I_{aA} - I_{Bb} + I_{cC} = 0$을 만족한다.

④ 부하가 △ 결선으로 변경되는 경우 동일한 부하 전력을 위한 부하 임피던스는 기존 임피던스의 3배이다.

....

ANSWER 15.②

15 Y결선이므로 선전류와 상전류의 크기와 위상은 같다.

16 그림의 회로는 동일한 정전용량을 가진 6개의 커패시터로 구성되어 있다. 그림의 회로에 대한 설명으로 옳은 것은?

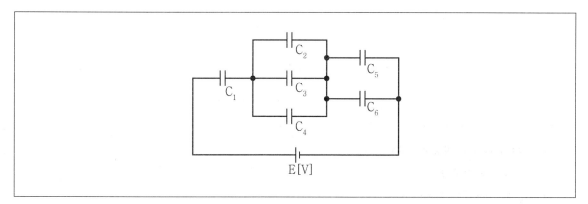

① C_5에 충전되는 전하량은 C_1에 충전되는 전하량과 같다.

② C_6의 양단 전압은 C_1의 양단 전압의 2배이다.

③ C_3에 충전되는 전하량은 C_5에 충전되는 전하량의 2배이다.

④ C_2의 양단 전압은 C_6의 양단 전압의 $\dfrac{2}{3}$ 배이다.

· ·

ANSWER 16.④

16 6개의 커패시터가 동일한 정전용량이므로

우선 병렬합성 $C_2 + C_3 + C_4 = 3C$, $C_5 + C_6 = 2C$

C_1과 두 번째 $C_2 + C_3 + C_4 = 3C$, 세 번째 $C_5 + C_6 = 2C$가 직렬이므로 전부 전기량 Q가 같다.

따라서 C_2, C_3, C_4 에는 각각 $\dfrac{Q}{3}$이 충전되고, C_5, C_6에는 각각 $\dfrac{Q}{2}$가 충전된다.

전압은 정전용량에 반비례하므로 C_1에 걸리는 전압을 V라고 할 때 $C_2 + C_3 + C_4 = 3C$에는 $\dfrac{V}{3}$, $C_5 + C_6 = 2C$에는 $\dfrac{V}{2}$가 걸린다.

그러므로 C_2의 양단전압은 $\dfrac{V}{3}$, C_6의 양단전압은 $\dfrac{V}{2}$

$$\frac{V_{c2}}{V_{c6}} = \frac{\dfrac{V}{3}}{\dfrac{V}{2}} = \frac{2}{3}$$

17 그림의 R−L 직렬회로에 대한 설명으로 옳지 않은 것은? (단, 회로의 동작상태는 정상상태이다)

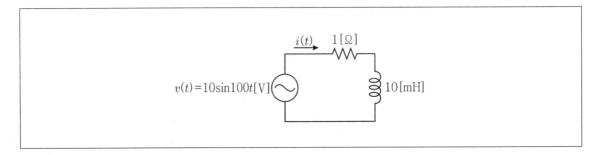

① $v(t)$와 $i(t)$의 위상차는 45°이다.

② $i(t)$의 최댓값은 10[A]이다.

③ $i(t)$의 실횻값은 5[A]이다.

④ R−L의 합성 임피던스는 $\sqrt{2}$ [Ω]이다.

....

ANSWER 17.②

17 R−L직렬회로 $Z = R + j\omega L = 1 + j100 \times 10 \times 10^{-3} = 1 + j[\Omega]$

$|Z| = \sqrt{1^2 + 1^2} = \sqrt{2} \angle 45°$

$i_{\max} = \dfrac{v_{\max}}{Z} = \dfrac{10}{\sqrt{2}} = 5\sqrt{2} \, [A]$

$i_{\mathrm{rms}} = \dfrac{v_{\mathrm{rms}}}{Z} = \dfrac{\dfrac{10}{\sqrt{2}}}{\sqrt{2}} = 5 [A]$

18 그림의 회로에서 전류 I_x[A]는?

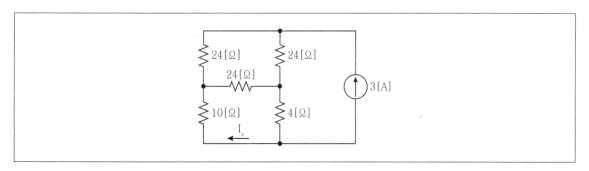

① −0.6

② −1.2

③ 0.6

④ 1.2

19 시변 전자계 시스템에서 맥스웰 방정식의 미분형과 관련 법칙이 서로 옳게 짝을 이룬 것을 모두 고른 것은? (단, E는 전계, H는 자계, D는 전속밀도, J는 전도전류밀도, B는 자속밀도, ρ_v는 체적전하밀도이다)

	맥스웰 방정식 미분형	관련 법칙
가.	$\nabla \times E = -\dfrac{\partial B}{\partial t}$	패러데이의 법칙
나.	$\nabla \cdot B = \rho_v$	가우스 법칙
다.	$\nabla \times H = J + \dfrac{\partial E}{\partial t}$	암페어의 주회적분 법칙
라.	$\nabla \cdot D = \rho_v$	가우스 법칙

① 가, 나

② 가, 라

③ 나, 다

④ 다, 라

ANSWER 18.② 19.②

18 그림에서 브릿지로 된 저항부분 가운데 24[Ω] △를 Y로 전환하면 저항이 1/3으로 되므로 저항은 그림과 같이 다시 생각해 볼 수 있다.

그림의 전류의 흐름은 실제 전류의 흐름과 방향이 반대가 되어 부호가 (−)가 된다.

따라서 $I_x = \dfrac{12}{12+18} \times 3 = -1.2$[A]

19 $\nabla \cdot B = 0$으로 N극에서 나온 자속은 모두 S극으로 들어간다. 자속의 연속성으로 발산되는 자속은 없다.

$\nabla \times H = J + \dfrac{\partial D}{\partial t}$ 암페어의 주회법칙으로 전도전류와 변위전류는 둘 다 회전하는 자계가 발생한다.

20 그림과 같은 전류 $i(t)$가 4[kΩ]의 저항에 흐를 때 옳지 않은 것은?

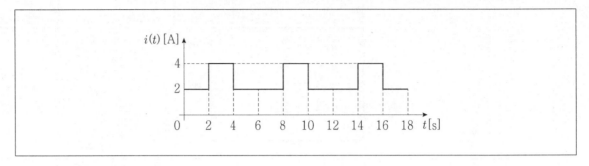

① 전류의 주기는 6[s]이다.

② 전류의 실횻값은 $2\sqrt{2}$ [A]이다.

③ 4[kΩ]의 저항에 공급되는 평균전력은 32[kW]이다.

④ 4[kΩ]의 저항에 걸리는 전압의 실횻값은 $4\sqrt{2}$ [kV]이다.

ANSWER 20.④

20 그림에서 전류의 주기는 6[s]임을 알 수 있다.

전류의 실횻값

$$i = \sqrt{\frac{1}{6}\left[\int_2^4 4^2 dt + \int_4^8 2^2 dt\right]} = \sqrt{\frac{1}{6}\left[16t\right]_2^4 + \left[4t\right]_4^8} = \sqrt{8} = 2\sqrt{2}\,[\text{A}]$$

따라서 평균전력 $P = i^2 R = (2\sqrt{2})^2 \times 4K = 32[\text{Kw}]$

전압의 실횻값은 $P = vi = v \times 2\sqrt{2} = 32[\text{Kw}]$ 에서

$$v = \frac{32K}{2\sqrt{2}} = 8\sqrt{2}\,[\text{KV}]$$

1 일반적으로 도체의 전기 저항을 크게 하기 위한 방법으로 옳은 것만을 모두 고르면?

> ㉠ 도체의 온도를 높인다.
> ㉡ 도체의 길이를 짧게 한다.
> ㉢ 도체의 단면적을 작게 한다.
> ㉣ 도전율이 큰 금속을 선택한다.

① ㉠, ㉢
② ㉠, ㉣
③ ㉡, ㉢
④ ㉢, ㉣

2 평등 자기장 내에 놓여 있는 직선의 도선이 받는 힘에 대한 설명으로 옳은 것은?

① 도선의 길이에 반비례한다.
② 자기장의 세기에 비례한다.
③ 도선에 흐르는 전류의 크기에 반비례한다.
④ 자기장 방향과 도선 방향이 평행할수록 큰 힘이 발생한다.

....

ANSWER 1.① 2.②

1 전기저항 $R = \rho \dfrac{l}{S} = \dfrac{l}{\sigma S}[\Omega]$

저항을 크게 하려면 길이 L을 길게 하던지, 단면적 S를 작게 하면 된다. 저항률 ρ에 비례하므로 역수인 도전율 σ이 작아도 저항이 증가한다. 또한 온도가 증가하면 $t[℃]$에서의 저항은 $R_t = R_0[1+\alpha t]$로서 온도증가에 따라 저항은 증가한다.

2 평등자기장 내에 놓여있는 직선의 도선이 받는 힘은 플레밍의 법칙을 말한다.
$F = l[I \times B] = BIl\sin\theta[\text{N}]$
도선의 길이에 비례하며, 자속밀도(자기장의 세기)와 전류의 크기에 비례한다.
자기장의 방향과 도선이 수직일수록 크다. 전동기의 원리가 된다.

3 환상 솔레노이드의 평균 둘레 길이가 50[cm], 단면적이 1[cm²], 비 투자율 μ_r = 1,000이다. 권선수가 200회인 코일에 1[A]의 전류를 흘렸을 때, 환상 솔레노이드 내부의 자계 세기[AT/m]는?

① 40

② 200

③ 400

④ 800

4 그림과 같은 평형 3상 회로에서 $V_{an} = V_{bn} = V_{cn} = \dfrac{200}{\sqrt{3}}$[V], Z = 40 + j30[Ω]일 때, 이 회로에 흐르는 선전류[A]의 크기는? (단, 모든 전압과 전류는 실횻값이다)

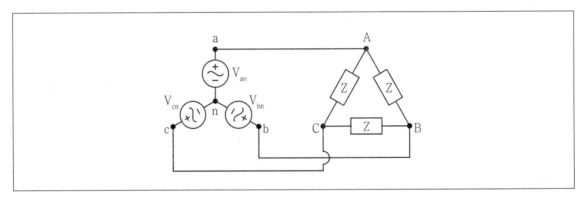

① $4\sqrt{3}$

② $5\sqrt{3}$

③ $6\sqrt{3}$

④ $7\sqrt{3}$

....

ANSWER 3.③ 4.①

3 환상 솔레노이드 내부 자계의 세기

$H = \dfrac{NI}{l} = \dfrac{NI}{2\pi r} = \dfrac{200 \times 1}{0.5} = 400[\mathrm{AT/m}]$

4 부하임피던스를 Y로 전환하면 $Z_Y = \dfrac{Z_\triangle}{3} = \dfrac{40 + j30}{3}[\Omega]$

선전류 $I_l = I_p = \dfrac{V_p}{Z_p} = \dfrac{\dfrac{200}{\sqrt{3}}}{\dfrac{40 + j30}{3}} = \dfrac{\dfrac{200}{\sqrt{3}}}{\dfrac{50}{3}} = \dfrac{200 \times 3}{50\sqrt{3}} = 4\sqrt{3}\,[\mathrm{A}]$

5 그림의 회로에서 전압 v_2[V]는?

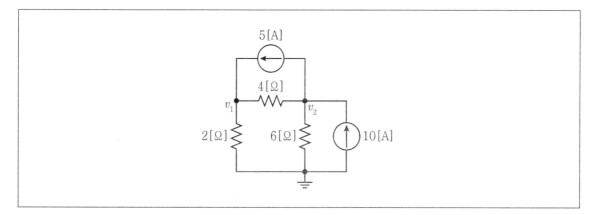

① 0

② 13

③ 20

④ 26

ANSWER 5.③

5 회로방정식을 구하면

v_1에서 $5 = \dfrac{v_1}{2} + \dfrac{v_1 - v_2}{4}$

$20 = 3v_1 - v_2$

v_2에서 $10 = \dfrac{v_2}{6} + \dfrac{v_2 - v_1}{4} + 5$

$20 = \dfrac{5}{3}v_2 - v_1$

연립하면 $80 = 4v_2$, $v_2 = 20$[V]

6 그림과 같이 미세공극 l_g가 존재하는 철심회로의 합성자기저항은 철심부분 자기저항의 몇 배인가?

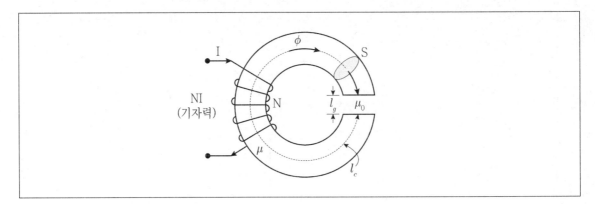

① $1 + \dfrac{\mu_0 l_g}{\mu l_c}$

② $1 + \dfrac{\mu l_g}{\mu_0 l_c}$

③ $1 + \dfrac{\mu_0 l_c}{\mu l_g}$

④ $1 + \dfrac{\mu l_c}{\mu_0 l_g}$

•••

ANSWER 6.②

6

$$\frac{R_m + R_{gap}}{R_m} = 1 + \frac{R_{gap}}{R_m} = 1 + \frac{\dfrac{l_g}{\mu_o S}}{\dfrac{l_c}{\mu S}} = 1 + \frac{\mu l_g}{\mu_o l_c}$$

7 그림의 직류 전원공급 장치 회로에 대한 설명으로 옳지 않은 것은? (단, 다이오드는 이상적인 소자이고, 커패시터의 초기 전압은 0[V]이다)

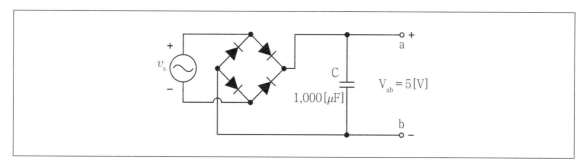

① 일반적으로 서지전류가 발생한다.

② 다이오드를 4개 사용한 전파 정류회로이다.

③ 콘덴서에는 정상상태에서 12.5[mJ]의 에너지가 축적된다.

④ C와 같은 용량의 콘덴서를 직렬로 연결하면 더 좋은 직류를 얻을 수 있다.

....

ANSWER 7.④

7 그림은 전파정류회로이다.

에너지 $W = \frac{1}{2}CV^2 = \frac{1}{2} \times 1,000 \times 10^{-6} \times 5^2 = 12.5[\text{mJ}]$

C는 정류의 맥류를 평활하고자 넣은 것이다. C를 직렬로 하면 DC회로에서 전류가 흐르지 않는다.

8 2[μF] 커패시터에 그림과 같은 전류 $i(t)$를 인가하였을 때, 설명으로 옳지 않은 것은? (단, 커패시터에 저장된 초기 에너지는 없다)

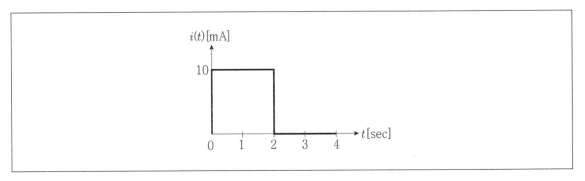

① $t = 1$에서 커패시터에 저장된 에너지는 25[J]이다.

② $t > 2$ 구간에서 커패시터의 전압은 일정하게 유지된다.

③ $0 < t < 2$ 구간에서 커패시터의 전압은 일정하게 증가한다.

④ $t = 2$에서 커패시터에 저장된 에너지는 $t = 1$에서 저장된 에너지의 2배이다.

....

ANSWER 8.④

8 커패시터에 전류를 흘려 충전이 되는 상황이다.

$t = 1$에서 $Q = \int_0^1 10 \times 10^{-3}\, dt = [10 \times 10^{-3} t]_o^1 = 10[\text{mC}]$

저장되는 에너지 $W = \dfrac{1}{2}\dfrac{Q^2}{C} = \dfrac{1}{2} \times \dfrac{(10 \times 10^{-3})^2}{2 \times 10^{-6}} = 25[\text{J}]$

전압 $V = \dfrac{Q}{C} = \dfrac{10 \times 10^{-3}}{2 \times 10^{-6}} = 5 \times 10^3[\text{V}]$

t=2에서 $Q = \int_0^2 10 \times 10^{-3}\, dt = [10 \times 10^{-3} t]_o^2 = 20[\text{mC}]$

저장되는 에너지 $W = \dfrac{1}{2}\dfrac{Q^2}{C} = \dfrac{1}{2} \times \dfrac{(20 \times 10^{-3})^2}{2 \times 10^{-6}} = 100[\text{J}]$

전압 $V = \dfrac{Q}{C} = \dfrac{20 \times 10^{-3}}{2 \times 10^{-6}} = 10 \times 10^3[\text{V}]$

$0 < t < 2$에서 전압은 일정하게 증가한다.

9 그림의 교류회로에서 저항 R에서의 소비하는 유효전력이 10[W]로 측정되었다고 할 때, 교류전원 $v_1(t)$ 이 공급한 피상전력[VA]은? (단, $v_1(t) = 10\sqrt{2}\sin(377t)$[V], $v_2(t) = 9\sqrt{2}\sin(377t)$[V]이다)

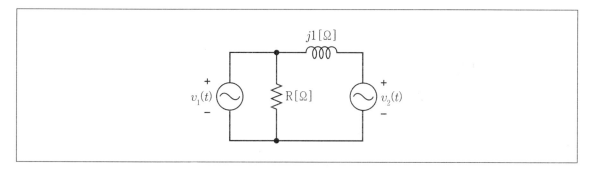

① $\sqrt{10}$

② $2\sqrt{5}$

③ 10

④ $10\sqrt{2}$

ANSWER 9.④

9 $v_1(t) = 10\sqrt{2}\sin377t = 10\angle 0^o\,[\text{V}]$

$v_2(t) = 9\sqrt{2}\sin377t = 9\angle 0^o\,[\text{V}]$

전압원을 단락시켜보면 저항 R에는 $v_1(t)$ 전압만 가해진다.

10[V]의 전원이므로 $\dfrac{10^2}{R} = 10\,[\text{W}]$, $R = 10\,[\Omega]$

$i_1(t) = \dfrac{v_1(t)}{Z} = Yv_1(t) = [\dfrac{1}{R} + \dfrac{1}{j}] \times 10 = 1 - j10\,[\text{A}]$

$i_2(t) = \dfrac{v_2(t)}{j} = -j9\,[\text{A}]$

$i = i_1(t) - i_2(t) = 1 - j10 + j9 = 1 - j\,[\text{A}]$

피상전력 $P_a = v_1(t) \cdot \overline{i(t)} = 10(1+j) = 10 + j10 = 10\sqrt{2}\,[\text{VA}]$

10 그림의 ㈎회로를 ㈏회로와 같이 테브난(Thevenin) 등가변환 하였을 때, 등가 임피던스 $Z_{TH}[\Omega]$와 출력전 압 $V(s)[V]$는? (단, 커패시터와 인덕터의 초기 조건은 0이다)

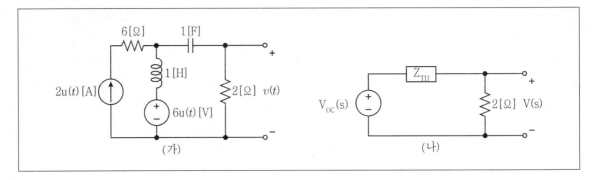

$Z_{TH}[\Omega]$	$V(s)[V]$
① $\dfrac{s}{s^2+1}$	$\dfrac{4(s+3)}{(s+1)^2}$
② $\dfrac{s^2+1}{s}$	$\dfrac{4(s+3)}{(s+1)^2}$
③ $\dfrac{s}{s^2+1}$	$\dfrac{4(s^2+1)(s+3)}{s(2s^2+s+2)}$
④ $\dfrac{s^2+1}{s}$	$\dfrac{4(s^2+1)(s+3)}{s(2s^2+s+2)}$

....

ANSWER 10.②

10 ㈎회로를 ㈏회로와 같이 등가변환하면 Z_{TH}는 전압원 단락과 전류원 개방을 한 후 구하면 된다.

전류원을 개방하면 저항은 적용을 할 수 없으므로 전압원을 단락할 때 L과 C의 직렬임피던스가 된다.

$$Z_{TH} = Ls + \frac{1}{Cs} = s + \frac{1}{s} = \frac{s^2+1}{s}$$

전압원에 의한 $v(t)$ 전류원 개방 후 $v_1(t) = \dfrac{2}{Ls+\dfrac{1}{Cs}+2} \times 6u(t) = \dfrac{2}{s+\dfrac{1}{s}+2} \times \dfrac{6}{s} = \dfrac{12}{s^2+2s+1} = \dfrac{12}{(s+1)^2}$

전류원에 의한 $v(t)$ 전압원 단락 후 $v_2(t) = \dfrac{s}{s+\dfrac{1}{s}+2} \times 2u(t) \times 2 = \dfrac{s^2}{s^2+2s+1} \times \dfrac{2}{s} \times 2 = \dfrac{4s}{(s+1)^2}$

$$V(s) = v_1(t) + v_2(t) = \frac{12}{(s+1)^2} + \frac{4s}{(s+1)^2} = \frac{4s+12}{(s+1)^2}$$

11 그림의 ㈎회로와 ㈏회로가 등가관계에 있을 때, 부하저항 RL[Ω]은?

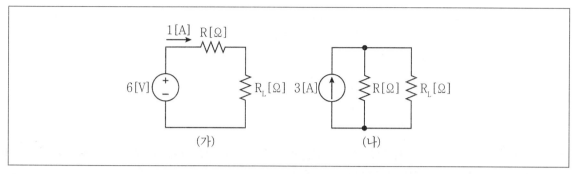

① 1

② 2

③ 3

④ 4

12 그림의 회로에서 전압 V_{ab}[V]는?

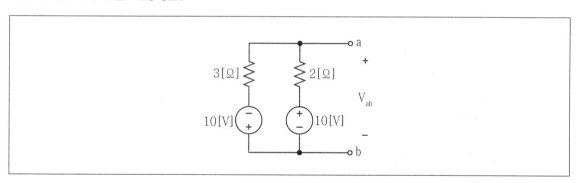

① 1

② 2

③ 4

④ 8

ANSWER 11.④ 12.②

11

㈎회로와 ㈏회로가 등가이므로 전압원을 전류원으로 하면 전류원 $3[A] = \dfrac{6[V]}{R}$ 에서 저항 $R = 2[\Omega]$

그때 ㈎회로에 1[A]가 흐르므로 $R_L = 4[\Omega]$이 된다.

12

중성점전위에 대한 밀만의 식을 적용하면 $V_{ab} = \dfrac{\dfrac{V_1}{R_1} + \dfrac{V_2}{R_2}}{\dfrac{1}{R_1} + \dfrac{1}{R_2}} = \dfrac{-\dfrac{10}{3} + \dfrac{10}{2}}{\dfrac{1}{3} + \dfrac{1}{2}} = \dfrac{\dfrac{10}{6}}{\dfrac{5}{6}} = 2[V]$

전위의 극성에 주의하여야 한다.

13 R-L 직렬회로에 대한 설명으로 옳은 것은?

① 주파수가 증가하면 전류는 증가하고, 저항에 걸리는 전압은 증가한다.

② 주파수가 감소하면 전류는 증가하고, 저항에 걸리는 전압은 감소한다.

③ 주파수가 증가하면 전류는 감소하고, 인덕터에 걸리는 전압은 증가한다.

④ 주파수가 감소하면 전류는 감소하고, 인덕터에 걸리는 전압은 감소한다.

14 그림의 회로에서 스위치 S가 충분히 긴 시간 동안 접점 a에 연결되어 있다가 $t = 0$에서 접점 b로 이동하였다. 회로에 대한 설명으로 옳지 않은 것은?

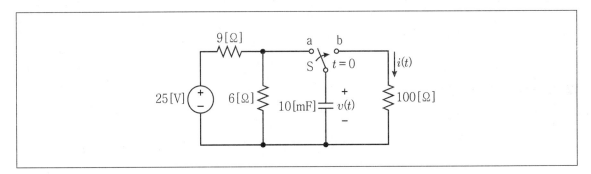

① $v(0) = 10$[V]이다.

② $t > 0$에서 $i(t) = 10e^{-t}$ [A]이다.

③ $t > 0$에서 회로의 시정수는 1[sec]이다.

④ 회로의 시정수는 커패시터에 비례한다.

ANSWER 13.③ 14.②

13 R-L 직렬회로 임피던스 $Z = R + j\omega L[\Omega]$이므로

주파수가 증가하면 유도성리액턴스가 증가하므로 임피던스가 커져서 전류는 감소

인덕터에 걸리는 전압은 $e_L = L\dfrac{di}{dt} = j\omega LI[\mathrm{V}]$이므로 주파수에 비례하여 증가한다.

14 충분히 긴시간 a에 연결되어 C는 충전이 되어있다.

C에 걸린 전압은 6[Ω]에 걸린 전압과 같으므로 10[V], $v(0) = 10$[V]

(25[V] 전압원에 의하여 저항 9[Ω]에는 15[V], 6[Ω]에는 10[V]가 걸린다.)

b로 이동한 후 R-C회로이므로 시정수는 RC[sec], 커패시터 C에 비례하며

$RC = 100 \times 10 \times 10^{-3} = 1[\mathrm{sec}]$

전류 $i(t) = \dfrac{v(0)}{R}e^{-\frac{1}{RC}t} = \dfrac{10}{100}e^{-t} = 0.1e^{-t}[\mathrm{A}]$

15 그림과 같이 주기적으로 변하는 전압 $v(t)$의 실횻값[V]은?

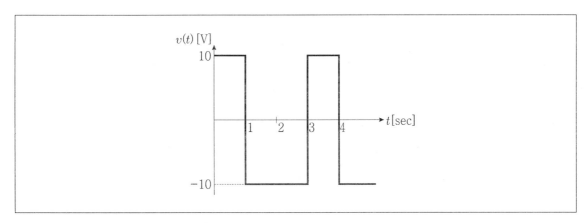

① $\dfrac{10}{\sqrt{5}}$

② $\dfrac{10}{\sqrt{3}}$

③ $\dfrac{10}{\sqrt{2}}$

④ 10

16 R-L-C 직렬공진회로, 병렬공진회로에 대한 설명으로 옳지 않은 것은?

① 직렬공진, 병렬공진 시 역률은 모두 1이다.

② 병렬공진회로일 경우 임피던스는 최소, 전류는 최대가 된다.

③ 직렬공진회로의 공진주파수에서 L과 C에 걸리는 전압의 합은 0이다.

④ 직렬공진 시 선택도 Q는 $\dfrac{1}{R}\sqrt{\dfrac{L}{C}}$ 이고, 병렬공진 시 선택도 Q는 $R\sqrt{\dfrac{C}{L}}$ 이다.

ANSWER 15.④ 16.②

15 전압의 실횻값

$$v(t) = \sqrt{\frac{1}{3}\Big[\int_0^1 10^2 dt \int_1^3 (-10)^2 dt\Big]} = \sqrt{\frac{1}{3}[100t]_o^1 + [100t]_1^3} = \sqrt{100} = 10[\text{V}]$$

16 R-L-C 직렬공진은 임피던스가 최소, 전류는 최대

병렬공진은 어드미턴스가 최소이므로 임피던스는 최대, 따라서 전류는 최소.

직렬공진이나 병렬공진이나 허수부가 없으므로 역률은 1이 된다.

직렬공진에서 선택도 $Q = \dfrac{1}{R}\sqrt{\dfrac{L}{C}}$, 병렬공진에서는 $Q = R\sqrt{\dfrac{C}{L}}$

직렬공진에서 L에 걸리는 전압과 C에 걸리는 전압은 크기가 같고 부호가 반대이므로 합성전압이 0이다.

17 그림의 회로에서 전류 I[A]의 크기가 최대가 되기 위한 X_o에 대한 소자의 종류와 크기는? (단, $v(t) = 100\sqrt{2}\sin 100t$[V]이다)

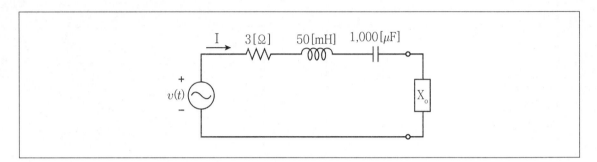

	소자의 종류	소자의 크기
①	인덕터	50[mH]
②	인덕터	100[mH]
③	커패시터	1,000[μF]
④	커패시터	2,000[μF]

ANSWER 17.①

17 전류의 크기가 최대이므로 공진회로이다.

$j\omega L + \dfrac{1}{j\omega C} + jX_o = 0$이 되어야 한다.

전압식에서 $\omega = 100$[rad/s]이므로

$j100 \times 50 \times 10^{-3} - j\dfrac{1}{100 \times 1,000 \times 10^{-6}} + jX_o = j5 - j10 + jX_o = 0$

$jX_o = j5$

소자는 인덕터이며 L의 크기는 $X_o = \omega L = 100L = 5$

$L = 0.05 = 50$[mH]

18 그림의 회로에서 스위치 S를 $t = 0$에서 닫았을 때, 전류 $i_c(t)$[A]는? (단, 커패시터의 초기 전압은 0 [V]이다)

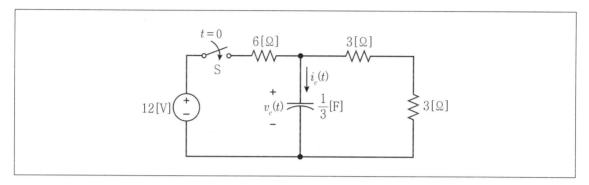

① e^{-t}

② $2e^{-t}$

③ e^{-2t}

④ $2e^{-2t}$

....

ANSWER 18.②

18

전류 $i_c(t) = \dfrac{V}{R}e^{-\frac{1}{RC}t} = \dfrac{12}{6}e^{-\frac{1}{3 \times \frac{1}{3}}t} = 2e^{-t}[A]$

스위치를 닫았을 때 초기에 커패시터는 단락상태이므로 전압은 12[V], 저항은 6[Ω] 뿐이므로 초기전류는 2[A]이다.

C에 충전이 되면서 전압이 증가하고 C에 흐르는 전류는 감소하게 된다.

시정수 RC에서 R은 왼쪽 6[Ω]과 오른쪽 6[Ω]이 병렬로서 합성이 3[Ω]이 된다.

19 그림 ㈎의 입력전압이 ㈏의 정류회로에 인가될 때, 입력전압 $v(t)$와 출력전압 $v_o(t)$에 대한 설명으로 옳지 않은 것은? (단, 다이오드는 이상적인 소자이고, 출력전압의 평균값은 200[V]이다)

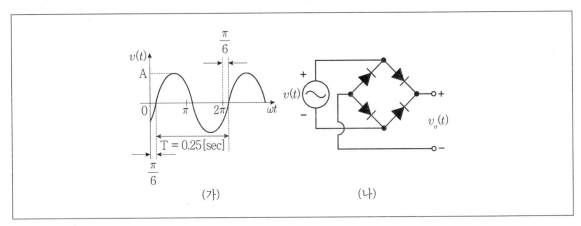

(가)   (나)

① 입력전압의 주파수는 4[Hz]이다.

② 출력전압의 최댓값은 100π[V]이다.

③ 출력전압의 실횻값은 $100\pi\sqrt{2}$[V]이다.

④ 입력전압 $v(t) = A\sin(\omega t - 30°)$[V]이다.

....

19 전파정류이고 출력전압의 평균값이 200[V]이므로

$$v_o(t) = \frac{2V_m}{\pi} = \frac{2\sqrt{2}\,V}{\pi} = 200[\mathrm{V}], \quad V = \frac{200\pi}{2\sqrt{2}} = \frac{100\pi}{\sqrt{2}}[\mathrm{V}], \quad V_m = \frac{200\pi}{2} = 100\pi[\mathrm{V}]$$

입력전압의 주파수 $f = \dfrac{1}{T} = \dfrac{1}{0.25} = 4[\mathrm{Hz}]$

입력전압은 위상이 $\dfrac{\pi}{6}$ 뒤지므로 $v(t) = A\sin(\omega t - 30^o)[\mathrm{V}]$

20 그림의 Y−Y 결선 불평형 3상 부하 조건에서 중성점 간 전류 I_{nN} [A]의 크기는? (단, $\omega = 1$ [rad/s], $V_{an} = 100\angle 0°$ [V], $V_{bn} = 100\angle -120°$ [V], $V_{cn} = 100\angle -240°$ [V]이고, 모든 전압과 전류는 실 횻값이다)

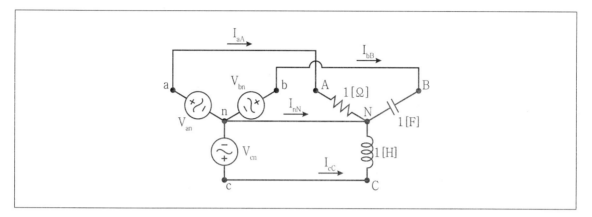

① $100\sqrt{3}$

② $200\sqrt{3}$

③ $100 + 50\sqrt{3}$

④ $100 + 100\sqrt{3}$

ANSWER 20.④

20 중성점 간 전류

$$I_{nN} = I_{nA} + I_{nB} + I_{nC} = \frac{V_{an}}{R} + \frac{V_{bn}}{\dfrac{1}{j\omega C}} + \frac{V_{cn}}{j\omega L} = \frac{100\angle 0^o}{1} + \frac{100\angle -120^o}{\dfrac{1}{j1\times 1}} + \frac{100\angle -240^o}{j1\times 1}$$

$$I_{nN} = 100 + 100[-120^0 - (-90^o)] + 100(-240^o - 90^o)$$

$-240^o = 120^o$ 이므로

$$I_{nN} = 100 + 100\angle -30^o + 100\angle 30^o = 100 + 100(\cos 30^{o''} - j\sin 30^o) + 100(\cos 30^o + j\sin 30^o)$$

$$= 100 + 100\times \frac{\sqrt{3}}{2}\times 2 = 100 + 100\sqrt{3} \text{ [A]}$$

전기이론 | 2021. 6. 5. 제1회 서울특별시 시행

1 전기회로 소자에 대한 설명으로 가장 옳은 것은?

① 저항소자는 에너지를 순수하게 소비만 하고 저장하지 않는다.

② 이상적인 독립전압원의 경우는 특정한 값의 전류만을 흐르게 한다.

③ 인덕터 소자로 흐르는 전류는 소자 양단에 걸리는 전압의 변화율에 비례하여 흐르게 된다.

④ 저항소자에 흐르는 전류는 전압에 반비례한다.

ANSWER 1.①

1 전기회로 소자

ⓐ 저항소자는 에너지를 소비만 하고 저장하지 않는다.

ⓑ L과 C는 에너지를 저장만 하고 소비하지 않는다. $W=\frac{1}{2}LI^2$[J], $W=\frac{1}{2}CV^2$[J]

ⓒ 인덕터 소자에 걸리는 전압은 소자에 흐르는 전류의 변화율에 비례한다. $e=L\frac{di}{dt}$[V]

ⓓ 저항소자에 흐르는 전류는 전압과 비례한다. $V=RI$

ⓔ 이상적인 독립전압원의 경우 부하전류의 크기와 관계없이 특정한 전압을 공급한다.

2 〈보기〉의 회로에서 R_L 부하에 최대 전력 전달이 되도록 저항값을 정하려 한다. 이때, R_L 부하에서 소비되는 전력의 값[W]은?

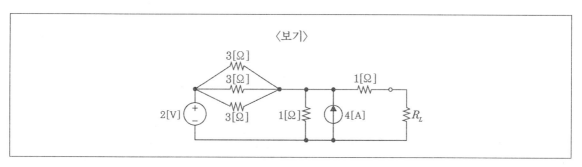

① 0.8

② 1.2

③ 1.5

④ 3.0

ANSWER 2.③

2 부하에 최대전력이 전달되려면 부하저항 R_L과 전원측 회로의 저항의 합계가 같아야 한다.
전원측 임피던스를 구하기 위하여 전압원을 단락하고 전류원을 개방한 후에 오른쪽 단자에서 바라본 회로의 합성 저항이다.

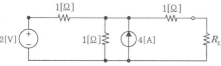

3[Ω]의 병렬저항 3개를 합성하고 회로를 그리면 윗 그림과 같다.
전압원을 단락하고, 전류원을 개방한 후 합성저항을 구하면

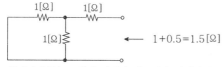

등가전압원을 구하기 위해서 전류원을 개방하면 전압2[V]에 의한 단자전압은

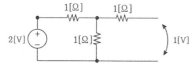

단자에는 1[V]의 전압이 걸린다.
다음에 전류원에 의한 전압을 구하기 위하여 전압원을 단락시키면

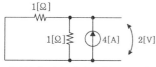

전류원에 의한 단자전압은 2[V]가 되어 단자전압은 $V_{eq} = 1 + 2 = 3$[V]

따라서 부하에서 소비되는 전력은 $P = \dfrac{V^2}{4R_L} = \dfrac{3^2}{4 \times 1.5} = 1.5$[W]

3 평판형 커패시터가 있다. 평판의 면적을 2배로, 두 평판 사이의 간격을 1/2로 줄였을 때의 정전용량은 원래의정전용량보다 몇 배가 증가하는가?

① 0.5배

② 1배

③ 2배

④ 4배

4 모선 L에 〈보기〉와 같은 부하들이 병렬로 접속되어 있을 때, 합성 부하의 역률은?

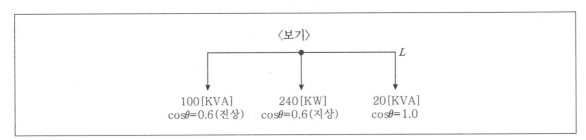

〈보기〉

100[KVA]
$\cos\theta=0.6$(진상)

240[KW]
$\cos\theta=0.6$(지상)

20[KVA]
$\cos\theta=1.0$

① 0.8(진상, 앞섬)

② 0.8(지상, 뒤짐)

③ 0.6(진상, 앞섬)

④ 0.6(지상, 뒤짐)

3 평판형 커패시터 $C_1 = \epsilon_1 \dfrac{S}{d}$ [F]이므로 면적을 2배로 하고, 간격을 1/2로 줄이면 $C_2 = \epsilon_1 \dfrac{2S}{\frac{1}{2}d} = \epsilon_1 \dfrac{4S}{d} = 4C_1$으로 4배가 된다.

4 합성부하 $L = P_a(\cos\theta + \mathrm{j}\sin\theta) = P + jP_r$에서

100[KVA] $\cos\theta = 0.6$ (진상)은 $100(0.6 + j0.8) = 60 + j80$

240[KW] $\cos\theta = 0.6$(지상)은 $\dfrac{240}{0.6} = 400$[KVA]이므로 $400(0.6 - j0.8) = 240 - j320$

20[KVA] $\cos\theta = 1.0$은 동상. $20(1 + j0) = 20$

$L = 100(0.6 + j0.8) + 400(0.6 - j0.8) + 20 = 60 + j80 + 240 - j320 + 20 = 320 - j240$

유효전력 320[KW], 지상 무효전력 240[Kvar], 피상전력 $\sqrt{320^2 + 240^2} = 400$[KVA]

역률 $\cos\theta = \dfrac{P}{P_a} = \dfrac{320}{\sqrt{320^2 + 240^2}} = 0.8$ (지상)

5 〈보기〉의 R, L, C 직렬 공진회로에서 전압 확대율(Q)의 값은? [단, f(femto)=10^{-15}, n(nano)=10^{-9}이다.]

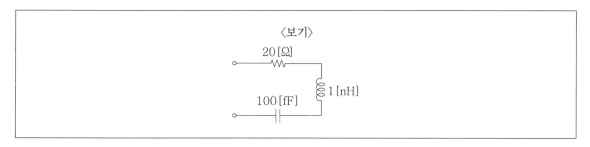

① 2

② 5

③ 10

④ 20

6 〈보기〉 4단자 회로망(two port network)의 Z 파라미터 중 Z_{22}의 값[Ω]은?

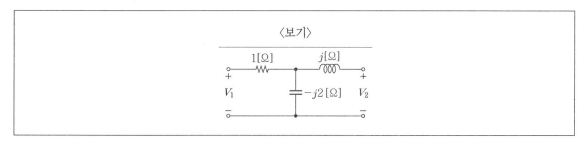

① j

② $j2$

③ $-j$

④ $-j2$

5 직렬공진회로 전압확대율(Q)=선택도

$$Q = \frac{1}{R}\sqrt{\frac{L}{C}} = \frac{1}{20}\sqrt{\frac{10^{-9}}{100 \times 10^{-15}}} = 5$$

6 Z 파라미터

$$\begin{vmatrix} V_1 \\ V_2 \end{vmatrix} = \begin{vmatrix} Z_{11} & Z_{12} \\ Z_{21} & Z_{22} \end{vmatrix} \begin{vmatrix} I_1 \\ I_2 \end{vmatrix}$$

$V_1 = Z_{11}I_1 + Z_{12}I_2$, $V_2 = Z_{21}I_1 + Z_{22}I_2$

$Z_{22} = \dfrac{V_2}{I_2} (I_1 = 0)$이므로 1차측 전류가 없을 때 2차측에서 바라본 임피던스를 말한다.

그러므로 2차측에서 본 임피던스는 $j - j2 = -j$

7 1[μF]의 용량을 갖는 커패시터에 1[V]의 직류 전압이 걸려 있을 때, 커패시터에 저장된 에너지의 값[μJ]은?

① 0.5

② 1

③ 2

④ 5

8 반지름 a[m]인 구 내부에만 전하 $+Q$[C]가 균일하게 분포하고 있을 때, 구 내·외부의 전계(electric field)에 대한 설명으로 가장 옳지 않은 것은? [단, 구 내·외부의 유전율(permittivity)은 동일하다.]

① 구 중심으로부터 $r = a/4$[m] 떨어진 지점에서의 전계의 크기와 $r = 2a$[m] 떨어진 지점에서의 전계의 크기는 같다.

② 구 외부의 전계의 크기는 구 중심으로부터의 거리의 제곱에 반비례한다.

③ 전계의 크기로 표현되는 함수는 $r = a$[m]에서 연속이다.

④ 구 내부의 전계의 크기는 구 중심으로부터의 거리에 반비례한다.

......

ANSWER 7.① 8.④

7

커패시터에 저장되는 에너지 $W = \dfrac{1}{2}CV^2 = \dfrac{1}{2} \times 10^{-6} \times 1^2 = 0.5[\mu\text{J}]$

8 $+Q$가 구 내부에 균일하게 분포하고 있을 때

ⓐ 구 외부의 전계 $E = \dfrac{Q}{4\pi\epsilon r^2} \propto \dfrac{1}{r^2}$ 거리제곱에 반비례한다. [r > a]

ⓑ 구 내부의 전계 $E = \dfrac{rQ}{4\pi\epsilon a^3}$ [V/m] 구 중심으로부터의 거리 r에 비례한다. [r < a]

ⓒ 구 중심으로부터 $r = a/4$의 전계 $E = \dfrac{rQ}{4\pi\epsilon a^3} = \dfrac{\frac{a}{4}Q}{4\pi\epsilon a^3} = \dfrac{Q}{16\pi\epsilon a^2}$ [V/m]

$r = 2a$에서의 전계 $E = \dfrac{Q}{4\pi\epsilon r^2} = \dfrac{Q}{4\pi\epsilon(2a)^2} = \dfrac{Q}{16\pi\epsilon a^2}$ [V/m]

ⓓ 구 표면 r=a에서 함수는 연속이다.

9 길이 1[m]의 철심(μ_s=1,000) 자기회로에 1[mm]의 공극이 생겼다면 전체의 자기 저항은 약 몇 배가 되는가? (단, 각 부분의 단면적은 일정하다.)

① 1/2배

② 2배

③ 4배

④ 10배

10 진공 중에 직각좌표계로 표현된 전압함수가 $V = 4xyz^2$[V]일 때, 공간상에 존재하는 체적전하밀도 [C/m³]는?

① $\rho = -2\varepsilon_0 xy$

② $\rho = -4\varepsilon_0 xy$

③ $\rho = -8\varepsilon_0 xy$

④ $\rho = -10\varepsilon_0 xy$

ANSWER 9.② 10.③

9

$$\frac{\text{공극이 생겼을 때 자기저항}}{\text{공극이 없는 상태의 자기저항}} = \frac{R_m + R_{gap}}{R_m} = 1 + \frac{R_{gap}}{R_m} = 1 + \frac{\dfrac{\delta}{\mu_o S}}{\dfrac{l}{\mu S}} = 1 + \frac{\mu\delta}{\mu_o l}$$

$$1 + \frac{\mu\delta}{\mu_o l} = 1 + \frac{\mu_s \delta}{l} = 1 + \frac{1,000 \times \dfrac{1}{1,000}}{1} = 2$$

10 체적전하밀도 Poisson의 방정식에 의하여 전위를 두 번 미분하여 구한다.

전위 $V = 4xyz^2$ [V]

$\dfrac{\partial V}{\partial x} = 4yz^2$, $\dfrac{\partial^2}{\partial x^2} = 0$

$\dfrac{\partial V}{\partial y} = 4xz^2$, $\dfrac{\partial^2}{\partial y^2} = 0$

$\dfrac{\partial V}{\partial z} = 8xyz$, $\dfrac{\partial^2}{\partial z^2} = 8xy$

$\nabla^2 V = -\dfrac{\rho}{\epsilon_o} = 8xy$에서 $\rho = -8xy\epsilon_o$ [C/m³]

11 〈보기〉와 같이 이상적인 연산증폭기를 이용한 회로가 주어졌을 때, R_L에 걸리는 전압의 값[V]은?

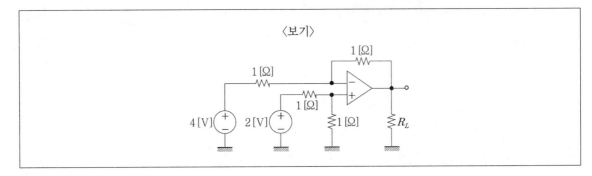

① −2.0

② −1.5

③ 2.5

④ 3.0

ANSWER 11.①

11 회로는 차동증폭기이며 저항이 모두 같을 때 $V_L = 2 - 4 = -2[V]$가 된다.

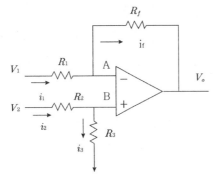

B점을 접지하고 $V_2 = 0$으로 하면 출력전압 $V_{01} = -\dfrac{R_f}{R_1} \cdot V_1$이 된다.

입력전압 V_1을 0으로 하면 비반전 증폭기가 되고 출력전압 $V_{02} = (1 + \dfrac{R_f}{R_1}) \cdot V_B$

$V_B = \dfrac{R_3}{R_2 + R_3} V_2$

차동증폭기의 출력전압

$V_o = V_{01} + V_{02} = -\dfrac{R_f}{R_1} V_1 + (1 + \dfrac{R_f}{R_1})(\dfrac{R_3}{R_2 + R_3}) V_2$

그러므로 $R_1 = R_2 = R_3 = R_f$이면

$V_o = V_2 - V_1$

12 60[Hz]의 교류 발전기 회전자가 균일한 자속밀도(magnetic flux density) 내에서 회전하고 있다. 회전자코일의 면적이 100[cm^2], 감은 수가 100[회]일 때, 유도 기전력(induced electromotive force)의 최댓값이 377[V]가 되기 위한 자속밀도의 값[T]은? (단, 각속도는 377[rad/s]로 가정한다.)

① 100

② 1

③ 0.01

④ 10-4

13 〈보기〉와 같은 회로에서 전류 $i(t)$에 관한 특성 방정식(characteristic equation)이 $s^2 + 5s + 6 = 0$이라고 할 때, 저항 R의 값[Ω]은? (단, $i(0) = I_0$[A], $v(0) = V_0$[V]이다.)

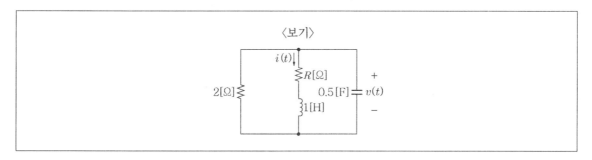

① 1

② 2

③ 3

④ 4

....

ANSWER 12.② 13.④

12 $e = \omega NBS$[V]

$377 = 377 \times 100 \times B \times 100 \times 10^{-4}$이므로 자속밀도 $B = 1$[T]

13 $Z = \dfrac{V_o}{I_o} = \dfrac{1}{\dfrac{1}{2} + \dfrac{1}{R+s} + 0.5s} = \dfrac{1}{\dfrac{(R+s) + 2 + s(R+s)}{2(R+s)}} = \dfrac{2(R+s)}{s^2 + (R+1)s + R+2}$

$s^2 + (R+1)s + R+2 = s^2 + 5s + 6 = 0$

$R = 4$[Ω]

14 〈보기〉와 같은 회로에서 스위치가 충분히 오랜 시간 동안 열려 있다가 $t = 0[\text{s}]$에 닫혔다. $t > 0[\text{s}]$일 때 $v(t) = 8e^{-2t}[\text{V}]$라고 한다면, 코일 L의 값[H]은?

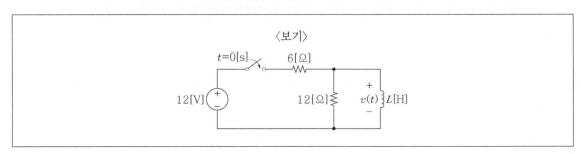

① 2   ② 4

③ 6   ④ 8

•••

ANSWER 14.①

14 스위치를 닫으면 L에는 $t = 0$에서 전류가 흐르지 않는다.

따라서 초기전압 $v_o(o) = 8[\text{V}]$ (12[V]가 분압되어 6[Ω]에는 4[V], 12[Ω]에는 8[V])

$v(t) = 8e^{-\frac{R}{L}t}[\text{V}]$로 전압은 감소하여 단락으로 진행된다.

$\dfrac{R}{L} = \dfrac{\frac{6 \times 12}{6 + 12}}{L} = \dfrac{4}{L} = 2, \quad L = 2[\text{H}]$

15 〈보기〉와 같은 회로에서 Z_L에 최대 전력이 전달되기 위한 X의 값[Ω]과 Z_L에 전달되는 최대 전력[W]을 순서대로 나열한 것은?

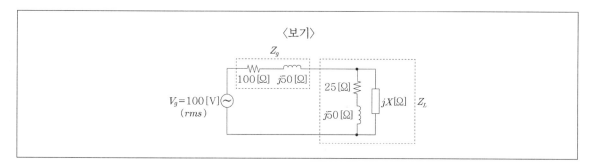

① 50, 25

② 50, 50

③ −50, 25

④ −50, 50

16 〈보기〉의 회로와 같이 △ 결선을 결선으로 환산하였을때, Z의 값[Ω]은?

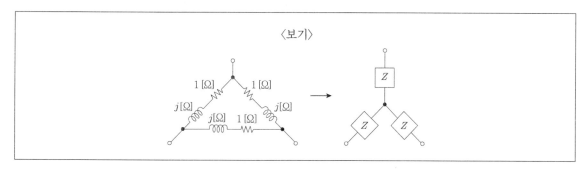

① $1+j$

② $1/3+j1/3$

③ $1/2+j1/2$

④ $3+j3$

....

ANSWER 15.③ 16.②

15 선로 임피던스 $Z_g = 100+j50$[Ω]이므로 최대전력이 전달되기 위한 Z_L은 공액복소수인 $Z_L = 100-j50$[Ω]가 된다.

최대전력 $P_{\max} = I^2 R = (\dfrac{V_g}{Z_g+Z_L})^2 R = (\dfrac{100}{100+j50+100-j50})^2 \times 100 = 25$[W]

$Z_L = 100-j50 = \dfrac{(25+j50) \cdot jX}{25+j50+jX}$ 에서 $X = -50$[Ω] (예시를 대입해서 성립하는 것으로)

16 각 상의 임피던스가 같다 $Z= 1+j$[Ω]

$Z_\triangle = 3Z_Y$이므로 $Z_Y = \dfrac{1}{3}Z_\triangle = \dfrac{1}{3}(1+j) = \dfrac{1}{3}+j\dfrac{1}{3}$

17 〈보기〉와 같은 한 변의 길이가 d[m]인 정사각형도체에 전류 I[A]가 흐를 때, 정사각형 중심점에서자계의 값[A/m]은?

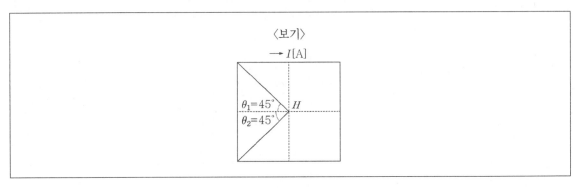

① $H = \dfrac{\sqrt{2}}{\pi d} I$

② $H = \dfrac{2\sqrt{2}}{\pi d} I$

③ $H = \dfrac{3\sqrt{2}}{\pi d} I$

④ $H = \dfrac{4\sqrt{2}}{\pi d} I$

ANSWER 17.②

17 유한장에서 자계

$$H = \frac{I}{4\pi a}(\sin\theta_1 + \sin\theta_2) = \frac{I}{4\pi \times \dfrac{d}{2}}(\sin45^o + \sin45^o) = \frac{I}{2\pi d} \times \frac{2}{\sqrt{2}} = \frac{\sqrt{2}\,I}{2\pi d}[\mathrm{A/m}]$$

정사각형의 변이 4개이므로 중심점에서의 자계

$$H_\square = \frac{\sqrt{2}\,I}{2\pi d} \times 4 = \frac{2\sqrt{2}\,I}{\pi d}[\mathrm{A/m}]$$

18 균일 평면파가 비자성체($\mu = \mu_0$)의 무손실 매질 속을 $+x$ 방향으로 진행하고 있다. 이 전자기파의 크기는 10[V/m]이며, 파장이 10[cm]이고 전파속도는 1×10^8[m/s]이다. 파동의 주파수[Hz]와 해당 매질의 비유전율(ϵ_r)은?

	파동주파수	ϵ_r		파동주파수	ϵ_r
①	1×10^9	4	②	2×10^9	4
③	1×10^9	9	④	2×10^9	9

19 〈보기〉와 같은 진공 중에 점전하 $Q = 0.4[\mu C]$가 있을 때, 점전하로부터 오른쪽으로 4[m] 떨어진 점 A와 점전하로부터 아래쪽으로 3[m] 떨어진 점 B 사이의 전압차[V]는? (단, 비례상수 $k = \dfrac{1}{4\pi\varepsilon_0} = 9 \times 10^9$이다.)

〈보기〉

```
        4[m]
    (+)────────A
    Q=0.4[μC]
3[m]│
    B
```

① 100 ② 300
③ 500 ④ 1,000

ANSWER 18.③ 19.②

18 전파속도

$$v = \lambda f = \frac{1}{\sqrt{\epsilon\mu}} = 1 \times 10^8 \, [\text{m/sec}]$$

파장 $\lambda = 0.1[\text{m}]$이므로 주파수 $f = \dfrac{1 \times 10^8}{\lambda} = \dfrac{1 \times 10^8}{0.1} = 1 \times 10^9 \, [\text{Hz}]$

비 자성체이므로 $\dfrac{1}{\sqrt{\epsilon\mu}} = \dfrac{1}{\sqrt{\epsilon\mu_o}} = \dfrac{1}{\sqrt{\epsilon_o \epsilon_s \mu_o}} = 1 \times 10^8$

$\dfrac{1}{\sqrt{\epsilon_o \mu_o}} = 3 \times 10^8$을 대입하면 $\dfrac{3 \times 10^8}{\sqrt{\epsilon_s}} = 1 \times 10^8$, $3 = \sqrt{\epsilon_s}$, $\epsilon_s = 9$

19 A점에서의 전위 $V_A = 9 \times 10^9 \times \dfrac{Q}{r} = 9 \times 10^9 \times \dfrac{0.4 \times 10^{-6}}{4} = 9 \times 10^2 [\text{V}]$

B점에서의 전위 $V_B = 9 \times 10^9 \times \dfrac{Q}{r} = 9 \times 10^9 \times \dfrac{0.4 \times 10^{-6}}{3} = 12 \times 10^2 [\text{V}]$

A점과 B점의 전위차는 $1,200 - 900 = 300[\text{V}]$

20 〈보기〉의 회로에서 스위치가 오랫동안 1에 있다가 $t = 0[s]$ 시점에 2로 전환되었을 때, $t = 0[s]$ 시점에 커패시터에 걸리는 전압 초기치 $v_c(0)[V]$와 $t > 0[s]$ 이후 $v_c(t)$가 전압 초기치의 e^{-1}만큼 감소하는 시점[msec]을 순서대로 나열한 것은?

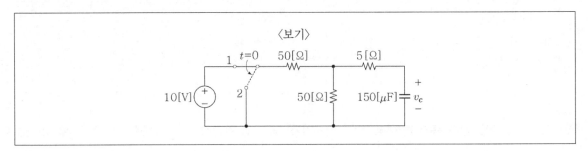

① 5, 4.5

② 10, 2.5

③ 5, 3.0

④ 3, 2.5

20 $t = 0[s]$ 시점의 커패시터에 걸리는 전압

스위치가 1에 오래 있었으므로 C에 충분히 충전이 되어 전류가 흐르지 않으므로 두 개의 50[Ω]의 저항에 각각 전원전압 10[V]의 1/2의 전압이 걸린다.

그러므로 $v_c(0) = 5[V]$

스위치가 2로 전환이 되면 커패시터 C에 충전된 전하가 방전이 되므로

$v_c(t) = v_o(t)e^{-\frac{1}{RC}t} = v_o e^{-1}$

$\frac{1}{RC}t = 1$, $t = RC = 30 \times 150 \times 10^{-6} = 4.5 \times 10^{-3} = 4.5[\text{msec}]$

$(R = 5 + \frac{50 \times 50}{50 + 50} = 30[\Omega])$

전기이론

2021. 6. 5. 제1회 서울특별시 (보훈청 추천) 시행

1 **전기회로 소자에 대한 설명으로 가장 옳은 것은?**

① 저항소자는 에너지를 순수하게 소비만 하고 저장하지 않는다.

② 이상적인 독립전압원의 경우는 특정한 값의 전류만을 흐르게 한다.

③ 인덕터 소자로 흐르는 전류는 소자 양단에 걸리는 전압의 변화율에 비례하여 흐르게 된다.

④ 저항소자에 흐르는 전류는 전압에 반비례한다.

ANSWER 1.①

1 전기회로 소자

ⓐ 저항소자는 에너지를 소비만 하고 저장하지 않는다.

ⓑ L과 C는 에너지를 저장만 하고 소비하지 않는다. $W = \frac{1}{2}LI^2$[J], $W = \frac{1}{2}CV^2$[J]

ⓒ 인덕터 소자에 걸리는 전압은 소자에 흐르는 전류의 변화율에 비례한다. $e = L\frac{di}{dt}$[V]

ⓓ 저항소자에 흐르는 전류는 전압과 비례한다. $V = RI$

ⓔ 이상적인 독립전압원의 경우 부하전류의 크기와 관계없이 특정한 전압을 공급한다.

2 〈보기〉의 회로에서 R_L 부하에 최대 전력 전달이 되도록 저항값을 정하려 한다. 이때, R_L 부하에서 소비되는 전력의 값[W]은?

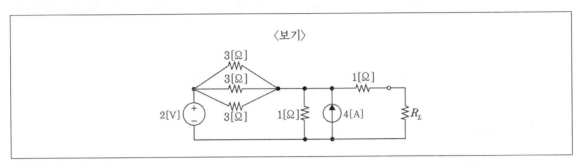

① 0.8

② 1.2

③ 1.5

④ 3.0

....

ANSWER 2.③

2 부하에 최대전력이 전달되려면 부하저항 R_L과 전원측 회로의 저항의 합계가 같아야 한다.

전원측 임피던스를 구하기 위하여 전압원을 단락하고 전류원을 개방한 후에 오른쪽 단자에서 바라본 회로의 합성 저항이다.

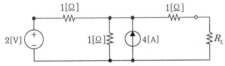

3[Ω]의 병렬저항 3개를 합성하고 회로를 그리면 윗 그림과 같다.

전압원을 단락하고, 전류원을 개방한 후 합성저항을 구하면

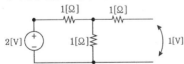

← 1+0.5=1.5[Ω]

등가전압원을 구하기 위해서 전류원을 개방하면 전압2[V]에 의한 단자전압은

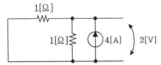

단자에는 1[V]의 전압이 걸린다.

다음에 전류원에 의한 전압을 구하기 위하여 전압원을 단락시키면

전류원에 의한 단자전압은 2[V]가 되어 단자전압은 $V_{eq} = 1 + 2 = 3$[V]

따라서 부하에서 소비되는 전력은 $P = \dfrac{V^2}{4R_L} = \dfrac{3^2}{4 \times 1.5} = 1.5$[W]

3 평판형 커패시터가 있다. 평판의 면적을 2배로, 두 평판 사이의 간격을 1/2로 줄였을 때의 정전용량은 원래의정전용량보다 몇 배가 증가하는가?

① 0.5배

② 1배

③ 2배

④ 4배

4 모선 L에 〈보기〉와 같은 부하들이 병렬로 접속되어 있을 때, 합성 부하의 역률은?

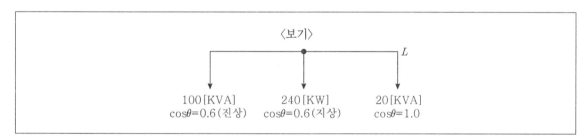

① 0.8(진상, 앞섬)

② 0.8(지상, 뒤짐)

③ 0.6(진상, 앞섬)

④ 0.6(지상, 뒤짐)

ANSWER 3.④ 4.②

3 평판형 커패시터 $C_1 = \epsilon_1 \dfrac{S}{d}[F]$이므로 면적을 2배로 하고, 간격을 1/2로 줄이면 $C_2 = \epsilon_1 \dfrac{2S}{\frac{1}{2}d} = \epsilon_1 \dfrac{4S}{d} = 4C_1$으로 4배가 된다.

4 합성부하 $L = P_a(\cos\theta + j\sin\theta) = P + jP_r$ 에서

100[KVA] $\cos\theta = 0.6$ (진상)은 $100(0.6 + j0.8) = 60 + j80$

240[KW] $\cos\theta = 0.6$(지상)은 $\dfrac{240}{0.6} = 400$[KVA]이므로 $400(0.6 - j0.8) = 240 - j320$

20[KVA] $\cos\theta = 1.0$은 동상. $20(1 + j0) = 20$

$L = 100(0.6 + j0.8) + 400(0.6 - j0.8) + 20 = 60 + j80 + 240 - j320 + 20 = 320 - j240$

유효전력 320[KW], 지상 무효전력 240[Kvar], 피상전력 $\sqrt{320^2 + 240^2} = 400$[KVA]

역률 $\cos\theta = \dfrac{P}{P_a} = \dfrac{320}{\sqrt{320^2 + 240^2}} = 0.8$ (지상)

5 〈보기〉의 R, L, C 직렬 공진회로에서 전압 확대율(Q)의 값은? [단, f(femto)=10^{-15}, n(nano)=10^{-9}이다.]

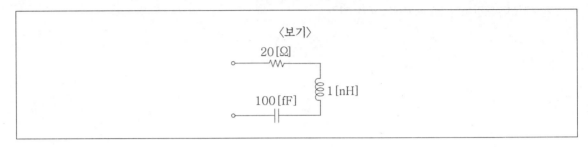

① 2   ② 5

③ 10   ④ 20

6 〈보기〉 4단자 회로망(two port network)의 Z 파라미터 중 Z_{22}의 값[Ω]은?

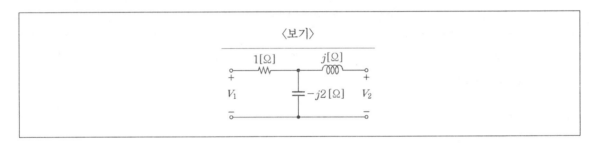

① j ② $j2$

③ $-j$ ④ $-j2$

ANSWER 5.② 6.③

5 직렬공진회로 전압확대율(Q)=선택도

$$Q = \frac{1}{R}\sqrt{\frac{L}{C}} = \frac{1}{20}\sqrt{\frac{10^{-9}}{100 \times 10^{-15}}} = 5$$

6 Z 파라미터

$$\begin{vmatrix} V_1 \\ V_2 \end{vmatrix} = \begin{vmatrix} Z_{11} & Z_{12} \\ Z_{21} & Z_{22} \end{vmatrix} \begin{vmatrix} I_1 \\ I_2 \end{vmatrix}$$

$V_1 = Z_{11}I_1 + Z_{12}I_2$, $V_2 = Z_{21}I_1 + Z_{22}I_2$

$Z_{22} = \dfrac{V_2}{I_2} (I_1 = 0)$이므로 1차측 전류가 없을 때 2차측에서 바라본 임피던스를 말한다.

그러므로 2차측에서 본 임피던스는 $j - j2 = -j$

7 1[μF]의 용량을 갖는 커패시터에 1[V]의 직류 전압이 걸려 있을 때, 커패시터에 저장된 에너지의 값[μJ]은?

① 0.5

② 1

③ 2

④ 5

8 반지름 a[m]인 구 내부에만 전하 $+Q$[C]가 균일하게 분포하고 있을 때, 구 내·외부의 전계(electric field)에 대한 설명으로 가장 옳지 않은 것은? [단, 구 내·외부의 유전율(permittivity)은 동일하다.]

① 구 중심으로부터 $r = a/4$[m] 떨어진 지점에서의 전계의 크기와 $r = 2a$[m] 떨어진 지점에서의 전계의 크기는 같다.

② 구 외부의 전계의 크기는 구 중심으로부터의 거리의 제곱에 반비례한다.

③ 전계의 크기로 표현되는 함수는 $r = a$[m]에서 연속이다.

④ 구 내부의 전계의 크기는 구 중심으로부터의 거리에 반비례한다.

ANSWER 7.① 8.④

7

커패시터에 저장되는 에너지 $W = \dfrac{1}{2} CV^2 = \dfrac{1}{2} \times 10^{-6} \times 1^2 = 0.5[\mu J]$

8 $+Q$가 구 내부에 균일하게 분포하고 있을 때

ⓐ 구 외부의 전계 $E = \dfrac{Q}{4\pi\epsilon r^2} \propto \dfrac{1}{r^2}$ 거리제곱에 반비례한다. [r > a]

ⓑ 구 내부의 전계 $E = \dfrac{rQ}{4\pi\epsilon a^3}$ [V/m] 구 중심으로부터의 거리 r에 비례한다. [r < a]

ⓒ 구 중심으로부터 $r = a/4$의 전계 $E = \dfrac{rQ}{4\pi\epsilon a^3} = \dfrac{\frac{a}{4}Q}{4\pi\epsilon a^3} = \dfrac{Q}{16\pi\epsilon a^2}$ [V/m]

　$r = 2a$에서의 전계 $E = \dfrac{Q}{4\pi\epsilon r^2} = \dfrac{Q}{4\pi\epsilon(2a)^2} = \dfrac{Q}{16\pi\epsilon a^2}$ [V/m]

ⓓ 구 표면 r=a에서 함수는 연속이다.

9 길이 1[m]의 철심(μ_s=1,000) 자기회로에 1[mm]의 공극이 생겼다면 전체의 자기 저항은 약 몇 배가 되는가? (단, 각 부분의 단면적은 일정하다.)

① 1/2배

② 2배

③ 4배

④ 10배

10 진공 중에 직각좌표계로 표현된 전압함수가 $V = 4xyz^2$[V]일 때, 공간상에 존재하는 체적전하밀도 [C/m³]는?

① $\rho = -2\varepsilon_0 xy$

② $\rho = -4\varepsilon_0 xy$

③ $\rho = -8\varepsilon_0 xy$

④ $\rho = -10\varepsilon_0 xy$

ANSWER 9.② 10.③

9

$$\frac{\text{공극이 생겼을 때 자기저항}}{\text{공극이 없는 상태의 자기저항}} = \frac{R_m + R_{gap}}{R_m} = 1 + \frac{R_{gap}}{R_m} = 1 + \frac{\dfrac{\delta}{\mu_o S}}{\dfrac{l}{\mu S}} = 1 + \frac{\mu \delta}{\mu_o l}$$

$$1 + \frac{\mu \delta}{\mu_o l} = 1 + \frac{\mu_s \delta}{l} = 1 + \frac{1,000 \times \dfrac{1}{1,000}}{1} = 2$$

10 체적전하밀도 Poisson의 방정식에 의하여 전위를 두 번 미분하여 구한다.

전위 $V = 4xyz^2$[V]

$\dfrac{\partial V}{\partial x} = 4yz^2$, $\dfrac{\partial^2}{\partial x^2} = 0$

$\dfrac{\partial V}{\partial y} = 4xz^2$, $\dfrac{\partial^2}{\partial y^2} = 0$

$\dfrac{\partial V}{\partial z} = 8xyz$, $\dfrac{\partial^2}{\partial z^2} = 8xy$

$\nabla^2 V = -\dfrac{\rho}{\epsilon_o} = 8xy$에서 $\rho = -8xy\epsilon_o$[C/m³]

11 자기인덕턴스 L_1, L_2가 각각 20[mH], 5[mH]인 두 코일이 완전결합(이상결합)되었을 때 상호인덕턴스의 값[mH]은?

① 5

② 10

③ 20

④ 25

12 전위 5,000[V]의 위치에서 8,000[V]의 위치로 전하 $q=3 \times 10^{-9}$[C]을 이동시킬 때 필요한 일의 값[J]은?

① 9×10^{-6}

② 1×10^{-6}

③ 3×10^{-6}

④ 9×10^{-9}

13 도체의 성질에 대한 설명으로 가장 옳지 않은 것은?

① 도체 내부전계의 세기는 0이다.

② 도체 내부의 전위는 표면 전위와 같다.

③ 도체 표면에서의 전하밀도는 곡률반경이 클수록 높다.

④ 도체 내부에 전하는 존재하지 않고 도체 표면에만 분포한다.

ANSWER 11.② 12.① 13.③

11 두 코일이 완전결합이라는 것은 1차측 에너지가 2차측으로 전부 전달되는 것을 의미한다.

이때 결합계수 $k = \dfrac{M}{\sqrt{L_1 L_2}} = 1$이 된다.

$M = \sqrt{L_1 L_2} = \sqrt{20 \times 5} = 10[\text{mH}]$

12 전하를 이동하는데 필요한 일

$W = QV = Q(V_2 - V_1) = 3 \times 10^{-9} \times (8,000 - 5,000) = 9 \times 10^{-6} [\text{J}]$

(콘덴서에 저장되는 에너지 $W = \dfrac{1}{2} QV = \dfrac{1}{2} CV^2 [\text{J}]$와 구별되어야 한다.)

13 도체 표면에서 전하밀도는 뾰족할수록 높아진다.

뾰족하다는 것은 면에서 튀어나온 부분의 곡률 반경(반지름)이 작다는 것을 뜻한다.

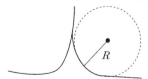

14 평균 반지름 20[cm], 권선수 628회, 공심의 단면적 250[cm²]인 환상솔레노이드에 2[A]의 전류가 흐를 때 설명으로 가장 옳지 않은 것은? (단, π는 3.14로 한다.)

① 내부자계의 세기는 투자율 μ에 관계없다.

② 외부자계의 세기는 0이다.

③ 자계는 내부에만 존재한다.

④ 내부자계의 세기는 2,000[AT/m]이다.

15 $e^{-at}\sin wt$ 함수의 라플라스 변환은?

① $\dfrac{w}{(s+a)^2+w^2}$

② $\dfrac{s+a}{(s+a)^2+w^2}$

③ $\dfrac{w}{(s+a)+w}$

④ $\dfrac{s}{s^2+w^2}$

ANSWER 14.④ 15.①

14 솔레노이드의 외부자계는 0이며, 내부자계는 평등자계에 가깝다.
공심환상솔레노이드에서 자계 $[\mu_s=1]$

$$H=\frac{NI}{l}=\frac{NI}{2\pi r}=\frac{628\times2}{2\pi\times0.2}=1,000[\text{AT/m}]$$

15 sin함수가 복소추이 된 것으로 $\mathcal{L}[\sin\omega t]=\dfrac{\omega}{s^2+\omega^2}$ 에서 s대신 $s+a$를 대입하면 된다.

$$\mathcal{L}[e^{-at}\sin\omega t]=\frac{\omega}{(s+a)^2+\omega^2}$$

16 교류 파형의 최댓값을 V_m이라 할 때 실효값과 평균값에 대한 설명으로 가장 옳지 않은 것은?

① 정현파의 실효값은 $\dfrac{V_m}{\sqrt{2}}$이다.

② 구형파의 평균값은 $\dfrac{V_m}{2}$이다.

③ 삼각파의 평균값은 $\dfrac{V_m}{2}$이다.

④ 반파정류파의 실효값은 $\dfrac{V_m}{2}$이다.

17 열전현상에 대한 설명으로 옳은 것을 모두 고른 것은?

> ㉠ 이종 금속 M_1, M_2를 접합하여 폐회로를 만든 후 두 접합점의 압력을 다르게 하여 폐회로의 열기전 력을 이용한 현상은 제벡효과(Seebeck effect)이다.
> ㉡ 제벡효과를 이용한 열전대는 용광로의 온도 측정 및 온도제어 등에 사용된다.
> ㉢ 이종 금속 A, B를 접속시켜 폐회로를 만들고 온도를 일정하게 유지하면서 전류를 흘리면 열의 발 생 또는 흡수가 일어나는 현상은 펠티에효과(Peltier effect)이다.
> ㉣ 이종 금속 C, D에 온도차를 주고 고온에서 저온 쪽으로 전류를 흘리면 열의 발생 또는 흡수가 일 어나는 현상은 톰슨효과(Thomson effect)이다.
> ㉤ 펠티에 효과와 톰슨효과는 전류의 방향에 따라 발열 또는 흡수의 관계가 반대로 된다.

① ㉠, ㉡, ㉢

② ㉡, ㉢, ㉤

③ ㉡, ㉢, ㉣, ㉤

④ ㉠, ㉡, ㉢, ㉣, ㉤

ANSWER 16.② 17.②

16 구형파의 전파인 경우 실효값 = 평균값 = 최대값이다.

구형파 반파인 경우 실효값 $\dfrac{V_m}{\sqrt{2}}$, 평균값 $\dfrac{V_m}{2}$

17 열전현상
ⓐ 제벡효과 : A와 B금속 양단에 온도차를 주면 접합점으로 기전력이 유기되는 현상
ⓑ 제벡효과를 이용한 것은 열전온도계로서 용광로의 온도를 측정하는데 사용된다.
ⓒ 펠티에 효과 : 이종금속 A와 B 양단에 전류를 흐르게 하면 한쪽에는 열이 발생하고 다른 쪽에는 열의 흡수가 생기는 현상
ⓓ 톰슨 효과 : 동종금속의 어느 두점 간에 온도차를 주면 기전력이 생기는 현상

18 3상 회로에서 한 상의 임피던스가 3+j4[Ω]인 평형 △부하 조건에서 대칭인 선간전압 150[V]를 가할 때3상 전력의 값[W]은?

① 270

② 1,350

③ 5,400

④ 8,100

19 정격 1,000[W]의 전열기에 정격전압의 80[%]만 인가되면 전열기에서 소비되는 전력의 값[W]은?

① 480

② 560

③ 640

④ 800

20 $L=4$[H]의 값을 갖는 인덕턴스에 $i(t)=10e^{-3t}$[A]의 전류가 흐를 때, 인덕턴스 L의 단자전압의 값 [V]은?

① $40e^{-3t}$

② $-40e^{-3t}$

③ $120e^{-3t}$

④ $-120e^{-3t}$

ANSWER 18.④ 19.③ 20.④

18 한상의 임피던스 $Z=3+j4$[Ω], △부하조건 150[V]

$$P=3I^2R=3(\frac{V}{Z})^2R=3\frac{V^2R}{R^2+X^2}=\frac{3\times150^2\times3}{3^2+4^2}=8,100[W]$$

19 $P=\frac{V^2}{R}$[W]이므로 $R=\frac{V^2}{P}$[Ω]

$$P'=\frac{(0.8V)^2}{R}=\frac{0.64V^2}{\frac{V^2}{P}}=0.64P=0.64\times1,000=640[W]$$

20 $e=L\frac{di(t)}{dt}=4\times\frac{d10e^{-3t}}{dt}=-120e^{-3t}$[V]

1 중첩의 원리를 이용한 회로해석 방법에 대한 설명으로 옳은 것만을 모두 고르면?

> ⊙ 중첩의 원리는 선형 소자에서는 적용이 불가능하다.
> ⓒ 중첩의 원리는 키르히호프의 법칙을 기본으로 적용한다.
> ⓒ 전압원은 단락, 전류원은 개방 상태에서 해석해야 한다.
> ⓔ 다수의 전원에 의한 전류는 각각 단독으로 존재했을 때 흐르는 전류의 합과 같다.

① ⊙, ⓒ, ⓒ   ② ⊙, ⓒ, ⓔ

③ ⊙, ⓒ, ⓔ   ④ ⓒ, ⓒ, ⓔ

2 정전용량이 1 [μF]과 2 [μF]인 두 개의 커패시터를 직렬로 연결한 회로 양단에 150 [V]의 전압을 인가했을 때, 1 [μF] 커패시터의 전압[V]은?

① 30   ② 50

③ 100   ④ 150

ANSWER 1.④ 2.③

1 중첩의 원리 … 선형회로망에서 성립하며, 회로내에 여러 전원(전압원, 전류원)이 있고 해석이 복잡할 때 적용된다. 하나의 지류에 흐르는 전류를 구하려면 전압원, 전류원이 각각 단독으로 있을 때 흐르는 전류를 모두 합해서 계산한다는 원리이다.

2 $Q = CV$이므로 직렬회로에서 전압은 정전용량과 반비례한다.

$$V_{1\mu F} = \frac{C_{2\mu F}}{C_{\mu F} + C_{2\mu F}} V_{Full\ Volt} = \frac{2\mu F}{1\mu F + 2\mu F} \cdot 150[\text{V}] = 100[\text{V}]$$

반비례 관계이므로 C가 1 : 2이면 V는 2 : 1로 배분된다.

3 저항 30 [Ω]과 유도성 리액턴스 40 [Ω]을 병렬로 연결한 회로 양단에 120 [V]의 교류 전압을 인가했을 때, 회로의 역률은?

① 0.2

② 0.4

③ 0.6

④ 0.8

4 3상 모터가 선전압이 220 [V]이고 선전류가 10 [A]일 때, 3.3 [kW]를 소모하기 위한 모터의 역률은? (단, 3상 모터는 평형 Y-결선 부하이다)

① $\dfrac{\sqrt{2}}{3}$

② $\dfrac{\sqrt{2}}{2}$

③ $\dfrac{\sqrt{3}}{3}$

④ $\dfrac{\sqrt{3}}{2}$

....

ANSWER 3.④ 4.④

3 병렬회로의 역률

$$\cos\theta = \frac{X}{|Z|} = \frac{X}{\sqrt{R^2 + X^2}} = \frac{40}{\sqrt{30^2 + 40^2}} = \frac{40}{50} = 0.8$$

4 3상모터의 역률

$P = \sqrt{3}\,V_l I_l \cos\theta\,[\mathrm{W}]$ 에서

$P = \sqrt{3}\,V_l I_l \cos\theta = \sqrt{3} \times 220 \times 10 \cos\theta = 3.3\,[\mathrm{KW}]$

$$\cos\theta = \frac{3.3\,[\mathrm{KW}]}{\sqrt{3} \times 220 \times 10} = \frac{1}{\sqrt{3}} \cdot \frac{3.3}{2 \cdot 2} = \frac{3}{2\sqrt{3}} = \frac{\sqrt{3}}{2}$$

5 그림의 L − C 직렬회로에서 전류 I_{rms}의 크기[A]는?

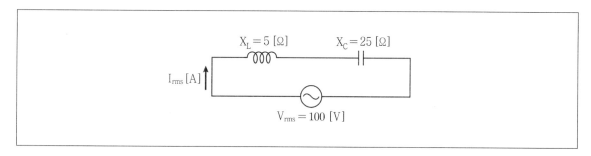

① 5

② 10

③ 15

④ 20

6 그림의 회로에서 전압 E [V]를 a − b 양단에 인가하고, 스위치 S 를 닫았을 때의 전류 I [A]가 닫기 전 전류의 2배가 되었다면 저항 R [Ω]은?

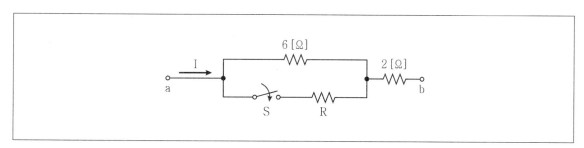

① 1

② 3

③ 6

④ 12

....

ANSWER 5.① 6.②

5
$$I_s = \frac{V_s}{Z} = \frac{100[\text{V}]}{jX_L - jX_c} = \frac{100}{j5 - j25} = \frac{100}{-j20} = j5[\text{A}]$$

위상은 전압보다 90도 앞서는 5[A]전류가 흐른다.

6 스위치를 닫았을 때 전류가 2배가 된다는 것은 전체 합성저항이 스위치를 닫기 전 전체 합성저항의 1/2로 된다는 것과 같다.

스위치를 닫기 전 전체 합성저항의 합이 8[Ω]이므로 스위치를 닫은 후 저항을 절반으로 낮추려면 전체 합성저항을 4[Ω]으로 해야 한다.

$\dfrac{6R}{6+R} + 2 = 4[\Omega]$이 되려면 R은 3[Ω]

7 그림의 회로에서 저항 R_L이 변화함에 따라 저항 3[Ω]에 전달되는 전력에 대한 설명으로 옳은 것은?

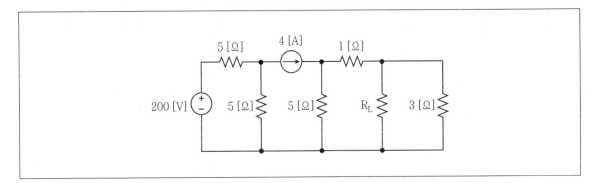

① 저항 $R_L = 3[Ω]$일 때 저항 3[Ω]에 최대전력이 전달된다.

② 저항 $R_L = 6[Ω]$일 때 저항 3[Ω]에 최대전력이 전달된다.

③ 저항 R_L의 값이 클수록 저항 3[Ω]에 전달되는 전력이 커진다.

④ 저항 R_L의 값이 작을수록 저항 3[Ω]에 전달되는 전력이 커진다.

··

ANSWER 7.③

7 테브난의 정리를 이용한다. 언뜻 보면 저항 $R_L = 6[Ω]$일 때 저항 3[Ω]에 최대전력이 전달되는 듯 싶지만 전압의 크기가 R_L에 비례하기 때문에 R_L이 클수록 전달전력이 커진다.

$$P = I^2 R = \left(\dfrac{\dfrac{R_L}{R_L + 6} \cdot 20}{\dfrac{6R_L}{6 + R_L} + 3} \right)^2 \cdot 3 = \left(\dfrac{20R_L}{6R_L + 3(6 + R_L)} \right)^2 \cdot 3 = \left(\dfrac{20R_L}{9R_L + 18} \right)^2 \cdot 3 [\text{W}]$$

8 그림의 회로에서 병렬로 연결된 부하의 수전단 전압 V_r이 2,000[V] 일 때, 부하의 합성역률과 송전단 전압 V_s[V]는?

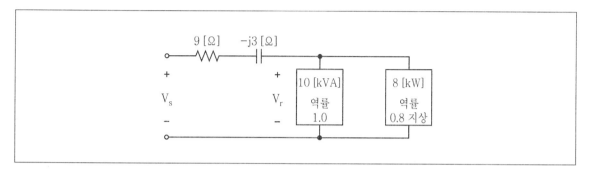

부하합성역률	V_s [V]
① 0.9	2,060
② 0.9	2,090
③ $\dfrac{3\sqrt{10}}{10}$	2,060
④ $\dfrac{3\sqrt{10}}{10}$	2,090

....

ANSWER 8.정답없음

8 부하의 합성역률

10[KVA], $PF1.0 \Rightarrow$ 10[KW]

8[KW], $PF0.8 \Rightarrow$ 8[KW], 6[Kvar]

유효전력 18[KW], 무효전력 6[Kvar]

역률 $\cos\theta = \dfrac{P}{\sqrt{P^2+P_r^2}} = \dfrac{18}{\sqrt{18^2+6^2}} = \dfrac{18}{\sqrt{360}} = \dfrac{3}{\sqrt{10}} = \dfrac{3\sqrt{10}}{10}$

송전단전압

$V_s = V_r + I(R\cos\theta + X_c\sin\theta) = V_r + \dfrac{P}{V_r}(R + X_c\tan\theta)\,[V]$

$V_s = V_r + \dfrac{P}{V_r}\left(R + X_c\dfrac{\sin\theta}{\cos\theta}\right) = 2,000 + \dfrac{18,000}{2,000}\left(9 + 3\times\dfrac{\dfrac{1}{\sqrt{10}}}{\dfrac{3}{\sqrt{10}}}\right) = 2,090[V]$

9 그림의 회로에서 스위치 S가 충분히 긴 시간 동안 닫혀있다가 t = 0에서 개방된 직후의 커패시터 전압 $V_C(0^+)$[V]는?

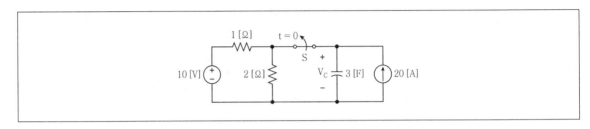

① 10

② 15

③ 20

④ 25

10 그림과 같이 4개의 전하가 정사각형의 형태로 배치되어 있다. 꼭짓점 C에서의 전계강도가 0 [V/m]일 때, 전하량 Q [C]는?

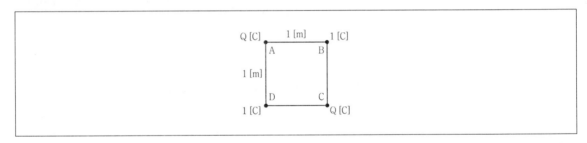

① $-2\sqrt{2}$

② -2

③ 2

④ $2\sqrt{2}$

ANSWER 9.③ 10.①

9 $t \leq 0$에서 콘덴서는 완충전이므로 전류가 흐르지 않는다.

전압원에 의한 전압 : $\dfrac{10}{3} \times 2 = \dfrac{20}{3}$[V]

전류원에 의한 전압 : $\dfrac{1}{1+2} \times 20 \times 2 = \dfrac{40}{3}$[V]

그러므로 개방 직후에 커패시터에 충전되었던 전압 $V_c(0^+) = \dfrac{20}{3} + \dfrac{40}{3} = 20$[V]

10 $E_c = \dfrac{Q_A}{4\pi\epsilon r_{ac}^2} + \dfrac{Q_B}{4\pi\epsilon r_{bc}^2}\cos 45° + \dfrac{Q_D}{4\pi\epsilon r_{dc}^2}\cos 45° = \dfrac{Q_A}{4\pi\epsilon(\sqrt{2})^2} + \dfrac{1}{4\sqrt{2}\pi\epsilon} + \dfrac{1}{4\sqrt{2}\pi\epsilon} = 0$[V/m]

$\dfrac{Q_A}{8\pi\epsilon} = -\dfrac{1}{2\sqrt{2}\pi\epsilon}$, $Q_A = -\dfrac{4}{\sqrt{2}} = -2\sqrt{2}$[C]

11 이상적인 조건에서 철심이 들어있는 동일한 크기의 환상 솔레노이드의 인덕턴스 크기를 4배로 만들기 위한 솔레노이드 권선수의 배수는?

① 0.5

② 2

③ 4

④ 8

12 각 변의 저항이 15[Ω]인 3상 Y−결선회로와 등가인 3상 Δ−결선 회로에 900[V] 크기의 상전압이 걸릴 때, 상전류의 크기[A]는? (단, 3상 회로는 평형이다)

① 20

② $20\sqrt{3}$

③ 180

④ $180\sqrt{3}$

13 그림의 회로에서 t = 0인 순간에 스위치 S를 접점 a에서 접점 b로 이동하였다. 충분한 시간이 흐른 후에 전류 i_L [A]은?

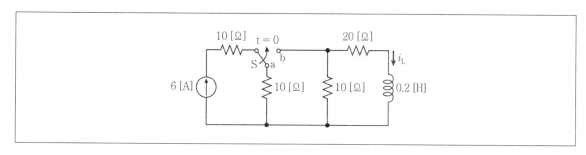

① 0

② 2

③ 4

④ 6

ANSWER 11.② 12.① 13.②

11
솔레노이드 인덕턴스 $L = \dfrac{\mu S N^2}{l}$[H], $L \propto N^2$

인덕턴스는 권선수의 2승에 비례한다. 따라서 권선수를 2배로 하면 인덕턴스의 크기는 4배가 된다.

12 각 변의 저항이 15[Ω]인 Y결선회로를 델타로 변환하면 저항이 3배가 된다.

$$I_{\Delta p} = \frac{V_p}{R_\Delta} = \frac{900}{45} = 20[\text{A}]$$

13 충분한 시간이 흐른 후 L은 단락상태가 된다.

$$i_L = \frac{10}{10+20} \times 6 = 2[\text{A}]$$

14 자극의 세기 5×10^{-5}[Wb], 길이 50[cm]의 막대자석이 200[A/m]의 평등 자계와 30° 각도로 놓여있을 때, 막대자석이 받는 회전력[N · m]은?

① 2.5×10^{-3}

② 5×10^{-3}

③ 25×10^{-3}

④ 50×10^{-3}

15 그림의 회로에서 인덕터에 흐르는 평균 전류[A]는? (단, 교류의 평균값은 전주기에 대한 순시값의 평균이다)

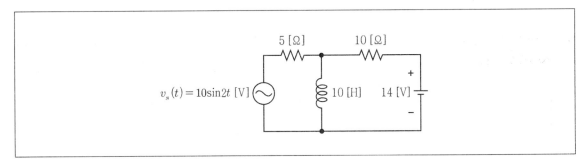

① 0

② 1.4

③ $\dfrac{1}{\pi} + 1.4$

④ $\dfrac{2}{\pi} + 1.4$

....

ANSWER 14.① 15.②

14 회전력

$T = M \times H = mlH\sin\theta = 5 \times 10^{-5} \times 0.5 \times 200 \times \sin 30° = 2.5 \times 10^{-3}[\text{N} \cdot \text{m}]$

15 교류의 평균값은 전주기에서 0이다. 직류전원에서 인덕터는 단락상태이므로

$I = \dfrac{V}{R} = \dfrac{14}{10} = 1.4[A]$

16 이상적인 변압기를 포함한 그림의 회로에서 정현파 전압원이 공급하는 평균 전력[W]은?

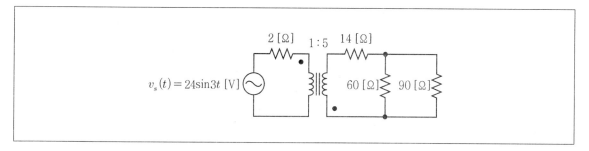

① 24

② 48

③ 72

④ 96

16

변압기 2차측의 합성저항 $R_o = 14 + \dfrac{60 \times 90}{60 + 90} = 50[\Omega]$

1차측으로 환산 하면 $a = \dfrac{1}{5} = \sqrt{\dfrac{R_1}{R_2}} = \sqrt{\dfrac{R_1}{50}}$

$R_1 = 2[\Omega]$

전압의 실효값 $V_s = V_1 = \dfrac{24}{\sqrt{2}}[\text{V}]$,　1차전류 $I_1 = \dfrac{V_1}{R_1} = \dfrac{\frac{24}{\sqrt{2}}}{2+2}$

∴ 평균전력 $P = V_1 I_1 = \dfrac{V_1^2}{R_1} = \dfrac{\frac{24^2}{2}}{4} = 72[\text{W}]$

17 그림의 회로에서 정현파 전원에 흐르는 전류의 실횻값 I[A]는?

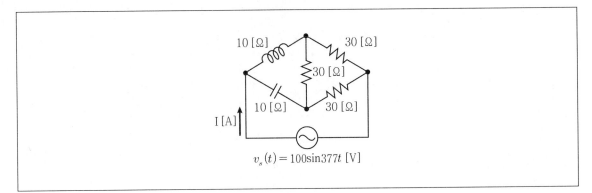

① $\dfrac{5\sqrt{2}}{2}$

② 5

③ $5\sqrt{2}$

④ $\dfrac{20}{3}\sqrt{2}$

17 브릿지회로를 변형하면

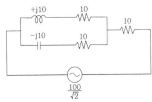

$$Z = \frac{(10+j10)(10-j10)}{10+j10+10-j10} + 10 = 20[\Omega]$$

$$I = \frac{V_s}{Z_e} = \frac{\dfrac{100}{\sqrt{2}}}{20} = \frac{5}{\sqrt{2}} = \frac{5\sqrt{2}}{2}[\text{A}]$$

18 그림 (a)의 회로에서 50[μF]인 커패시터의 양단 전압 $v(t)$가 그림 (b)와 같을 때, 전류 $i(t)$의 파형으로 옳은 것은?

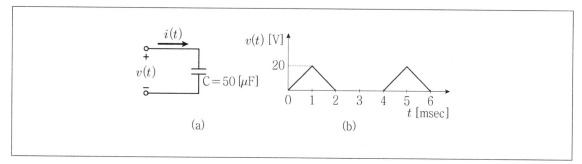

(a)　　　　　(b)

①

②

③

④

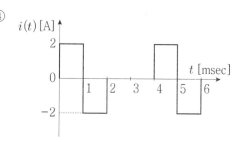

18

• $t = 0 \sim 1 : i(t) = C\dfrac{dv(t)}{dt} = 50 \times 10^{-6} \times \dfrac{20-0}{1 \times 10^{-3}} = 1[\text{A}]$

• $t = 1 \sim 2 : i(t) = C\dfrac{dv(t)}{dt} = 50 \times 10^{-6} \times \dfrac{0-20}{1 \times 10^{-3}} = -1[\text{A}]$

• $t = 2 \sim 4 : \dfrac{dv(t)}{dt} = 0, \ i(t) = 0[\text{A}]$

• $t = 4 \sim 5 : i(t) = C\dfrac{dv(t)}{dt} = 50 \times 10^{-6} \times \dfrac{20-0}{1 \times 10^{-3}} = 1[\text{A}]$

• $t = 5 \sim 6 : i(t) = C\dfrac{dv(t)}{dt} = 50 \times 10^{-6} \times \dfrac{0-20}{1 \times 10^{-3}} = -1[\text{A}]$

19 이상적인 연산 증폭기를 포함한 그림의 회로에서 $v_s(t) = \cos t$ [V]일 때, 커패시터 양단 전압 $v_c(t)$[V]는? (단, 커패시터의 초기전압은 0[V]이다)

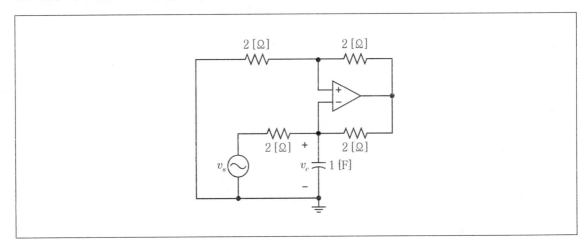

① $-\dfrac{\sin t}{2}$

② $-2\sin t$

③ $\dfrac{\sin t}{2}$

④ $2\sin t$

19 $V_c = \dfrac{1}{2}\int V_s(t)dt \Rightarrow \dfrac{1}{2s} \cdot \dfrac{s}{s^2+1} \Rightarrow \dfrac{1}{2}\sin t[\mathrm{V}]$

20 그림과 같이 일정한 주기를 갖는 펄스 파형에서 듀티비[%]와 평균전압[V]은?

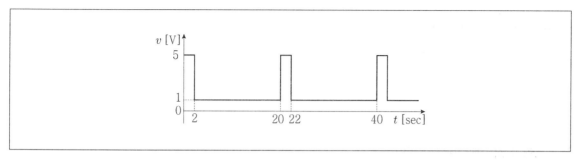

	듀티비[%]	평균전압[V]
①	10	1.4
②	10	1.8
③	20	1.4
④	20	1.8

20 듀티 사이클(duty cycle)은 기계 제어 공정에서 많이 쓰이는 개념 중 하나이다. 신호의 한 주기(period)에서 신호가 켜져있는 시간의 비율을 백분율로 나타낸 수치이다. 주기는 신호가 on-and-off 사이클을 한번 온전히 거치는 데 소요되는 시간을 말한다.

$$D = \frac{T}{P} \times 100 = \frac{2}{20} \times 100 = 10[\%]\,(\text{D : 듀티 사이클, T : 신호가 켜져있는 시간, P : 신호의 주기})$$

평균전압 $V_{av} = \dfrac{V_{on} \cdot T_{on} + V_{off} \cdot T_{on}}{T} = \dfrac{5 \times 2 + 1 \times 18}{20} = 1.4[\text{V}]$

1 그림의 회로에서 등가 컨덕턴스 G_{eq}[S]는?

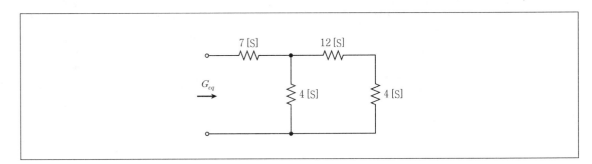

① 1.5

② 2.5

③ 3.5

④ 4.5

ANSWER 1.③

1
① 12[S]와 4[S] 직렬합성 $G_1 = \dfrac{12[S] \times 4[S]}{12[S] + 4[S]} = 3[S]$

② $G_1 = 3[S]$, 4[S]와 병렬합성 $G_2 = 3[S] + 4[S] = 7[S]$

③ 7[S]와 $G_2[S] = 7[S]$와 직렬합성 $G_3 = \dfrac{7[S] \times 7[S]}{7[S] + 7[S]} = 3.5[S]$

2 그림의 회로에서 저항 1[Ω]에 흐르는 전류 I[A]는?

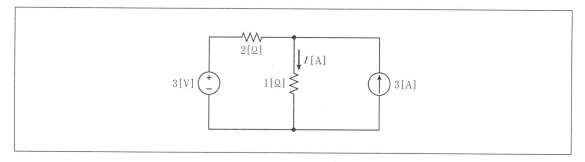

① 1

② 2

③ 3

④ 4

3 그림과 같이 전류와 폐경로 L이 주어졌을 때 $\oint_L \vec{H} \cdot \vec{dl}$ [A]은?

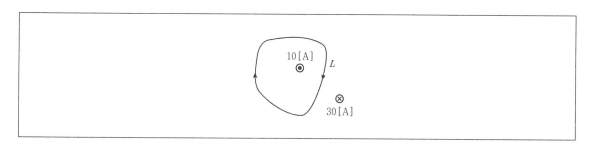

① −20

② −10

③ 10

④ 20

ANSWER 2.③ 3.②

2 중첩의 원리

① 전류원을 개방시킨 경우 $I_1 = \dfrac{3[\text{V}]}{2[\Omega] + 1[\Omega]} = 1[\text{A}]$

② 전압원을 단락시킨 경우 $I_2 = \dfrac{2[\Omega]}{2[\Omega] + 1[\Omega]} \times 3[\text{A}] = 2[\text{A}]$

1[Ω]을 지나는 전류는 $I = I_1 + I_2 = 3[\text{A}]$

3 $\oint_L \vec{H} \cdot \vec{dl} = I[\text{A}]$이고 화살표의 방향이 전류의 방향과 반대이므로 −10[A]가 된다.

4 $R-L$ 직렬 회로에 $t = 0$에서 일정 크기의 직류전압을 인가하였다. 저항과 인덕터의 전압, 전류 파형 중에서 $t > 0$ 이후에 그림과 같은 형태로 나타나는 것은? (단, 인덕터의 초기 전류는 0[A]이다)

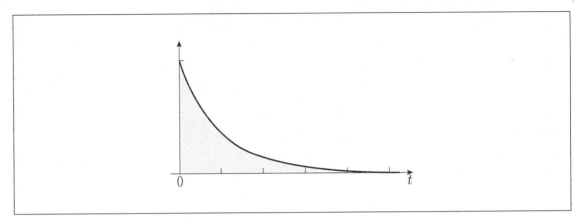

① 저항 R의 전류 파형
② 저항 R의 전압 파형
③ 인덕터 L의 전류 파형
④ 인덕터 L의 전압 파형

4

R-L직렬회로에서 직류전압을 인가하면 $i(t) = \dfrac{V}{R}(1 - e^{-\frac{R}{L}t})$[A] ⇒ 증가하는 파형, 전류는 증가한다.

$v_R(t) = Ri(t) = R \cdot \dfrac{V}{R}(1 - e^{-\frac{R}{L}t}) = V(1 - e^{-\frac{R}{L}t})$[V] ⇒ R에서 전압은 증가

$v_L(t) = L\dfrac{di(t)}{dt} = L \cdot \dfrac{d}{dt}\left(\dfrac{V}{R}(1 - e^{-\frac{R}{L}t})\right) = L \cdot \left(-\dfrac{V}{R}\right)\left(-\dfrac{R}{L}\right)e^{-\frac{R}{L}t}$[V]

$v_L(t) = Ve^{-\frac{R}{L}t}$[V] ⇒ 감소하는 파형

5 그림과 같이 내부저항 1[Ω]을 갖는 12[V] 직류 전압원이 5[Ω] 저항 R_L에 연결되어 있다. 저항 R_L에서 소비되는 전력[W]은?

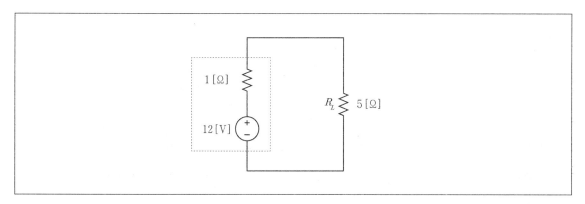

① 12

② 20

③ 24

④ 28.8

6 평형 3상 교류 회로의 전압과 전류에 대한 설명으로 옳은 것은?

① 평형 3상 △결선의 전원에서 선간전압의 크기는 상전압의 크기의 $\sqrt{3}$ 배이다.

② 평형 3상 △결선의 부하에서 선전류의 크기는 상전류의 크기와 같다.

③ 평형 3상 Y결선의 전원에서 선간전압의 크기는 상전압의 크기와 같다.

④ 평형 3상 Y결선의 부하에서 선전류의 크기는 상전류의 크기와 같다.

ANSWER 5.② 6.④

5 $I = \dfrac{12[\text{V}]}{1[\Omega] + 5[\Omega]} = 2[\text{A}]$, 전력 $P = I^2 R_L = 2^2 \times 5 = 20[\text{W}]$

6 3상 △결선에서 선간전압과 상전압은 같다. 선전류는 상전류의 $\sqrt{3}$ 배이다.
3상 Y결선에서 선간전압은 상전압의 $\sqrt{3}$ 배이다. 상전류와 선전류는 크기가 같다.

7 그림의 회로에서 전압 $v(t)$와 전류 $i(t)$의 라플라스 관계식은? (단, 커패시터의 초기 전압은 0[V]이다)

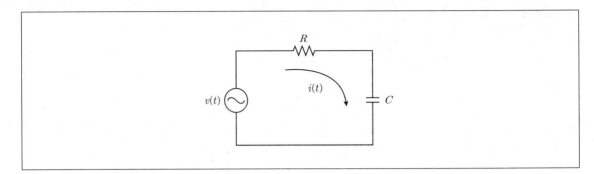

① $I(s) = \dfrac{C}{sRC+1} V(s)$

② $I(s) = \dfrac{s}{sRC+1} V(s)$

③ $I(s) = \dfrac{sR}{sRC+1} V(s)$

④ $I(s) = \dfrac{sC}{sRC+1} V(s)$

7
$$I(s) = \frac{V(s)}{R + \dfrac{1}{sC}} = \frac{sC}{RsC+1} V(s)$$

8 그림의 회로에서 역률이 $\dfrac{1}{\sqrt{2}}$ 이 되기 위한 인덕턴스 L[H]은? (단, $v(t) = 300\cos(2\pi \times 50t + 60°)$ [V]이다)

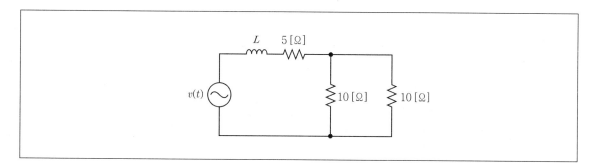

① $\dfrac{1}{\pi}$

② $\dfrac{1}{5\pi}$

③ $\dfrac{1}{10\pi}$

④ $\dfrac{1}{20\pi}$

8   합성저항 $10[\Omega]$, 역률이 $\dfrac{1}{\sqrt{2}}$ 이면, 저항과 리액턴스가 같으므로 ($\theta = 45°$)

$\omega L = 10,\;\; L = \dfrac{10}{\omega} = \dfrac{10}{100\pi} = \dfrac{1}{10\pi}[\text{H}]$

9 그림의 $R-C$ 직렬회로에 200[V]의 교류전압 V_s[V]를 인가하니 회로에 40[A]의 전류가 흘렀다. 저항이 3[Ω]일 경우 이 회로의 용량성 리액턴스 X_C[Ω]는? (단, 전압과 전류는 실횻값이다)

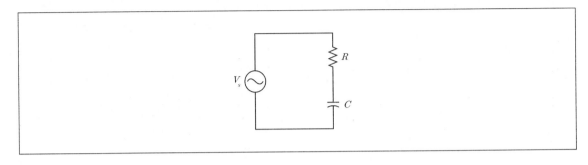

① 4

② 5

③ 6

④ 8

10 그림(a)의 회로를 그림(b)의 테브난 등가회로로 변환하였을 때, 테브난 등가전압 V_{TH}[V]와 부하저항 R_L에서 최대전력이 소비되기 위한 R_L[Ω]은?

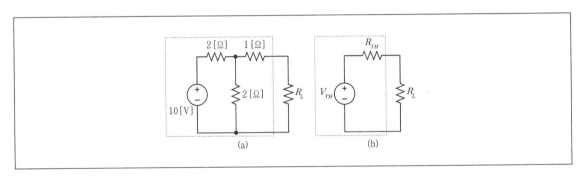

V_{TH}	R_L
① 5	2
③ 10	2

V_{TH}	R_L
② 5	5
④ 10	5

ANSWER 9.① 10.①

9 R-C 직렬회로 $Z=\dfrac{V}{I}=\dfrac{200}{40}=5=R-jX_c$[Ω]

$\sqrt{R^2+X_c^2}=5$, $R=3$[Ω]이면 $X_c=4$[Ω]

10 그림에서 $V_{TH}=5$[V], 전압원을 단락하면 $R_{TH}=2$[Ω]

최대전력이 되기 위한 R_L의 값은 내부저항과 같다. 따라서 R_{TH}와 같은 2[Ω]이 된다.

11 그림은 $t = 0$에서 1초 간격으로 스위치가 닫히고 열림을 반복하는 $R-L$회로이다. 이때 인덕터에 흐르는 전류의 파형으로 적절한 것은? (단, 다이오드는 이상적이고, $t < 0$에서 스위치는 오랫동안 열려 있다고 가정한다)

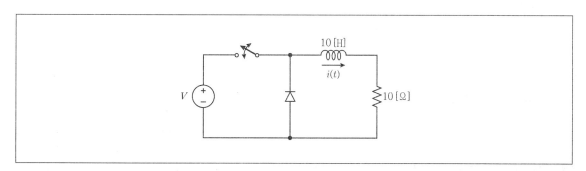

① $i(t)$

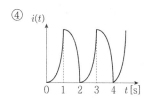

② $i(t)$

③ $i(t)$

④ $i(t)$

11
R-L 회로이므로 전원이 인가되면 $i(t) = \dfrac{V}{R}(1-e^{-\frac{R}{L}t})$[A]에 의해 전류가 0부터 증가하고, 전원이 제거되면 $i(t) = \dfrac{V}{R}e^{-\frac{R}{L}t}$[A]에 의해 전류가 서서히 감소하여 0으로 된다.

시정수가 $\dfrac{L}{R} = 1$[sec]이므로 1초에 목표값에 도달한 그림이다.

다이오드는 프리휠링다이오드로서 전원을 차단할 때 발생하는 역기전력에 의해 전류를 공급하여 전류가 서서히 감소할 수 있도록 한다.

12 $R - C$ 직렬회로에 교류전압 V_s = 40[V]가 인가될 때 회로의 역률[%]과 유효전력[W]은? (단, 저항 R = 10[Ω], 용량성 리액턴스 $X_C = 10\sqrt{3}$ [Ω]이고, 인가전압은 실횻값이다)

역률	유효전력
① 50	20
② 50	40
③ 100	20
④ 100	40

13 그림과 같은 $R - L - C$ 직렬회로에서 교류전압 $v(t) = 100\sin(\omega t)$ [V]를 인가했을 때, 주파수를 변화시켜서 얻을 수 있는 전류 $i(t)$의 최댓값[A]은? (단, 회로는 정상상태로 동작하며, R = 20[Ω], L = 10[mH], C = 20[μF]이다)

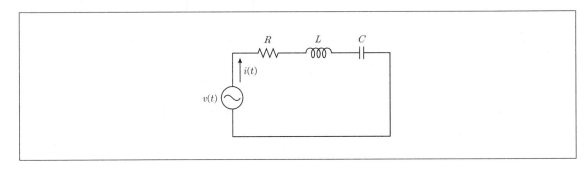

① 0.5	② 1
③ 5	④ 10

....

ANSWER 12.② 13.③

12 R-C 직렬회로

$R = 10[\Omega]$, $X_c = 10\sqrt{3}[\Omega]$이면 위상각은 $\theta = 60°$

따라서 역률 $\cos\theta = \cos 60° = 0.5$ ∴ 50%

유효전력 $P = \dfrac{V^2 R}{R^2 + X_c^2} = \dfrac{40^2 \times 10}{10^2 + (10\sqrt{3})^2} = \dfrac{16,000}{400} = 40[\text{W}]$

13 주파수를 변화시켜서 얻을 수 있는 전류의 최대값은 공진상태이므로 임피던스는 저항성분만 존재한다.

$i(t)_{\max} = \dfrac{V_{\max}}{R_o} = \dfrac{100}{20} = 5[\text{A}]$

14 그림의 회로에서 합성 인덕턴스 L_o[mH]와 각각의 인덕터에 인가되는 전압 V_1[V], V_2[V], V_3[V]는?
(단, 모든 전압은 실횻값이다)

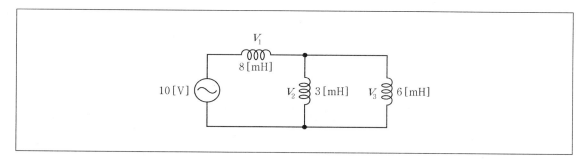

	L_o	V_1	V_2	V_3
①	4	2	8	8
②	10	4	4	8
③	4	6	4	8
④	10	8	2	2

ANSWER 14.④

14 리액터는 저항과 같이 연산되므로 병렬 리액터의 합성은

$$L_{23} = \frac{3[\text{mH}] \times 6[\text{mH}]}{3[\text{mH}] + 6[\text{mH}]} = 2[\text{mH}]$$

$$L_o = 8[\text{mH}] + 2[\text{mH}] = 10[\text{mH}]$$

전압은 리액터와 비례하므로 $V_1 : V_{23} = 4 : 1$

따라서 $V_1 = 8[\text{V}]$, $V_{23} = 2[\text{V}]$

V_2와 V_3는 병렬이므로 전압이 2[V]로 같다.

15 그림과 같이 진공 중에 두 무한 도체 A, B가 1[m] 간격으로 평행하게 놓여 있고, 각 도체에 2[A]와 3[A]의 전류가 흐르고 있다. 합성 자계가 0이 되는 지점 P와 도체 A까지의 거리 x[m]는?

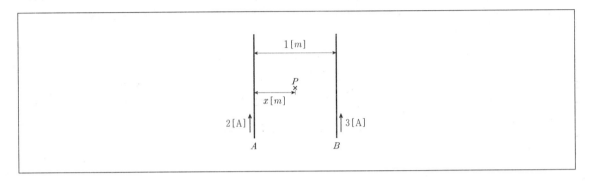

① 0.3

② 0.4

③ 0.5

④ 0.6

16 다음 그림에서 −2Q[C]과 Q[C]의 두 전하가 1[m] 간격으로 x축상에 배치되어 있다. 전계가 0이 되는 x축상의 지점 P까지의 거리 d[m]에 가장 가까운 값은?

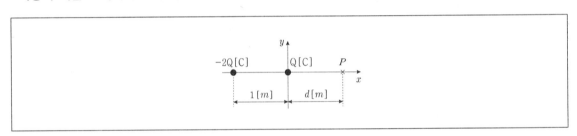

① 0.1

② 0.24

③ 1

④ 2.4

....

ANSWER 15.② 16.④

15 합성자계가 0이므로 $\dfrac{I_1}{2\pi r_1} = \dfrac{I_2}{2\pi r_2} \Rightarrow \dfrac{2}{2\pi x} = \dfrac{3}{2\pi(1-x)} \Rightarrow \dfrac{2}{x} = \dfrac{3}{(1-x)} \Rightarrow 2-2x = 3x$

$\therefore x = 0.4\text{[m]}$

16 전계가 0이 되는 P점에서 $\dfrac{2Q}{4\pi\epsilon(1+d)^2} = \dfrac{Q}{4\pi\epsilon d^2}$, $\dfrac{2}{(1+d)^2} = \dfrac{1}{d^2}$

$2d^2 = (1+d)^2$, $\sqrt{2}\,d = 1+d$

$d = \dfrac{1}{\sqrt{2}-1} \fallingdotseq 2.4$

17 그림의 Y-Y 결선 평형 3상 회로에서 각 상의 공급전력은 100[W]이고, 역률이 0.5 뒤질(lagging PF) 때 부하 임피던스 Z_p[Ω]는?

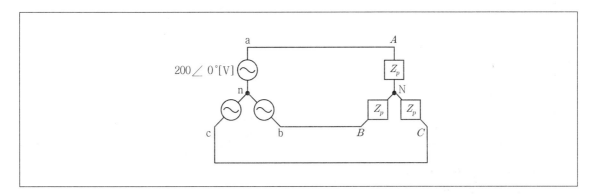

① $200 \angle 60°$

② $200 \angle -60°$

③ $200\sqrt{3} \angle 60°$

④ $200\sqrt{3} \angle -60°$

18 임의의 철심에 코일 2,000회를 감았더니 인덕턴스가 4[H]로 측정되었다. 인덕턴스를 1[H]로 감소시키려면 기존에 감겨 있던 코일에서 제거할 횟수는? (단, 자기포화 및 누설자속은 무시한다)

① 250

② 500

③ 1,000

④ 1,500

....

ANSWER 17.① 18.③

17 Y결선 한 상의 전력

$P_p = \dfrac{V_p^2}{Z}\cos\theta\,[\mathrm{W}]$ $(P_p = 100[\mathrm{W}],\ V_p = 200[\mathrm{V}],\ 역률 = 0.5)$

$Z = 200[\Omega]$

역률이 0.5이면 $\cos\theta = \dfrac{1}{2} \Rightarrow \theta = 60°$

18 $a = \dfrac{N_1}{N_2} = \sqrt{\dfrac{L_1}{L_2}},\ \dfrac{2,000}{N_2} = \sqrt{\dfrac{4}{1}} = 2,\ N_2 = 1,000$

그러므로 기존의 감긴 횟수를 절반으로 줄여야 한다.

19 그림의 회로에서 전압 $v_o(t)$에 대한 미분방정식 표현으로 옳은 것은?

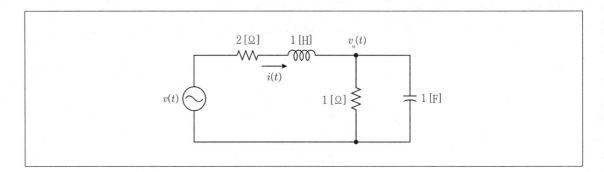

① $\dfrac{d^2 v_o(t)}{dt^2} + \dfrac{1}{3}\dfrac{dv_o(t)}{dt} + \dfrac{1}{3}v_o(t) = v(t)$

② $\dfrac{d^2 v_o(t)}{dt^2} + \dfrac{1}{3}\dfrac{dv_o(t)}{dt} + 3v_o(t) = v(t)$

③ $\dfrac{d^2 v_o(t)}{dt^2} + 3\dfrac{dv_o(t)}{dt} + \dfrac{1}{3}v_o(t) = v(t)$

④ $\dfrac{d^2 v_o(t)}{dt^2} + 3\dfrac{dv_o(t)}{dt} + 3v_o(t) = v(t)$

19 $\dfrac{V(s) - V_o(s)}{2+s} = \dfrac{V_o(s)}{1} + \dfrac{V_o(s)}{\dfrac{1}{s}}$

$V(s) = (2+s)(V_o(s) + sV_o(s)) + V_o(s) = 3V_o(s) + 3sV_o(s) + s^2 V_o(s)$

역변환하면 $\dfrac{d^2 v_o(t)}{dt^2} + 3\dfrac{dv_o(t)}{dt} + 3v_o(t) = v(t)$

20 그림 (a)는 도체판의 면적 $S = 0.1[m^2]$, 도체판 사이의 거리 $d = 0.01[m]$, 유전체의 비유전율 $\epsilon_r = 2.5$인 평행판 커패시터이다. 여기에 그림 (b)와 같이 두 도체판 사이의 거리 $d = 0.01[m]$를 유지하면서 두께 $t = 0.002[m]$, 면적 $S = 0.1[m^2]$인 도체판을 삽입했을 때, 커패시턴스 변화에 대한 설명으로 옳은 것은?

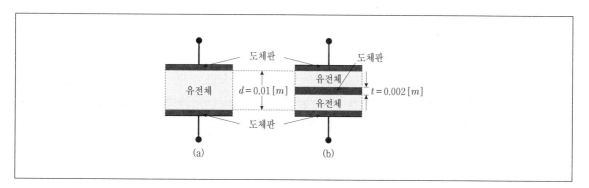

① (b)는 (a)에 비해 커패시턴스가 25% 증가한다.
② (b)는 (a)에 비해 커패시턴스가 20% 증가한다.
③ (b)는 (a)에 비해 커패시턴스가 25% 감소한다.
④ (b)는 (a)에 비해 커패시턴스가 20% 감소한다.

ANSWER 20.①

20

(a) $C = \epsilon \dfrac{S}{d} = 2.5\epsilon_o \dfrac{0.1}{0.01} = 25\epsilon_o [\text{F}]$

(b) C가 직렬이므로 합성하면 $\dfrac{1}{2}$

$\dfrac{1}{2}C_1 = \dfrac{1}{2} \times 2.5\epsilon_o \dfrac{0.1}{0.004} = 31.25\epsilon_o$

$\therefore \dfrac{31.25}{25} = 1.25$, (b)는 (a)에 비해 25% 증가한다.

1 (+)x 방향으로 3kV/m, (+)y 방향으로 5kV/m인 전기장이 있다. 시간 $t=0$일 때 원점에 있는 전하 Q $=4$nC를 띤 질량 $m=4$mg인 입자가 (+)x 방향으로 4m/s, (+)y 방향으로 10m/s로 움직일 경우 1초 후에 이 입자 가속도의 (+)x 방향 및 (+)y 방향의 값[m/s²]은?

	(+)x 방향	(+)y 방향
①	1	3
②	3	3
③	1	5
④	3	5

2 자기 인덕턴스(self-inductance), $L=1$H인 코일에 교류전류 $i=\sqrt{2}\sin(120\pi t)$A가 흐른다고 할 때, 코일의 전압의 실횻값[V]은?

① 1
② 60π
③ 120π
④ $\sqrt{2}(120\pi)$

ANSWER 1.④ 2.③

1 $F=EQ=ma\,[\text{N}]$

$F_x = EQ = (3\times10^3)\times(4\times10^{-9}) = 12\times10^{-6} = m\dfrac{dv}{dt} = 4\times10^{-3}\times a_x\,[\text{N}]$

$a_x = 3\,[\text{m/s}^2]$

$F_y = EQ = (5\times10^3)\times(4\times10^{-9}) = 20\times10^{-6} = m\dfrac{dv}{dt} = 4\times10^{-3}\times a_y\,[\text{N}]$

$a_y = 5\,[\text{m/s}^2]$

2 $v(t) = L\dfrac{di}{dt} = j\omega L i_{\text{rms}} = 120\pi \times 1[\text{H}] \times 1[\text{A}] = 120\pi\,[\text{V}]$

3 어떤 도선에 5A의 직류전류가 10초간 흘렀다면, 도체 단면을 통과한 전자의 개수는?(단, 전자의 전하량은 $-1.6×10^{-19}$C으로 계산한다.)

① $3.125×10^{20}$

② 50

③ $1.6×10^{-19}$

④ $6.25×10^{18}$

4 〈보기〉의 회로에서 $R_1=10\Omega$, $R_2=5\Omega$, $R_3=15\Omega$일 때, 이 회로에 흐르는 전류 I와 전원 V사이의 관계로 옳은 것은?

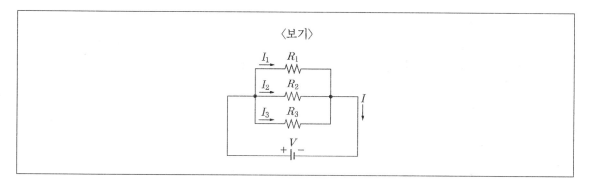

① $V[\mathrm{V}]=11/30[\Omega]\cdot I[\mathrm{A}]$

② $V[\mathrm{V}]=30/11[\Omega]\cdot I[\mathrm{A}]$

③ $V[\mathrm{V}]=11[\Omega]\cdot I[\mathrm{A}]$

④ $V[\mathrm{V}]=30[\Omega]\cdot I[\mathrm{A}]$

ANSWER 3.① 4.②

3 전기량 $Q=it=5[\mathrm{A}]×10[\mathrm{sec}]=50[\mathrm{C}]$

$n=\dfrac{Q}{e}=\dfrac{50}{1.6×10^{-19}}=31.25×10^{19}=3.125×10^{20}[개]$

4 병렬 합성저항 $R_o=\dfrac{1}{\dfrac{1}{R_1}+\dfrac{1}{R_2}+\dfrac{1}{R_3}}=\dfrac{1}{\dfrac{1.5+3+1}{15}}=\dfrac{15}{5.5}=\dfrac{30}{11}[\Omega]$

5 〈보기〉의 빈 칸에 들어갈 숫자는?

> 〈보기〉
>
> 공기 중에 평행한 두 도선의 길이와 도선 사이의 거리가 각각 두 배가 되고, 각 도선에 흐르는 전류가 반으로 줄어들면, 도선 사이에 작용하는 힘은 _____배가 된다. 단, 도선은 충분히 길다고 가정한다.

① $\dfrac{1}{8}$ 　　　　　　　　　② $\dfrac{1}{4}$

③ $\dfrac{1}{2}$ 　　　　　　　　　④ 1

6 〈보기〉 RLC 직렬회로의 $L=10\text{mH}$, $C=100\mu\text{F}$이며, 정현파 교류 전원 V의 최댓값(amplitude)이 일정할 때, R_L에 공급되는 전력을 최대로 하는 전원 V의 주파수[kHz]는?

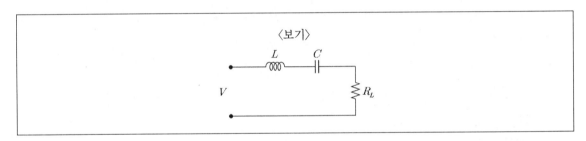

① $\dfrac{1}{2\pi}$ 　　　　　　　　② 2π

③ 1 　　　　　　　　　　④ 1,000

5 두 도선간에 작용하는 힘

$$F=\frac{2I_1I_2}{r}\times 10^{-7}\,[\text{N/m}]=\frac{2I_1I_2}{r}l\times10^{-7}\,[\text{N}]\propto\frac{I^2}{r}l=\frac{\left(\dfrac{I}{2}\right)^2}{2r}(2l)=\frac{1}{4}\frac{I^2}{r}l$$

6 공진주파수

$$f=\frac{1}{2\pi\sqrt{LC}}=\frac{1}{2\pi\sqrt{(10\times10^{-3})\times(100\times10^{-6})}}=\frac{10^3}{2\pi}\,[\text{Hz}]=\frac{1}{2\pi}\,[\text{KHz}]$$

7 〈보기〉와 같은 평형 3상 회로의 역률은? (단, 3상의 위상순서는 a-b-c이다.)

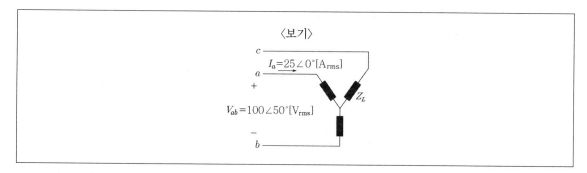

〈보기〉

$I_a = 25 \angle 0° [\text{A}_{\text{rms}}]$

$V_{ab} = 100 \angle 50° [\text{V}_{\text{rms}}]$

Z_L

① $\cos 20°$ (지상) ② $\cos 20°$ (진상)

③ $\cos 80°$ (지상) ④ $\cos 80°$ (진상)

8 〈보기〉의 회로에서 정현파 전류 i_R과 i_C의 실횻값이 각각 4A와 3A일 때, 전류 i의 최댓값[A]은?

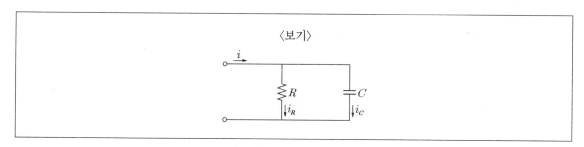

〈보기〉

i

R C

i_R i_c

① 5 ② 7

③ $5\sqrt{2}$ ④ $7\sqrt{2}$

......

ANSWER 7.① 8.③

7
선간전압 $V_{ab} = 100 \angle 50° [\text{V}]$을 상전압으로 하면 $V_a = \dfrac{100}{\sqrt{3}} \angle 20°$

임피던스를 구하면 $Z = \dfrac{V_a}{I_a} = \dfrac{\dfrac{100}{\sqrt{3}} \angle 20°}{25 \angle 0°} = \dfrac{4}{\sqrt{3}} \angle 20°$

역률은 $\cos 20°$ 지상회로이다.

8
전류를 합성하면 $i = i_R + i_c = 3 + j4 [\text{A}]$, $i = \sqrt{3^2 + 4^2} = 5 [\text{A}]$

전류의 최대값 $i_{\max} = \sqrt{2} i_{rms} = 5\sqrt{2} [\text{A}]$

9 〈보기〉의 회로에서 양단에 교류전압 $v = 100\sqrt{2}\sin(10t)$V인 정현파를 가할 때, 저항 R_1에 흐르는 전류의 실횻값이 10A였다면, 저항값 $R[\Omega]$은?

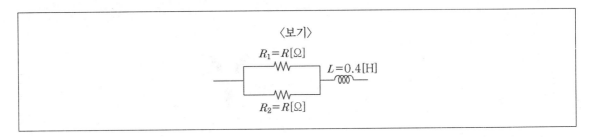

〈보기〉

$R_1 = R[\Omega]$
$R_2 = R[\Omega]$
$L = 0.4[\text{H}]$

① 1
② 6
③ 9
④ 12

10 라플라스 함수 $F(s) = \dfrac{1.5s + 3}{s^3 + 2s^2 + s}$ 일 때, 역변환 함수 $f(t)$의 최종값은?

① 1.5
② 2
③ 3
④ 4.5

ANSWER 9.② 10.③

9 $R_1 = R_2$이고 각각 10[A]가 흐르므로 회로의 전류는 20[A]

$\omega = 10[\text{rad/sec}], \quad \omega L = 10 \times 0.4 = 4[\Omega]$

$Z = \dfrac{v_s}{i_s} = \dfrac{100}{20} = 5[\Omega]$

따라서 병렬 합성저항은 $3[\Omega]$

$R = 6[\Omega]$

10 $\displaystyle\lim_{t \to \infty} f(t) = \lim_{s \to 0} sF(s) = \lim_{s \to 0} s \cdot \dfrac{1.5s + 3}{s(s^2 + 2s + 1)} = 3$

11 〈보기〉와 같은 전압파형이 2H의 인덕터에 인가되었을 때, $t = 10s$ 인 시점에서 저장된 자계 에너지[J]는? (단, 인덕터 초기전류는 0A이다).

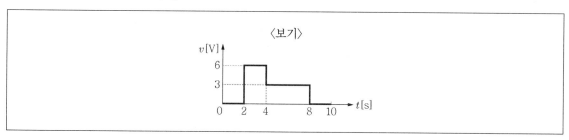

① 121

② 130

③ 144

④ 169

12 10mH의 인덕터에 최대치 10V, 60Hz의 구형파 전압을 가할 때, 인덕터에 흐르는 전류의 3고조파 성분의 최댓값 I_3[A]와 기본파 성분의 최댓값 I_1[A]의 비, 즉 $\dfrac{I_3}{I_1}$는?

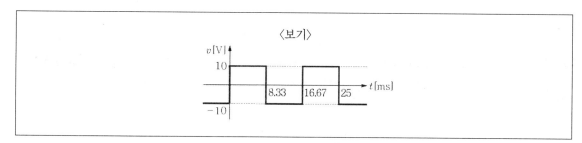

① $\dfrac{1}{3}$

② $\dfrac{1}{5}$

③ $\dfrac{1}{7}$

④ $\dfrac{1}{9}$

ANSWER 11.③ 12.④

11

$$W = \frac{1}{2}LI^2 = \frac{1}{2}\frac{\phi^2}{L} \quad (\phi = \int v dt)$$

$$\phi = \int_2^4 6dt + \int_4^8 3dt = 12 + 12 = 24[\text{Wb}] \quad \therefore W = \frac{1}{2} \cdot \frac{24^2}{2} = 144[\text{J}]$$

12

$$I_1 = \frac{V_1}{\omega L} = [\text{A}], \quad I_3 = \frac{V_3}{3\omega L}[\text{A}] \Rightarrow \frac{I_3}{I_1} = \frac{\dfrac{V_3}{3\omega L}}{\dfrac{V_1}{\omega L}} = \frac{\dfrac{\dfrac{V_1}{3}}{3\omega L}}{\dfrac{V_1}{\omega L}} = \frac{1}{9}$$

13 〈보기〉와 같이 $t=0$에서 회로의 스위치를 닫을 때. 회로의 시정수[ms]와 인덕터에 흐르는 전류 i_L의 최종값[A]은?

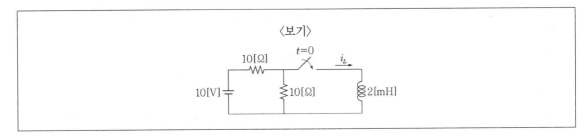

	시정수	전류
①	0.2	0.5
②	0.4	0.5
③	0.2	1
④	0.4	1

14 〈보기〉와 같은 RLC 직렬회로에 $v=10\sqrt{2}\sin(10t)$V의 교류 전압을 가할 때, 유효전력이 6W였다면 C의 값[F]은? (단, 전체 부하는 유도성 부하이다.)

〈보기〉

$R=6[\Omega]$ $L=1[H]$ $C=?$

① 0.01	② 0.05
③ 0.1	④ 1

13 등가회로를 그리면 시정수 $\tau=\dfrac{L}{R}=\dfrac{2\times10^{-3}}{5}=0.4[\text{m sec}]$

정상회로에서 L은 단락상태로 되므로 $i_L=\dfrac{V}{R}=\dfrac{5}{5}=1[\text{A}]$

14 $X_L=\omega L=10\times1=10[\Omega]$, $P=\dfrac{V^2R}{R^2+X^2}=\dfrac{10^2\times6}{6^2+X^2}=6[\text{W}]$, $X=8[\Omega]$

그러므로 $X=X_L-X_c=8[\Omega]$, $X_c=\dfrac{1}{\omega C}=2[\Omega]$ $\therefore C=\dfrac{1}{20}=0.05[\text{F}]$

15 〈보기〉와 같은 RC 직렬회로에서 소비되는 유효전력을 50% 감소하기 위한 방법으로 가장 옳은 것은?

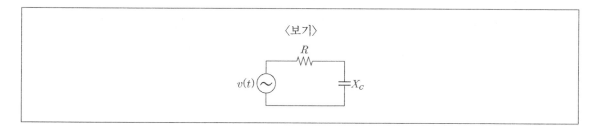

① 전압 $v(t)$를 $\frac{1}{\sqrt{2}}$ 배 한다.

② 전압 $v(t)$를 0.5배 한다.

③ 저항 R을 $\frac{1}{\sqrt{2}}$ 배 한다.

④ 저항 R을 0.5배 한다.

16 〈보기〉의 연산증폭기 회로에 $5\sin(3t)$mV 입력이 주어졌을 때, 출력 신호의 진폭[mV]은? (단, 연산증폭기는 이상적이다.)

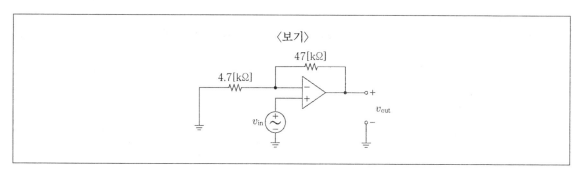

① 15

② 45

③ 50

④ 55

....

ANSWER 15.① 16.④

15 R-C 회로에서 유효전력 $P = \dfrac{V^2 R}{R^2 + X_c^2}$[W]이므로 유효전력을 50%로 하려면 전압을 $\dfrac{1}{\sqrt{2}}$ 배 하면 된다. 저항을 $\dfrac{1}{2}$ 로 하는 것은 분모 저항의 감소로 전력이 오히려 2배 증가하게 된다.

16 키르히호프의 법칙을 적용하면 $i_1 + i_2 + i_3 = 0$, $i_2 = 0$

$\dfrac{v_{in} - 0}{4.7} = -\dfrac{v_{in} - v_{out}}{47}$, $11v_{in} = v_{out}$ ∴ $v_{out} = 55$[mV]

17 유전율이 ϵ_0이고, 극판 사이의 간격이 d인 커패시터가 있다. 〈보기〉와 같이 극판 사이에 평행으로 유전율이 ϵ인 물질을 $\dfrac{d}{2}$ 두께를 갖도록 삽입했을 때, 커패시터의 합성 정전용량이 1.6배가 되었다. 이때 삽입한 유전체의 비유전율은?

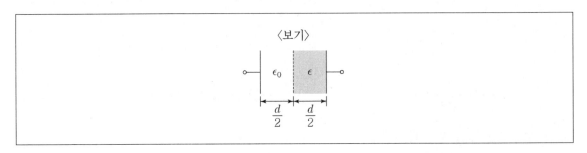

〈보기〉

① 1.5

② 2

③ 3

④ 4

18 두 개의 코일로 구성된 이상적인 변압기(ideal transformer)에 대한 설명으로 가장 옳지 않은 것은?

① 두 코일 간의 결합계수는 무한대이다.

② 두 코일의 자기 인덕턴스는 무한대이다.

③ 두 코일의 저항은 0[Ω]이다.

④ 변압기의 철손은 0[W]이다.

ANSWER 17.④ 18.①

17
합성 정전용량은 $C = \dfrac{2C_o}{1 + \dfrac{1}{\epsilon_s}} = 1.6 C_o$

$\therefore \epsilon_s = 4$

18
$k = \dfrac{M}{\sqrt{L_1 L_2}} \angle 1$

결합계수는 0보다 크고 1보다 작은 범위이다.

19 〈보기〉의 회로를 A–B터미널에서 바라본 하나의 등가커패시터로 나타낸다고 할 때 그 커패시턴스[μF]는?

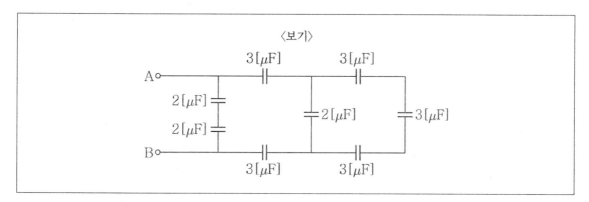

① 1

② 1.5

③ 2

④ 2.5

ANSWER 19.③

19
직렬로 커패시터가 3개 있는 경우 $C_o = \dfrac{C}{3}$

병렬로 커패시터를 합성하는 경우 $C_o = C_1 + C_2$

최종 합성 커패시턴스는 $C = 1[\mu F] + 1[\mu F] = 2[\mu F]$

20 권선비 3:1인 이상적인 변압기(ideal transformer)의 2차측 권선에 대해 $N_{21} : N_{22} = 2 : 1$의 위치에 탭을 이용하여 〈보기〉와 같은 회로를 구성하였다. 1차측 전압의 실횻값이 9V라면 1차측 전류의 실횻값[A]은?

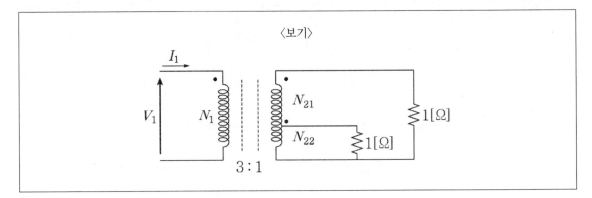

① $\dfrac{4}{3}$

② $\dfrac{10}{3}$

③ $\dfrac{4}{9}$

④ $\dfrac{10}{9}$

20 전압비가 3 : 1 이므로 2차전압은 3[V]

$N_{21} = 2[V]$, $N_{22} = 1[V]$

2차측 회로를 정리하면

$$I_2 = \frac{V_{21} + V_{22}}{1[\Omega]} + \frac{\frac{1}{3}[V]}{1[\Omega]} = \frac{10}{3}[A]$$

변압비가 3이므로 전류비는 $\dfrac{I_1}{I_2} = \dfrac{1}{3}$ $\therefore$ $I_1 = \dfrac{I_2}{3} = \dfrac{10}{9}[A]$

1 (+)x 방향으로 3kV/m, (+)y 방향으로 5kV/m인 전기장이 있다. 시간 $t=0$일 때 원점에 있는 전하 Q = 4nC를 띤 질량 m = 4mg인 입자가 (+)x 방향으로 4m/s, (+)y 방향으로 10m/s로 움직일 경우 1초 후에 이 입자 가속도의 (+)x 방향 및 (+)y 방향의 값[m/s²]은?

	(+)x 방향	(+)y 방향
①	1	3
②	3	3
③	1	5
④	3	5

2 자기 인덕턴스(self-inductance), L = 1H인 코일에 교류전류 $i = \sqrt{2}\sin(120\pi t)$A가 흐른다고 할 때, 코일의 전압의 실횻값[V]은?

① 1 ② 60π

③ 120π ④ $\sqrt{2}(120\pi)$

ANSWER 1.④ 2.③

1 $F = EQ = ma[\text{N}]$

$F_x = EQ = (3 \times 10^3) \times (4 \times 10^{-9}) = 12 \times 10^{-6} = m\dfrac{dv}{dt} = 4 \times 10^{-3} \times a_x[\text{N}]$

$a_x = 3[\text{m/s}^2]$

$F_y = EQ = (5 \times 10^3) \times (4 \times 10^{-9}) = 20 \times 10^{-6} = m\dfrac{dv}{dt} = 4 \times 10^{-3} \times a_y[\text{N}]$

$a_y = 5[\text{m/s}^2]$

2 $v(t) = L\dfrac{di}{dt} = j\omega L i_{rms} = 120\pi \times 1[\text{H}] \times 1[\text{A}] = 120\pi[\text{V}]$

3 어떤 도선에 5A의 직류전류가 10초간 흘렀다면, 도체 단면을 통과한 전자의 개수는?(단, 전자의 전하량 은 -1.6×10^{-19}C으로 계산한다.)

① 3.125×10^{20}

② 50

③ 1.6×10^{-19}

④ 6.25×10^{18}

4 〈보기〉의 회로에서 $R_1 = 10\,\Omega$, $R_2 = 5\,\Omega$, $R_3 = 15\,\Omega$일 때, 이 회로에 흐르는 전류 I와 전원 V사이의 관계로 옳은 것은?

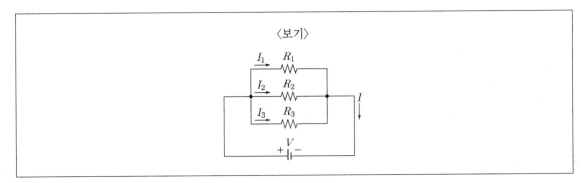

〈보기〉

① $V[\text{V}] = 11/30[\Omega] \cdot I[\text{A}]$

② $V[\text{V}] = 30/11[\Omega] \cdot I[\text{A}]$

③ $V[\text{V}] = 11[\Omega] \cdot I[\text{A}]$

④ $V[\text{V}] = 30[\Omega] \cdot I[\text{A}]$

3 전기량 $Q = it = 5[\text{A}] \times 10[\text{sec}] = 50[\text{C}]$

$n = \dfrac{Q}{e} = \dfrac{50}{1.6 \times 10^{-19}} = 31.25 \times 10^{19} = 3.125 \times 10^{20}[개]$

4 병렬 합성저항 $R_o = \dfrac{1}{\dfrac{1}{R_1} + \dfrac{1}{R_2} + \dfrac{1}{R_3}} = \dfrac{1}{\dfrac{1.5 + 3 + 1}{15}} = \dfrac{15}{5.5} = \dfrac{30}{11}[\Omega]$

5 〈보기〉의 빈 칸에 들어갈 숫자는?

〈보기〉

공기 중에 평행한 두 도선의 길이와 도선 사이의 거리가 각각 두 배가 되고, 각 도선에 흐르는 전류가 반으로 줄어들면, 도선 사이에 작용하는 힘은 _____배가 된다. 단, 도선은 충분히 길다고 가정한다.

① $\dfrac{1}{8}$

② $\dfrac{1}{4}$

③ $\dfrac{1}{2}$

④ 1

6 〈보기〉 RLC 직렬회로의 $L=10\text{mH}$, $C=100\mu\text{F}$이며, 정현파 교류 전원 V의 최댓값(amplitude)이 일정할 때, R_L에 공급되는 전력을 최대로 하는 전원 V의 주파수[kHz]는?

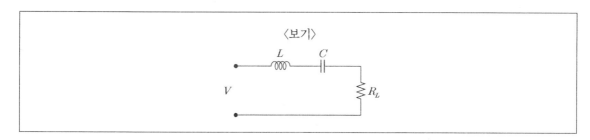

① $\dfrac{1}{2\pi}$

② 2π

③ 1

④ 1,000

ANSWER 5.② 6.①

5 두 도선간에 작용하는 힘

$$F = \frac{2I_1 I_2}{r} \times 10^{-7}[\text{N/m}] = \frac{2I_1 I_2}{r} l \times 10^{-7}[\text{N}] \propto \frac{I^2}{r} l = \frac{\left(\dfrac{I}{2}\right)^2}{2r}(2l) = \frac{1}{4}\frac{I^2}{r} l$$

6 공진주파수

$$f = \frac{1}{2\pi\sqrt{LC}} = \frac{1}{2\pi\sqrt{(10\times10^{-3})\times(100\times10^{-6})}} = \frac{10^3}{2\pi}[\text{Hz}] = \frac{1}{2\pi}[\text{KHz}]$$

7 〈보기〉와 같은 평형 3상 회로의 역률은? (단, 3상의 위상순서는 a–b–c이다.)

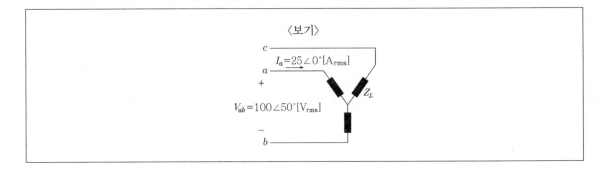

① $\cos 20°$(지상)
② $\cos 20°$(진상)

③ $\cos 80°$(지상)
④ $\cos 80°$(진상)

8 〈보기〉의 회로에서 정현파 전류 i_R과 i_C의 실횻값이 각각 4A와 3A일 때, 전류 i의 최댓값[A]은?

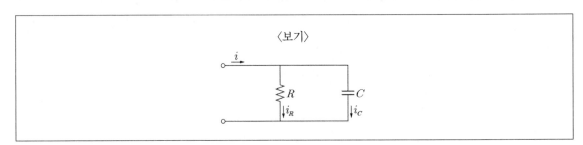

① 5
② 7

③ $5\sqrt{2}$
④ $7\sqrt{2}$

....

ANSWER 7.① 8.③

7 선간전압 $V_{ab} = 100\angle 50°$ [V]을 상전압으로 하면 $V_a = \dfrac{100}{\sqrt{3}}\angle 20°$

임피던스를 구하면 $Z = \dfrac{V_a}{I_a} = \dfrac{\dfrac{100}{\sqrt{3}}\angle 20°}{25\angle 0°} = \dfrac{4}{\sqrt{3}}\angle 20°$

역률은 $\cos 20°$ 지상회로이다.

8 전류를 합성하면 $i = i_R + i_c = 3 + j4\,[\mathrm{A}]$, $i = \sqrt{3^2 + 4^2} = 5\,[\mathrm{A}]$

전류의 최대값 $i_{\max} = \sqrt{2}\,i_{rms} = 5\sqrt{2}\,[\mathrm{A}]$

9 〈보기〉의 회로에서 양단에 교류전압 $v=100\sqrt{2}\sin(10t)$V인 정현파를 가할 때, 저항 R_1에 흐르는 전류의 실횻값이 10A였다면, 저항값 $R[\Omega]$은?

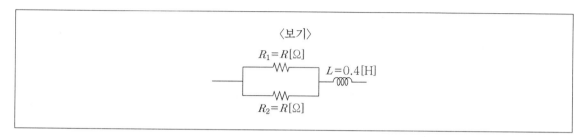

〈보기〉

$R_1 = R[\Omega]$

$L = 0.4[\mathrm{H}]$

$R_2 = R[\Omega]$

① 1

② 6

③ 9

④ 12

10 라플라스 함수 $F(s) = \dfrac{1.5s+3}{s^3+2s^2+s}$ 일 때, 역변환 함수 $f(t)$의 최종값은?

① 1.5

② 2

③ 3

④ 4.5

....

ANSWER 9.② 10.③

9 $R_1 = R_2$이고 각각 10[A]가 흐르므로 회로의 전류는 20[A]

$\omega = 10[\mathrm{rad/sec}]$, $\omega L = 10 \times 0.4 = 4[\Omega]$

$Z = \dfrac{v_s}{i_s} = \dfrac{100}{20} = 5[\Omega]$

따라서 병렬 합성저항은 3[Ω]

$R = 6[\Omega]$

10 $\displaystyle\lim_{t \to \infty} f(t) = \lim_{s \to 0} sF(s) = \lim_{s \to 0} s \cdot \dfrac{1.5s+3}{s(s^2+2s+1)} = 3$

11 전하량이 4C의 두 전하가 진공에서 2m 떨어져 있을 때 두 전하 간에 작용하는 힘의 크기[N]는?

① $\dfrac{1}{8\pi\varepsilon_0}$

② $\dfrac{1}{4\pi\varepsilon_0}$

③ $\dfrac{1}{2\pi\varepsilon_0}$

④ $\dfrac{1}{\pi\varepsilon_0}$

12 2개의 서로 다른 자성체 경계면에서 수직성분의 경계조건으로 옳은 것은? (단, ε_1 : 영역 1의 유전율, ε_2 : 영역 2의 유전율, μ_1 : 영역 1의 투자율, μ_2 : 영역 2의 투자율, H_{1n} : 영역 1의 자계의 수직성분, H_{2n} : 영역 2의 자계의 수직성분이다.)

① $\mu_1 H_{1n} = \mu_2 H_{2n}$

② $\mu_2 H_{1n} = \mu_1 H_{2n}$

③ $\varepsilon_1 H_{1n} = \varepsilon_2 H_{2n}$

④ $\varepsilon_1 H_{1n} = \varepsilon_1 H_{2n}$

13 5V의 건전지를 넣어 작동하는 조명을 3분간 켰을 때, 흐르는 전류가 0.2A로 일정하였다. 이때 조명에서 소비한 에너지[J]는?

① 60

② 100

③ 120

④ 180

....

ANSWER 11.④ 12.① 13.④

11
쿨롱의 법칙 $F = \dfrac{Q_1 Q_2}{4\pi\epsilon_o R^2} = \dfrac{4 \times 4}{4\pi\epsilon_o \times 2^2} = \dfrac{1}{\pi\epsilon_o}$ [N]

12
경계면에서 $\tan\theta = \dfrac{\epsilon_1}{\epsilon_2} = \dfrac{\mu_1}{\mu_2}$, 수직성분으로 $B_1 = B_2$, $\mu H_{1n} = \mu H_{2n}$

13 $P = VI = 5 \times 0.2 = 1[\text{W}] = 1[\text{J/sec}]$, 소비에너지 $W = 1[\text{J/sec}] \times (3 \times 60)[\text{sec}] = 180[\text{J}]$

14 〈보기〉와 같이 전류계 A_1=7A, A_2=3A, A_3=4A이고, R=20Ω일 때 부하의 역률과 유효전력[W]은?

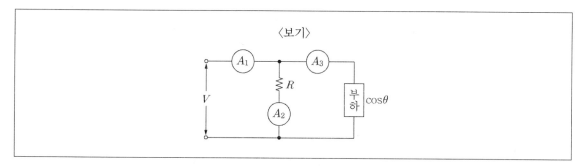

	역률	유효전력
①	0.5	240
②	0.625	120
③	1	120
④	1	240

ANSWER 14.④

14 3전류계법

역률 $\cos\theta = \dfrac{A_1^2 - A_2^2 - A_3^2}{2A_2 A_3} = \dfrac{7^2 - 3^2 - 4^2}{2 \times 3 \times 4} = 1$

전력은 부하에 가해진 전압 V_L과 공급된 전류 A_3를 적용한다.

$P = V_L A_3 \cos\theta = A_2 R A_3 \cos\theta = A_2 A_3 R \cdot \dfrac{A_1^2 - A_2^2 - A_3^2}{2A_2 A_3} = \dfrac{R}{2}(A_1^2 - A_2^2 - A_3^2)$ $P = \dfrac{R}{2}(A_1^2 - A_2^2 - A_3^2) = \dfrac{20}{2}(7^2 - 3^2 - 4^2) = 240[\text{W}]$

15 단면적이 $S[\text{m}^2]$이고 평균 자로의 길이가 $l[\text{m}]$인 N회 감긴 환상 코일의 인덕턴스는 $L[\text{H}]$이다. 코일의 권수를 반으로 줄이고 단면적을 2배로 늘렸을 때 인덕턴스[H]는? (단, 자로의 길이는 일정하다.)

① $\dfrac{1}{8}L$

② $\dfrac{1}{4}L$

③ $\dfrac{1}{2}L$

④ L

16 〈보기〉와 같은 평형 3상 회로의 Y형 결선에서 흐르는 I_l의 크기[A]는? (단, 모든 전압과 전류는 실횻값이다.)

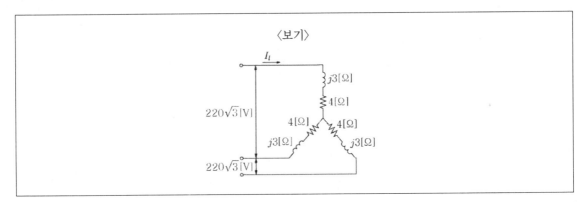

① 36

② 40

③ 44

④ 48

----

15 $L = \dfrac{\mu S N^2}{l}[\text{H}]$ 코일의 권수를 반으로 줄이고 단면적을 2배로 하면

$$L_o = \frac{\mu 2S(\frac{N}{2})^2}{l} = \frac{1}{2}\frac{\mu S N^2}{l} = \frac{1}{2}L[\text{H}]$$

16

$$I_l = I_p = \frac{V_p}{Z} = \frac{\dfrac{220\sqrt{3}}{\sqrt{3}}}{4+j3} = \frac{220}{5} = 44[\text{A}]$$

17 〈보기〉와 같은 연산증폭기 회로에서 v_g=5V일 때, v_2[V]는? (단, 연산증폭기는 이상적이다.)

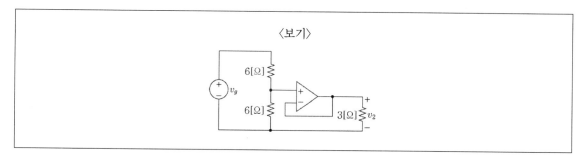

① 1.5

② 2.0

③ 2.5

④ 3.0

18 〈보기〉의 회로에서 R_2 양단에서 측정된 전압의 크기가 8V였다면 R_5 양단에서 측정되는 전압의 크기[V]는?

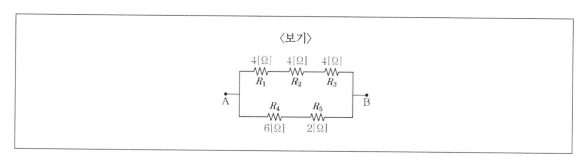

① 2

② 6

③ 12

④ 24

··

ANSWER 17.③ 18.②

17

입력전압 $\dfrac{v_g}{2}=v_2$, $v_2=2.5$[V]

v_g[V] 전압을 6[Ω]의 저항으로 1/2로 감소하여 입력한 것이 출력전압과 같다.

18 $V_{R2}=8$[V], $V_{R1}+V_{R2}+V_{R3}=24$[V]

병렬회로는 전압이 같으므로 $V_{R4}+V_{R5}=24$[V]

$R_4:R_5=6:2$이므로

$V_{R4}:V_{R5}=6:2$ $\therefore$ $V_{R4}=18$[V], $V_{R5}=6$[V]

19 〈보기〉와 같은 회로에서 V_{ab}의 전압[V]이 입력전압 V[V]의 반이 되는 부하저항 R_L[Ω]은?

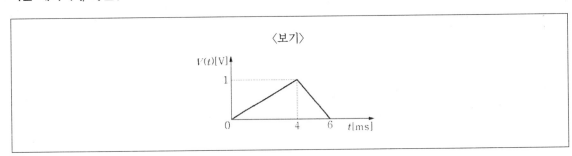

① 2

② 3

③ 4

④ 5

20 $6 \mu F$ 커패시터에 인가되는 전압의 파형이 〈보기〉와 같다. 시간이 t=4ms일 때 커패시터의 전기장에 축적된 에너지 $[\mu J]$는?

〈보기〉

① 1

② 3

③ 6

④ 12

....

ANSWER 19.④ 20.②

19 문제의 조건에서

$$\frac{1}{2}V = (3+5)I = (1+2+R_L)I \quad \therefore \quad R_L = 5[\Omega]$$

20 $W = \frac{1}{2}CV^2 = \frac{1}{2} \times 6 \times 10^{-6} \times 1^2 = 3[\mu J]$

1 직각좌표계$(x,\ y,\ z)$에서 전위 함수가 $V = 6xy + 4y^2$[V]로 주어질 때, 좌표점(4, −1, 5)[m]에서 $+x$ 방향의 전계 세기[V/m]는?

① 6

② 7

③ 8

④ 9

2 자성체에 자기장을 인가할 때, 내부 자속밀도가 큰 자성체부터 순서대로 바르게 나열한 것은?

① 상자성체, 페리자성체, 반자성체

② 페리자성체, 반자성체, 상자성체

③ 반자성체, 페리자성체, 상자성체

④ 페리자성체, 상자성체, 반자성체

ANSWER 1.① 2.④

1

전계 $E_x = -\,grad\ V = -\dfrac{d}{dx}(6xy + 4y^2)i = -6yi = 6i\,[V/m]$

$(x = 4,\ y = -1)$

전계 $E_x = 6\,[V/m]$

2 내부 자속밀도가 큰 자성체

강자성체 > 페리자성체 > 상자성체 > 반자성체

3 인덕턴스 20[H]를 갖는 인덕터에 전류 5[A]가 흐를 때, 저장된 자기에너지[J]는?

① 100
② 125
③ 250
④ 500

4 임의의 닫힌 공간에서 외부로 나가는 전기선속과 공간 내부의 총전하량의 관계를 나타내는 것은?

① 옴의 법칙
② 쿨롱의 법칙
③ 가우스 법칙
④ 패러데이 법칙

5 그림과 같은 회로의 단자 a와 b에서 바라본 등가저항 R_{eq}[kΩ]는?

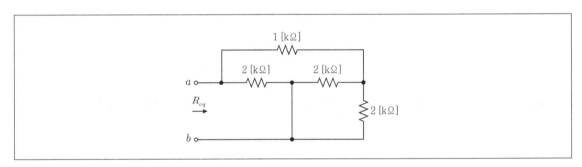

① 1
② 2
③ 3
④ 4

....

ANSWER 3.③ 4.③ 5.①

3 인덕턴스에 저장되는 자기에너지

$$W = \frac{1}{2}LI^2 = \frac{1}{2} \times 20 \times 5^2 = 250[J]$$

4 가우스 법칙(Gauss's law)은 폐곡면을 통과하는 전기 선속이 폐곡면 속의 전하량과 동일하다는 법칙이다. 맥스웰 방정식 가운데 하나다.
가우스 법칙의 적분 형태는 다음과 같다.
$\Phi = \oint_A D \cdot dA = Q_o$(단, D는 전속밀도, dA는 표면위의 미소면적을 나타내는 벡터, Q_o는 전하량이다.)

5 전류의 흐름을 생각해 볼 때 그림의 오른쪽의 두 개의 $2[K\Omega]$저항이 병렬이므로 합성하면 $1[K\Omega]$, 위의 $1[K\Omega]$의 저항과 직렬 이므로 합성하면 $2[K\Omega]$, 최종적으로 $2[K\Omega]$저항의 병렬회로가 된다.
합성저항 $R_{eq} = 1[K\Omega]$

6 그림의 $R-L-C$ 직렬회로에서 인가한 전원전압 $v(t)$와 전류 $i(t)$의 페이저도가 다음과 같을 때, 인덕턴스 L[H]은? (단, 전원전압의 주파수는 f[Hz]이다)

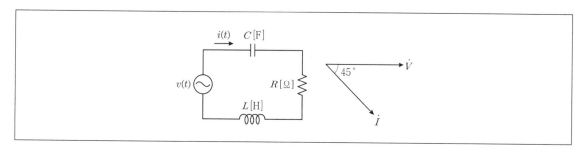

① $\dfrac{R+\dfrac{1}{2\pi f C}}{2\pi f}$

② $\dfrac{R-\dfrac{1}{2\pi f C}}{2\pi f}$

③ $\dfrac{-R+\dfrac{1}{2\pi f C}}{2\pi f}$

④ $\dfrac{R+\dfrac{1}{2\pi f C}}{\pi f}$

7 평형 3상 Y 결선 회로에 대한 설명으로 옳지 않은 것은?

① 선간전압의 크기는 상전압 크기의 $\sqrt{3}$ 배이다.
② 선간전압과 상전압은 동상이다.
③ 선전류와 상전류의 크기가 같다.
④ 선간전압 간의 위상차는 $120°$이다.

ANSWER 6.① 7.②

6 전압과 전류의 위상차가 $45°$이므로 $R=X=\omega L-\dfrac{1}{\omega C}$

$\omega L = R+\dfrac{1}{\omega C}$, $L=\dfrac{R+\dfrac{1}{\omega C}}{\omega}=\dfrac{R+\dfrac{1}{2\pi f C}}{2\pi f}$

7 평형 3상 Y결선회로
• 선간전압은 상전압의 크기의 $\sqrt{3}$ 배이다.
• 선간전압과 상전압의 위상차는 $30°$
• 선전류와 상전류는 크기가 같다.
• 3상 평형이므로 상전압간, 선간전압간의 위상차는 $120°$이다.

8 단상 교류회로에서 전압 $v(t) = 100 \sin\left(1000t + \dfrac{\pi}{3}\right)$ [V]를 부하에 인가하면, 전류

$i(t) = 5 \sin(1000t + \theta)$ [A]가 흐른다. 부하의 평균전력이 $125\sqrt{3}$ [W]일 때 θ[rad]로 가능한 것은?

① 0

② $\dfrac{\pi}{6}$

③ $\dfrac{\pi}{4}$

④ $\dfrac{\pi}{3}$

9 선형 시불변 시스템의 입력이 $e^{-t}u(t)$일 때 출력은 $10e^{-t}\cos(2t)u(t)$이다. 시스템의 전달함수는?
(단, $u(t)$는 단위계단함수이고 시스템의 초기조건은 0이다)

① $\dfrac{5(s+1)}{s^2 + 2s + 5}$

② $\dfrac{5(s+1)^2}{s^2 + 2s + 5}$

③ $\dfrac{10(s+1)}{s^2 + 2s + 5}$

④ $\dfrac{10(s+1)^2}{s^2 + 2s + 5}$

8

평균전력 $P = VI\cos\theta = \dfrac{100}{\sqrt{2}} \times \dfrac{5}{\sqrt{2}} \times \cos\left(\dfrac{\pi}{3} - \theta\right) = 125\sqrt{3}\,[W]$

$\theta' = \dfrac{\pi}{3} - \theta$ 라 하면

$250\cos\theta' = 125\sqrt{3}$, $\cos\theta' = \dfrac{\sqrt{3}}{2}$, $\theta' = 30°$ 그러므로

$\dfrac{\pi}{3} - \theta = \dfrac{\pi}{6}$, $\theta = \dfrac{\pi}{6}$

9

전달함수는 $G(s) = \dfrac{출력}{입력} = \dfrac{10\dfrac{s+1}{(s+1)^2 + 2^2}}{\dfrac{1}{s+1}} = \dfrac{10(s+1)^2}{s^2 + 2s + 5}$

10 그림의 회로에서 스위치 S가 충분히 긴 시간 동안 닫혀 있다가 $t = 0$에서 개방되었다. $t > 0$에서 $R - L - C$ 병렬회로가 임계제동이 되기 위한 저항 $R[\Omega]$는?

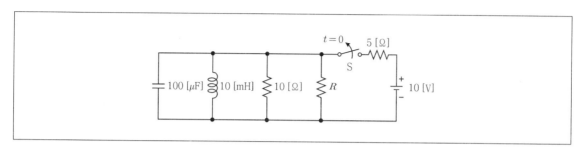

① 4

② 6

③ 8

④ 10

11 코일에 직류전압 100[V]를 인가하면 500[W]가 소비되고, 교류전압 150[V]를 인가하면 720[W]가 소비된다. 코일의 리액턴스[Ω]는? (단, 전압은 실횻값이다)

① 10

② 15

③ 20

④ 25

....

ANSWER 10.④ 11.②

10 스위치가 닫혀있는 초기전류는 L 단락, C 개방이므로 합성저항이 5[Ω]

따라서 $I_o = \dfrac{10[V]}{5[\Omega]} = 2[A]$

임계제동이 되기 위한 조건은 진동이 없어야 하므로 특성임피던스와 합성저항의 값이 같으면 된다.

합성저항 $R_o = 5 + \dfrac{10R}{10 + R}[\Omega]$

특성임피던스 $Z_o = \sqrt{\dfrac{L}{C}} = \sqrt{\dfrac{10 \times 10^{-3}}{100 \times 10^{-6}}} = 10[\Omega]$

$5 + \dfrac{10R}{10 + R} = 10,\ R = 10[\Omega]$

11 코일에 직류전압에서 소비전력이 있으므로 R-L회로이다. 직류는 저항만으로 소비전력이 되므로 저항을 구하면

$P = \dfrac{V^2}{R} = 500[W],\ V = 100[V],\ R = \dfrac{100^2}{500} = 20[\Omega]$

R-L 회로에서 소비전력

$P = I^2 R = \left(\dfrac{V}{Z}\right)^2 R = \dfrac{V^2 R}{R^2 + X^2} = 720[W],\ V = 150[V],\ R = 20[\Omega]$

$X = 15[\Omega]$

12 그림의 회로에서 절점 a와 b 사이의 전압 V_{ab}가 4[V]일 때, 절점 a와 c 사이의 전압 V_{ac}[V]는?

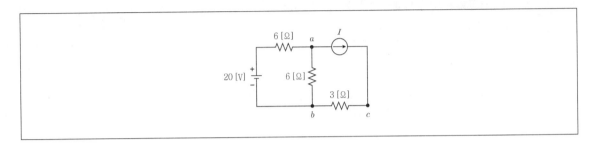

① -10

② -2

③ 1

④ 3

13 부하 임피던스 $\dot{Z}$ 가 $6+j8$[Ω]인 평형 3상 교류회로에서 상전압 200[V]를 전원으로 인가할 때, 부하에 흐르는 상전류 $\dot{I}$ 의 크기 [A]는? (단, 전압과 전류는 실횻값이다)

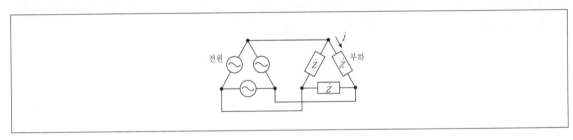

① 10

② $10\sqrt{3}$

③ 20

④ $20\sqrt{3}$

ANSWER 12.② 13.③

12 $V_{ab}=4[V]$이므로 전원쪽에 가까운 6[Ω]의 저항에는 16[V]가 걸린다.

전원쪽의 6[Ω]의 저항에는 $\dfrac{16[V]}{6[\Omega]}=2.67[A]$ 전류가 흐른다.

세로줄의 6[Ω]의 저항에는 $\dfrac{4[V]}{6[\Omega]}=0.67[A]$ 전류가 흐르게 되므로 우측의 전류원과 3[Ω]의 저항에는 $2.67-0.67=2[A]$의 전류가 흐르므로

3[Ω]의 저항에는 6[V]의 전압이 걸리고 따라서 전류원에는 -2[V]의 전압이 걸린다.

$V_{ac}=-2[V]$

13 Δ결선에서 상전류

$$I_p=\frac{V_p}{Z}=\frac{200}{6+j8}=\frac{200}{\sqrt{6^2+8^2}}=20[A]$$

(Δ결선에서 선간전압과 상전압은 같다.)

14 그림의 회로에서 교류전압 $\dot{V}_s$ 와 전류 $\dot{I}$ 가 동상일 때, 리액턴스 $X[\Omega]$는?

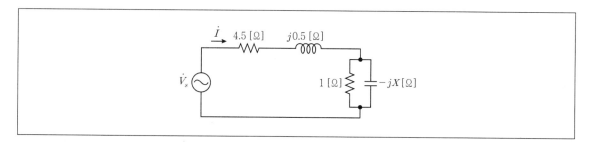

① 0.5

② 1

③ 1.5

④ 2

....

ANSWER 14.②

14 전압과 전류가 동상이면 역률은 1이며 리액턴스성분이 0이다.

임피던스 $Z = 4.5 + j0.5 + \dfrac{-jX}{1-jX} = 4.5 + j0.5 + \dfrac{-jX(1+jX)}{(1-jX)(1+jX)}$

$j0.5 + \dfrac{-jX}{1+X^2} = 0$

$0.5 = \dfrac{X}{1+X^2}$, $1+X^2 = 2X$, $(X-1)^2 = 0$

$X = 1$

15 그림의 회로에서 전류 I[A]는?

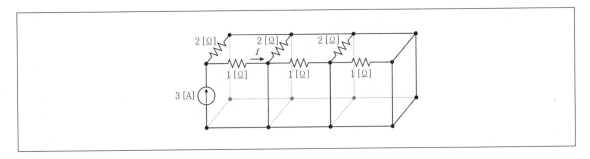

① 0.5

② 1

③ 1.5

④ 2

16 그림의 3상 교류 시스템에서 부하에 소비되는 전력을 2−전력계법으로 측정한 값이 P_1은 50[W]이고 P_2는 100[W]일 때, 전체 피상전력[VA]은?

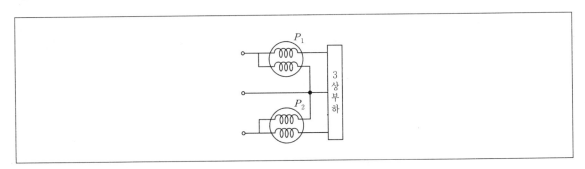

① 50

② $50\sqrt{3}$

③ $100\sqrt{3}$

④ $150\sqrt{3}$

ANSWER 15.④ 16.③

15 그림에서 전류원 3[A]는 2[Ω], 1[Ω]으로 분기되므로

$1[\Omega]$의 저항에는 $\dfrac{2[\Omega]}{2[\Omega]+1[\Omega]}\times 3[A]=2[A]$ 전류가 흐른다.

16 2전력계법

역률 $\cos\theta = \dfrac{P_1 + P_2}{2\sqrt{P_1^2 + P_2^2 - P_1 P_2}}$

피상전력 $P_a = 2\sqrt{P_1^2 + P_2^2 - P_1 P_2} = 2\sqrt{50^2 + 100^2 - 50\times 100} = 2\sqrt{7500}\,[VA]$

$2\sqrt{7500} = 100\sqrt{3}\,[VA]$

17 그림의 회로에서 전류 I_1과 I_2에 대한 방정식이 다음과 같을 때, $a_1 + a_2$ 의 값은?

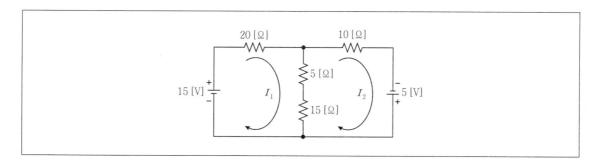

$$a_1 I_1 - 20 I_2 = 15$$
$$-20 I_1 + a_2 I_2 = 5$$

① 40

② 50

③ 60

④ 70

....

ANSWER 17.④

17 $(20+5+15)I_1 - (5+15)I_2 = 15$

$(15+5+10)I_2 - (5+15)I_1 = 5$

$a_1 = 40,\ a_2 = 30$

$a_1 + a_2 = 70$

18 그림의 회로에서 전원이 공급하는 평균전력은 100[W]이고 지상 역률이 $\dfrac{1}{\sqrt{2}}$ 일 때, 저항 R[Ω]와 인덕턴스 L[mH]은? (단, $v(t) = 40\cos(1000t)$[V]이다)

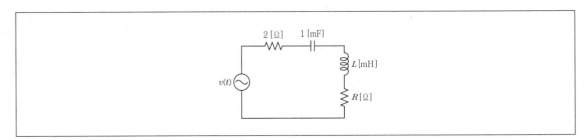

	R	L
①	1	4
②	2	5
③	3	4
④	4	5

....

ANSWER 18.②

18

R–L–C 직렬회로 역률이 $\cos\theta = \dfrac{1}{\sqrt{2}}$, $\theta = 45°$ $R_o = X$

$2 + R = \omega L[mH] - \dfrac{1}{\omega C[mF]}$, $\omega = 1000$ 이므로 $\omega \times m = 1$

$2 + R = L - 1$, $3 + R = L$

평균전력 $P = \dfrac{V^2 R_o}{R_o^2 + X^2} = \dfrac{\left(\dfrac{40}{\sqrt{2}}\right)^2 R_o}{R_o^2 + X^2} = 100[W]$ 이므로 $R_o^2 + X^2 = 8R_o$

$(3+R)^2 + L^2 = 8(3+R)$

$L = 5,\ R = 2$

19 그림과 같은 권선수 N, 반지름 r[cm], 길이 l[cm]을 갖는 원통 모양의 솔레노이드가 있다. 인덕턴스가 가장 큰 것은? (단, 솔레노이드의 내부 자기장은 균일하고 외부 자기장은 무시할 만큼 작다)

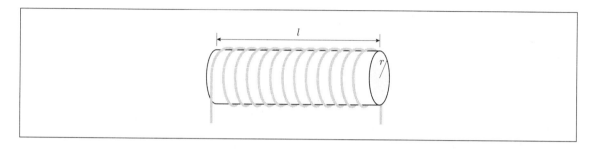

	N	r	l
①	500	0.5	25
②	1,000	0.5	50
③	2,000	1.0	100
④	3,000	0.5	150

19
$$L = \frac{NI}{R} = \frac{\mu SNI}{l} [H], \quad L \propto \frac{N \cdot r}{l}$$

① $\dfrac{N \cdot r}{l} = \dfrac{500 \times 0.5}{25} = 10$

② $\dfrac{N \cdot r}{l} = \dfrac{1,000 \times 0.5}{50} = 10$

③ $\dfrac{N \cdot r}{l} = \dfrac{2,000 \times 1}{100} = 20$

④ $\dfrac{N \cdot r}{l} = \dfrac{3,000 \times 0.5}{150} = 10$

20 그림의 회로에서 스위치 S가 충분히 긴 시간 동안 닫혀 있다가 $t=0$에서 개방되었다. $t>0$일 때의 전류 $i(t)$[A]는?

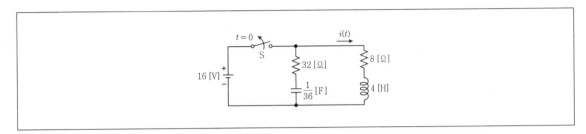

① $\dfrac{1}{4}e^{-t}+\dfrac{7}{4}e^{-9t}$

② $\dfrac{7}{4}e^{-t}+\dfrac{1}{4}e^{-9t}$

③ $\dfrac{9}{4}e^{-t}-\dfrac{1}{4}e^{-9t}$

④ $-\dfrac{1}{4}e^{-t}+\dfrac{9}{4}e^{-9t}$

ANSWER 20.①

20 초기 $t=0$, $i_o(t)=\dfrac{V}{R}=\dfrac{16}{8}=2[A]$

초기전류는 L이 단락되어 있으므로 $8[\Omega]$의 저항에만 전류가 흐른다.

스위치가 개방되면 전류 $i(t)$는 2(A)가 폐로를 감소하면서 흐른다.

저항 $8+32=40[\Omega]$, 인덕턴스 4[H], 정전용량 $\dfrac{1}{36}[F]$

콘덴서에 충전된 전하량에 의한 방전전압 $V_{co}=\dfrac{16}{s}[V]$

스위치를 열때의 전류변화에 의한 유도전압 $V_{Lo}=8[V]$

$Z=40+4s+\dfrac{36}{s}=4s^2+40s+36=4(s^2+10s+9)=4(s+1)(s+9)$

$I(s)=\dfrac{V_{co}+V_{Lo}}{Z}=\dfrac{\dfrac{16}{s}+8}{40+4s+\dfrac{36}{s}}=\dfrac{8s+16}{4(s+1)(s+9)}=\dfrac{2(s+2)}{(s+1)(s+9)}$

라플라스역변환

$\dfrac{2(s+2)}{(s+1)(s+9)}=\dfrac{A}{s+1}+\dfrac{B}{s+9}$

A를 구할 때 양변에 (s+1)을 곱한 후 s 대신 -1대입

$A=\dfrac{2(s+2)}{s+9}\ (s=-1\text{대입})=\dfrac{1}{4}$

B를 구할 때 양변에 (s+9)를 곱한 후 s 대신 -9대입

$B=\dfrac{2(s+2)}{s+1}\ (s=-9)=\dfrac{7}{4}$

$\dfrac{1}{4}\cdot\dfrac{1}{s+1}+\dfrac{7}{4}\cdot\dfrac{1}{s+9}\Rightarrow\dfrac{1}{4}e^{-t}+\dfrac{7}{4}e^{-9t}$

1 정격용량 180[W]의 전기 제품을 정격용량으로 30초 동안 사용할 때 소모한 전력량[Wh]은?

① 1.5

② 6

③ 90

④ 5,400

2 다음 설명에서 옳은 것만을 모두 고르면?

㉠ 용량성 리액턴스는 전류에 비례한다.
㉡ 용량성 리액턴스는 주파수에 비례한다.
㉢ 용량성 리액턴스에는 에너지의 손실이 없다.
㉣ 용량성 리액턴스는 커패시턴스에 반비례한다.

---

① ㉠, ㉡

② ㉠, ㉣

③ ㉡, ㉢

④ ㉢, ㉣

ANSWER 1.① 2.④

1 정격용량 180[W]의 전기제품을 30초 동안 사용

$$Wh = 180[W] \times \frac{30}{3,600}[h] = 1.5[Wh]$$

2 용량성 리액턴스 $X_c = \frac{1}{j\omega C}$, $V = X_c I = \frac{1}{j\omega C}I$, $I = \frac{V}{X_c} = j\omega CV$

• 용량성 리액턴스는 전류에 반비례한다.

• 용량성 리액턴스는 주파수에 반비례한다.

• 용량성 리액턴스는 에너지 손실이 없다.

• 용량성 리액턴스는 커패시턴스(C)에 반비례한다.

3 $R-L-C$ 직렬공진회로에 대한 설명으로 옳지 않은 것은?

① 공진 시 전류가 최소로 된다.

② 전압과 전류가 동상이다.

③ 임피던스 $Z=R$인 회로이다.

④ $wL-\dfrac{1}{wC}=0$이다.

4 입력이 40[W]인 전원 공급기가 30[W]를 출력하고 있다. 이때 이 전원 공급기의 운전 효율[%]과 전력 손실[W]은?

	운전 효율	전력 손실
①	45	20
②	45	10
③	75	20
④	75	10

3 R-L-C 직렬공진
- 직렬공진에서 임피던스가 최소이므로 전류는 최대(병렬공진에서는 전류가 최소)
- 전압과 전류의 위상차가 없어 동상이 된다.
- 임피던스는 리액턴스가 0이 되어 저항만의 회로가 된다.

4 효율 $\eta=\dfrac{출력}{입력}=\dfrac{30}{40}=0.75$, 75%

입력=출력+전력손실 이므로

전력손실= 출력−입력= 40−30=10[W]

5 상호인덕턴스 M을 갖는 자기 결합회로에서 v_2 값이 다른 하나는?

①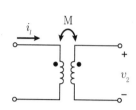

②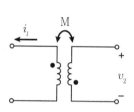

③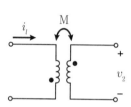

④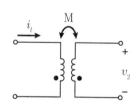

5 상호인덕턴스 M

자속의 방향을 살펴보면 ① 양측 다 +, ②, ④ 양측 다 −

①, ②, ④ $v_2 = j\omega L_2 I_2 + j\omega M I_1$ 가극성

③ $v_2 = j\omega L_2 I_2 - j\omega M I_1$ 감극성

6 그림의 회로에서 $t = \infty$일 때, 결합 인덕터에 저장되는 에너지가 0.75 [J]이다. 결합계수 k는? (단, $u(t)$는 단위계단 함수이다)

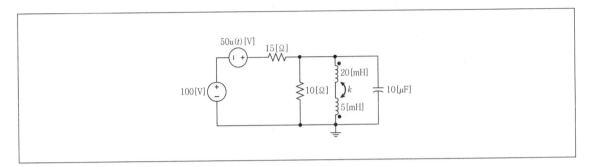

① 0.1

② 0.5

③ 0.8

④ 1

7 자기회로를 구성하는 요소에 대한 설명으로 옳지 않은 것은?

① 자기장을 형성하는 기자력은 전류와 턴수의 곱이다.

② 릴럭턴스는 투자율에 비례한다.

③ 기자력을 릴럭턴스로 나누면 자속이 된다.

④ 릴럭턴스의 역수는 퍼미언스다.

ANSWER 6.② 7.②

6 $t = \infty$, C개방, L단락 회로의 전류는 $I = \dfrac{150[V]}{15[\Omega]} = 10[A]$

인덕터에 저장되는 에너지 $W = \dfrac{1}{2}L_o I^2 = 0.75[J]$, $L_o = 0.015[H]$, 15[mH]

$L_o = L_1 + L_2 - 2M = L_1 + L_2 - 2k\sqrt{L_1 L_2}\ [H]$

$15 = 20 + 5 - 2k\sqrt{20 \times 5} = 25 - 20k$, $k = 0.5$

7 • 자기회로와 전기회로의 비교의 법칙 $\varnothing = \dfrac{NI}{R}$, $I = \dfrac{V}{R}$, 기전력 V $\Longleftrightarrow$ 기자력 NI

• 릴럭턴스 (reluctance) : 자기저항

• 자기저항과 전기저항 $R = \dfrac{l}{\mu S}[AT/Wb]$, $R = \rho \dfrac{l}{S}[\Omega]$

• 릴럭턴스는 투자율과 반비례한다.

• 기저항의 역수는 콘덕턴스, 자기저항의 역수는 퍼미언스다.

8 전하량 2[C]를 갖는 금속 도체구 표면의 전위가 3×10^9[V]이면, 이 도체구의 반지름[m]은? (단, $\frac{1}{4\pi\epsilon_0} = 9 \times 10^9$[m/F])

① 3

② 4

③ 5

④ 6

9 그림의 회로에서 1[Ω] 저항 양단에 걸리는 전압[V]은?

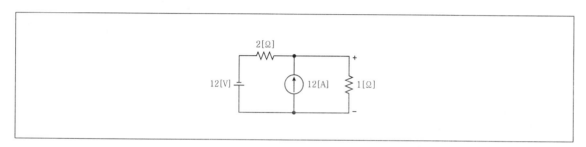

① 2

② 4

③ 6

④ 12

··

ANSWER 8.④ 9.②

8
$$E = \frac{Q}{4\pi\epsilon_o r^2}, \quad E \cdot r = V$$

$$V = \frac{Q}{4\pi\epsilon_o r}, \ 3 \times 10^9 = 9 \times 10^9 \times \frac{2}{r}$$

반지름 $r = 6[m]$

9 중첩의 원리를 적용하여

① 전압원만 있는 경우 전류원은 개방된다. 전류는 $I_1 = \frac{V}{R} = \frac{12}{2+1} = 4[A]$

　$V_{1[\Omega]} = 4[A] \times 1[\Omega] = 4[V]$　전류의 방향의 저항의 극성과 반대이므로

　$V_{1[\Omega]} = -4[V]$

② 전류원만 있는 경우 전압원은 단락

　$I_{1[\Omega]} = \frac{2}{2+1} \times 12[A] = 8[A], \ V_{1[\Omega]} = 8[A] \times 1[\Omega] = 8[V]$도 전압을 합성하면 $V_{1[\Omega]} = 8 - 4 = 4[V]$

10 그림의 회로에서 $\dot{Z}_L = 10 \angle 60°$ [Ω]일 때, 부하 임피던스 $\dot{Z}_L$에서 최대전력 10[W]를 소비한다면, 정현파 입력전압 v_{in}의 최댓값[V]은?

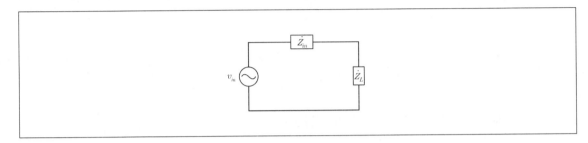

① 5

② 10

③ 20

④ 40

11 교류 전력에 대한 설명으로 옳지 않은 것은?

① 유효전력은 순시 전력의 평균값이다.

② 역률은 평균전력과 복소전력의 비율이다.

③ 용량성 부하에서는 음의 무효전력이 전달된다.

④ 정현파 부하 전압과 부하 전류의 위상차가 0°이면 역률이 최대이다.

ANSWER 10.③ 11.②

10 $Z_L = 10 \angle 60° = 10(\cos 60° + j\sin 60°) = 5 + j5\sqrt{3}$ [Ω]

최대전력이 10[W]가 되는 조건으로 $|Z_L| = |Z_{im}|$

Z_L 과 Z_{im}은 공액복소수 $Z_{im} = 5 - j5\sqrt{3}$ [Ω]

$P_{max} = I^2 \cdot 5 = (\dfrac{V_{in}}{Z_{im} + Z_L})^2 \cdot 5 = 10[W]$ (저항에서 소비하는 전력이므로)

$P_{max} = \dfrac{V_{in}^2}{10^2} \times 5 = 10[W]$

$V_{in} = \sqrt{\dfrac{1000}{5}} = \sqrt{200} = 10\sqrt{2}$ [V]

$V_{in\,max} = V_{in} \times \sqrt{2} = 20$ [V]

11   교류전력 $P = VI = \dfrac{V_m}{\sqrt{2}} \cdot \dfrac{I_m}{\sqrt{2}} = \dfrac{1}{2}V_m I_m$ [W]

역률은 평균전력과 피상전력의 비율이다.

12 그림의 교류 전원에 연결된 회로에서 전류 I[A]는?

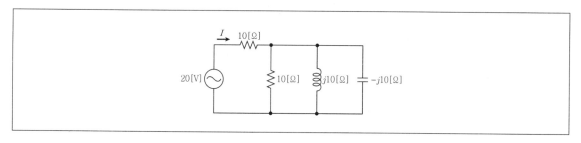

① 1

② 1.5

③ 2

④ 8

13 그림의 회로가 정상상태에서 동작할 때, 전원이 공급하는 전력[W]은?

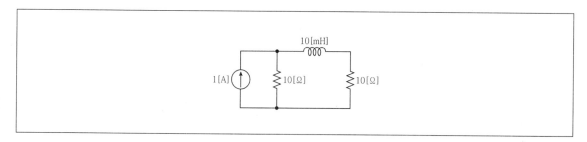

① 2.5

② 5

③ 10

④ 20

ANSWER 12.① 13.②

12 그림은 R-L-C 병렬공진회로이다. 따라서 합성임피던스는 저항만의 회로가 된다.

$$I = \frac{V}{R_0} = \frac{20}{10+10} = 1[A]$$

13 회로가 정상상태에서 전류원의 변화가 없으므로 인덕턴스는 단락상태가 된다.
따라서 회로의 전류는 1[A], 합성저항은 5[Ω]이 되므로
공급전력 $P = I^2 R = 1^2 \times 5 = 5[W]$

14 그림의 저항과 코일이 직렬로 연결된 회로에 V_{rms}=100[V]인 교류 전압을 인가하였다. 저항 R은 6 [Ω], 유도성 리액턴스 X_L이 8 [Ω]일 경우 이 회로에서 소모되는 유효전력[W]은?

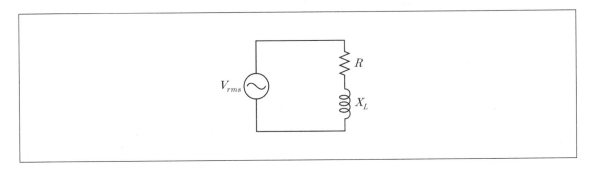

① 200

② 400

③ 600

④ 800

15 권선수 2,000회인 자계 코일에 저항 12[Ω]이 직렬로 연결되어 있다. 전류 10[A]가 흐를 때의 자속은 $\Phi = 6 \times 10^{-2}$ [Wb]이다. 이 회로의 시정수[sec]는?

① 0.001

② 0.01

③ 0.1

④ 1

ANSWER 14.③ 15.④

14 R-L직렬회로

유효전력 $P = I^2 R = \left(\dfrac{V}{Z}\right)^2 R = \dfrac{V^2 R}{R^2 + X^2} = \dfrac{100^2 \times 6}{6^2 + 8^2} = 600[W]$

15 $N\varnothing = LI, \quad 2,000 \times 6 \times 10^{-2} = L \times 10, \quad L = 12[H]$

R-L회로 시정수 $\tau = \dfrac{L}{R} = \dfrac{12}{12} = 1[\text{sec}]$

16

단상 교류 전원에 연결된 부하의 임피던스 $\dot{Z}_L = 10e^{j\frac{\pi}{6}}$ [Ω]에 전류 $I_s = 10$ [A]가 흐를 때 부하의 무효전력[var]은?

① 500

② $500\sqrt{3}$

③ 1,000

④ $1,000\sqrt{3}$

17 평형 3상 교류 시스템에 대한 설명으로 옳은 것은?

① 각 상의 순시 전압값을 합하면 한 상의 전압값이 된다.

② 각 상의 전압 크기가 같고 위상차는 120°이다.

③ 각 상의 주파수 값은 서로 다르다.

④ 평형 3상 부하에 흐르는 각 상의 순시 전룻값을 합하면 항상 양수가 된다.

18 한 상의 임피던스가 $\dot{Z} = 40 + j30$ [Ω]인 Y 결선 부하에 평형 3상 선간전압 실횻값 $100\sqrt{3}$ [V]가 인가될 때, 이 3상 평형회로의 유효전력[W]은?

① 160

② $160\sqrt{3}$

③ 360

④ 480

ANSWER 16.① 17.② 18.④

16 무효전력 $P_r = I^2 X$

$Z_L = 10e^{j\frac{\pi}{6}} = 10\angle 30° = 10(\cos 30° + j\sin 30°) = 5\sqrt{3} + j5$ [Ω],

$R = 5\sqrt{3}$, $X = 5$

$P_r = I^2 X = 10^2 \times 5 = 500$ [Var]

17 평형3상 교류시스템

3상의 평형 전류값이나 순시전압값을 합하면 0이 된다.

각 상의 전압은 크기가 같고 위상차는 120°이다.

18

Y결선 유효전력 $P = 3\dfrac{V_p^2 \cdot R}{R^2 + X^2} = 3 \times \dfrac{\left(\dfrac{100\sqrt{3}}{\sqrt{3}}\right)^2 \times 40}{40^2 + 30^2} = 480$ [W]

19 $R-C$ 또는 $R-L$ 직렬회로에 계단 함수의 직류 전압이 인가될 때, 다음 중 설명이 옳지 않은 것은?

① $R-C$ 직렬회로에서 R이 작아지면 과도현상 시간이 줄어든다.

② $R-C$ 직렬회로에서 C가 커지면 과도현상 시간이 늘어난다.

③ $R-L$ 직렬회로에서 R이 작아지면 과도현상 시간이 줄어든다.

④ $R-L$ 직렬회로에서 L이 커지면 과도현상 시간이 늘어난다.

20 비정현파는 푸리에 급수식 $f(t) = a_0 + \sum_{n=1}^{\infty} a_n \cos n\omega t + \sum_{n=1}^{\infty} b_n \sin n\omega t$로 표현할 수 있다. 그림의 주기함수 파형을 푸리에 급수로 표현할 때 a_0는?

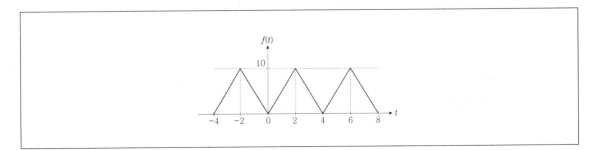

① 0

② 4

③ 5

④ 10

19 R-L 직렬회로 시정수 $\tau = \dfrac{L}{R}$

R-C 직렬회로 시정수 $\tau = RC$

시정수가 크면 과도현상 시간이 길어진다.

20 한주기의 평균값이 0이므로 반주기값에 2배를 한다.

$$a_o = \frac{2}{4} \int_0^2 f(x)dx = \frac{1}{2} \left[\frac{5}{2} x^2 \right]_0^2 = \frac{1}{2} \times 10 = 5$$

1 〈보기〉와 같은 저항 소자를 통해 0초부터 2초까지 +2A의 일정한 전류가,2초부터 3초까지 −1A의 일정한 전류가,3초부터 6초까지 +0.5A의 일정한 전류가 흘렀다. 0초부터 6초까지 A지점에서 B지점으로 이동한 총 알짜 전하량[C]은? (단, 양의 전류는 A지점에서 B지점으로 흐르는 전류이다.)

〈보기〉

$$A \xrightarrow{\quad I \quad} B$$

① +4.5

② +5.5

③ −4.5

④ −5.5

2 $10\mu F$의 용량을 갖는 커패시터에 1ms 동안 0V에서 10V로 증가하는 입력전압이 가해졌을 때의 전류의 값[A]은?

① 0.01

② 0.05

③ 0.1

④ 0.2

ANSWER 1.① 2.③

1 전류는 단위시간에 흐른 전기량으로서 1초에 1쿨롱[C] 전하량의 변화를 1암페어[A]라 한다. 그러므로 전기량은 전류와 시간의 곱으로 구한다.

$Q = I \cdot t \, [A \cdot \sec = C]$

$Q = 2A \times 2\sec + (-1)A \times 1\sec + 0.5A \times 3\sec = 4.5[C]$

2 $Q = CV$, $V = \dfrac{Q}{C} = \dfrac{1}{C}\int i \, dt$, $i(t) = C\dfrac{dV}{dt}$

$i = C\dfrac{dV}{dt} = 10 \times 10^{-6} \times \dfrac{10-0}{10^{-3}} = 0.1[A]$

3 〈보기〉의 회로에 대한 쌍대회로로 가장 옳은 것은?

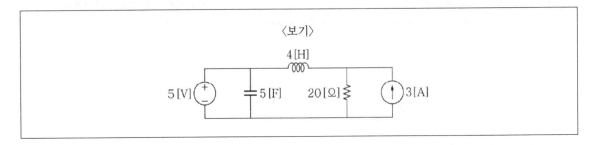

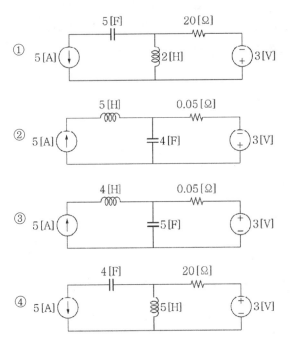

....

ANSWER 3.②

3 어떤 회로에 성립하는 폐로방정식과 다른 회로에 성립하는 절점 방정식이 비례관계에 있을 때 두 회로를 서로 다른 쌍대회로라
한다.
 • 전압원은 전류원과 쌍대관계이며, 저항은 컨덕턴스와 쌍대회로이다.
 • 리액터는 콘덴서와 쌍대회로이다.
 • 그러므로 〈보기〉의 전압원은 전류원으로, 병렬의 커패시터는 직렬의 리액터로 변환되어야 한다.
 • 5[V]의 전압원이 5[A]의 전류원으로, 5[F]의 병렬 커패시터가 5[H]의 직렬리액터로 변환된 것이다. 역시 4[H]의 직렬 리액터는
  4[F]의 병렬 커패시터로 변환
 • 20[Ω]의 병렬 저항은 직렬저항 $\frac{1}{20}=0.05[\Omega]$ 저항은 저항으로 변환하지만 크기는 콘덕턴스처럼 역수로 변환
 • 전류원 3[A]는 전압원 3[V]로 변환. 전류원의 방향이 20[Ω]의 저항으로 흐를 때 발생하는 극성으로 변환

4 〈보기〉와 같이 A, B 2개의 지점에 점전하가 위치해 있다. A지점에 위치한 점전하의 전하량 (+4C)만 알고 B지점에 위치한 점전하의 전하량은 모르고 있는 상태이다. 이때 A와 B 사이에,두 지점으로부터의 거리가 같은 중앙선에서 계측 장비를 통하여 중앙선에 수직한 전기장 성분 E_n의 크기를 측정해본 결과, 중앙선의 모든 위치에서 0V/m의 값을 가진다는 사실을 확인하였다. 이와 같은 상황일 때, B지점에 위치한 점전하의 전하량 [C]은? (단, 공간에는 A, B 2개 지점의 점전하를 제외하고는 어떤 외부전하도 존재하지 않는다.)

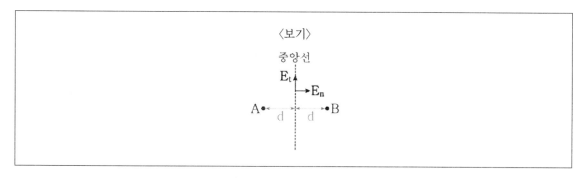

① +2

② +4

③ 0

④ −4

4 중앙선의 모든 위치에서 0 [V/m]이면 전계의 크기가 같다.

$$E_1 = \frac{Q_1}{4\pi\epsilon d^2} = \frac{Q_2}{4\pi\epsilon d^2} = E_2$$

$$Q_1 = Q_2 = 4[C]$$

5 〈보기〉와 같이 자속밀도 2.4T인 자계 속에서 자계의 방향과 직각으로 놓여진 길이 50cm의 도체가 자계와 30° 방향으로 10m/s의 속도로 운동한다면 도체에 유도되는 기전력[V]은?

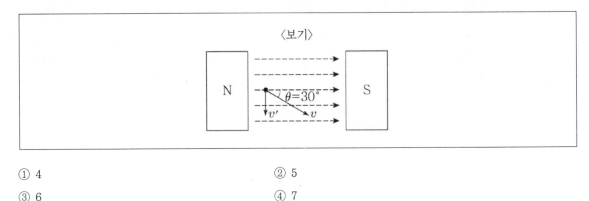

① 4
② 5
③ 6
④ 7

6 〈보기〉와 같은 상자에 대전된 2개의 공이 들어있다. 해당 상자의 표면에서 $\oiint \vec{D} \cdot d\vec{S}$을 계산한 결과가 +10C이라고 한다. 2개 중 공 A는 대전된 전하량의 절댓값이 3C이고 극성은 모른다고 한다. 공 A와 공 B 사이에 인력이 발생한다면, 공 B의 전하량[C]은?

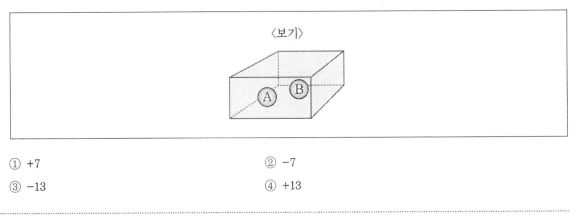

① +7
② -7
③ -13
④ +13

----

5 기전력 $e = Blv\sin\theta = 2.4 \times 0.5 \times 10 \times \sin30^o = 6[V]$

6 가우스의 법칙에 의해 상자안에는 10[C]의 전하량이 있다.
두 개의 공 A, B 사이에 인력이 발생한다면 두 공은 극성이 반대이다.
두 공 A, B의 전하량의 합이 10[C]이고 극성이 반대이며 A공의 전하량 절대값이 3[C]이라면 B공의 전하량은 +13[C], A공은 -3[C]이다.

7 〈보기〉에서 점 P(0, 0, 0)에서의 자계의 크기가 0.5A/m가 되게 하는 부채꼴 도선에 흐르는 전류 I의 값[A]은? (단, 점 P에서 자계의 방향은 지면 앞이다.)

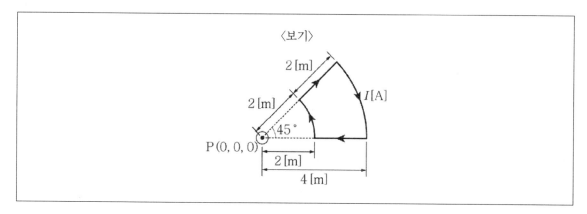

① 8

② 16

③ 32

⑤ 72

ANSWER 7.③

7

$$H = \frac{I}{2a} \times \frac{1}{8} = \frac{I}{16a} \,[A/m]$$

2m에서 자계 $H_{2m} = \frac{I}{16a} = \frac{I}{16 \times 2} = \frac{I}{32} \,[A/m]$

4m에서 자계 $H_{4m} = \frac{I}{16a} = \frac{I}{16 \times 4} = \frac{I}{64} \,[A/m]$

$H_{2m} - H_{4m} = \frac{I}{32} - \frac{I}{64} = \frac{I}{64} = 0.5 \,[A/m]$

$I = 32 \,[A]$

8 〈보기〉와 같이 시간영역으로 표현된 정현파 전압, 전류 파형이 있다. 이 전압, 전류를 페이저 영역으로 변환할 때 가장 적절히 변환된 페이저 영역 표현과 페이저도는? (단, 회전방향은 ω이며, 페이저도의 x축은 실수축, y축은 허수축이고, 페이저 영역 표현에서 전압과 전류의 크기는 각각 V_m, I_m으로 표현한다.)

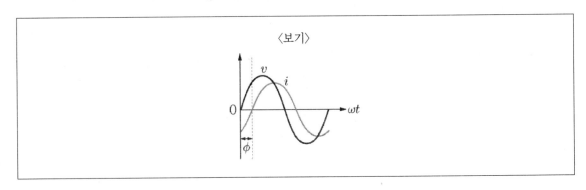

페이저 영역 표현   페이저도 표현

① $V_m \angle 0°$
     $I_m \angle \phi$

② $V_m \angle 0°$
     $I_m \angle (-\phi)$

③ $V_m \angle 0°$
     $I_m \angle (-\phi)$

④ $V_m \angle 0°$
     $I_m \angle \phi$

ANSWER 8.②

8 〈보기〉에서 제시된 파형은 전압보다 전류가 ϕ만큼 뒤진다. 따라서 전압의 위상을 $0°$라고 했을 때 전류는 $I_m \angle -\varnothing$로 된다.

9 〈보기〉의 교류 전압 파형에 대한 설명으로 가장 옳지 않은 것은?

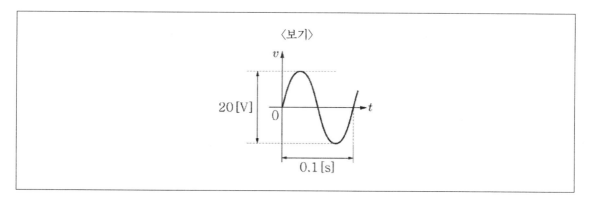

① 평균값은 $\dfrac{20}{\pi}$[V]이다.

② 파형의 주파수는 10[Hz]이다.

③ 실횻값은 $\dfrac{10}{\sqrt{2}}$[V]이다.

④ 최댓값은 20[V]이다.

ANSWER 9.④

9 전압파형 $V = 10\sin\theta \, [V]$

최댓값 10[V], 평균값 $\dfrac{2V_m}{\pi} = \dfrac{20}{\pi}$[V], 실횻값 $\dfrac{10}{\sqrt{2}}$[V]

주기가 0.1[sec]이므로 주파수는 주기의 역수 10[Hz]

10 〈보기〉와 같은 회로의 합성 임피던스[Ω]는?

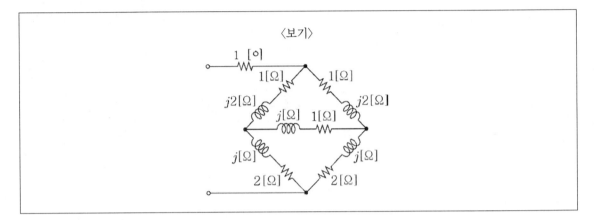

① $2.5 + j$

② $1.5 + j1.5$

③ $2.5 + j2.5$

④ $1.5 + j$

ANSWER 10.③

10 합성 임피던스 그림의 윗부분 델타부분의 임피던스를 Y로 전환하면

$$\frac{(1+j2)(1+j2)}{1+j2+1+j2+1+j} = \frac{(1+j2)^2}{3+j5} = \frac{-3+j4}{3+j5}$$

$$\frac{(1+j2)(1+j)}{1+j2+1+j2+1+j} = \frac{1+3j-2}{3+j5} = \frac{-1+j3}{3+j5}$$

병렬임피던스부분을 정리하면

$$\frac{-1+j3}{3+j5} + 2 + j = \frac{-1+j3+(2+j)(3+j5)}{3+j5} = \frac{16j}{3+j5}$$

병렬이므로 합성하면 $\dfrac{8j}{3+j5}$

직렬로 정리하면

$$1 + \frac{-3+j4}{3+j5} + \frac{8j}{3+j5} = \frac{17j}{3+j5} = \frac{17j(3-j5)}{9+25} = \frac{85}{34} + j\frac{51}{34} = 2.5 + j1.5$$

11 〈보기〉와 같이 2개의 직류전압원과 2개의 저항으로 구성된 회로가 있다. 해당 직류전압원의 크기가 〈보기〉와 같고, R_1의 저항값과 R_2의 저항값 사이에 $R_1 = 2R_2$의 관계가 성립되며, R_2을 통해 흐르는 전류가 1A 라고 할 때, R_1의 저항값[Ω]은?

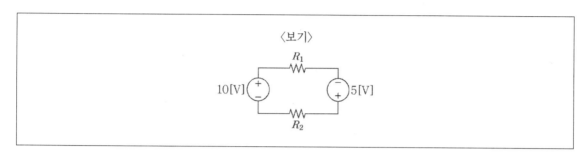

① 5
② 8
③ 10
④ 15

12 〈보기〉의 ㈎회로를 ㈏회로와 같이 테브난 등가회로로 변환하면 테브난 등가저항 R_{Th}[kΩ]은?

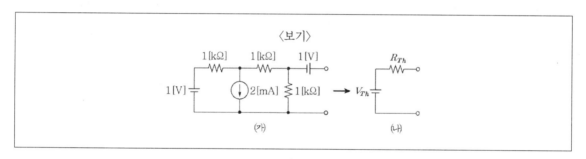

① 1
② 2
③ $\dfrac{1}{3}$
④ $\dfrac{2}{3}$

11 전압의 방향이 같으므로 합성하면 회로의 전압은 15[V]
전류가 1[A]이므로 합성저항은 15[Ω]
$R_1 : R_2 = 2 : 1$이므로 $R_1 = 10[\Omega]$

12 테브난 등가저항을 구하기 위해 전압원을 단락하고 전류원을 개방한 후 단자의 위치에서 보면
$$R_{Th} = \frac{2[K\Omega] \cdot 1[K\Omega]}{2[K\Omega] + 1[K\Omega]} = \frac{2}{3}[K\Omega]$$

13 〈보기〉와 같은 신호 $f(t)$의 라플라스 변환(Laplace Transform)을 바르게 표현한 식은?

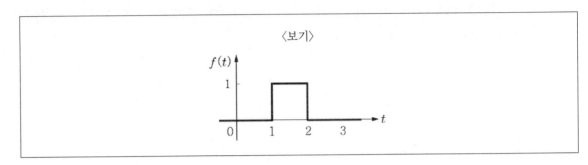

① $F(s) = \dfrac{e^{-s}}{s} - \dfrac{e^{-2s}}{s}$

② $F(s) = e^{-s} - e^{-2s}$

③ $F(s) = \dfrac{e^{-s}}{s-1} - \dfrac{e^{-2s}}{s-2}$

④ $F(s) = \dfrac{1}{s-1} - \dfrac{1}{s-2}$

14 〈보기〉와 같이 두 점 a와 b가 크기와 방향이 일정한 전기장 속에 놓여 있고 직선거리로 2m 떨어져 있다. 전기장의 크기는 10V/m이며, 두 점 a와 b를 끝점으로 하는 직선과 전기장 방향 사이의 각도가 60˚라고 할 때, b점을 기준으로 측정한 a점의 전압[V]은?

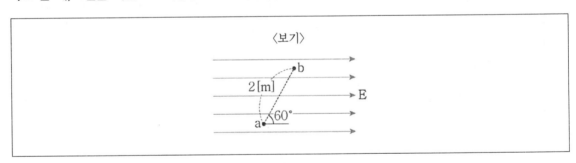

① −5

② −10

③ +5

④ +10

13 그림을 식으로 표현하면 $f(t) = u(t-1) - u(t-2)$
라플라스 변환을 하면 $F(s) = \dfrac{1}{s}e^{-s} - \dfrac{1}{s}e^{-2s}$

14 $V = E \cdot r = Er\cos\theta = 10 \times 2 \times \cos 60^{o} = 10[V]$
전계의 방향의 반대이므로 전압이 높다.

15 4단자 정수(전송 파라미터) A, B, C, D 중에서 개방전압이득을 의미하는 전압비의 차원을 가진 정수는?

① A

② B

③ C

④ D

16 〈보기〉와 같이 반지름이 0.2m인 구의 중심점에 점전하 A가 위치해 있다. 해당 구의 표면에서의 전속밀도는 $2C/m^2$의 일정한 크기를 가지고, 전속밀도의 방향은 표면에서 점전하 A가 위치한 중심점으로 향한다고 할 때, A의 전하량[C]은? (단, $\pi = 3$으로 계산한다.)

〈보기〉

A

① +0.48

② −0.48

③ +0.96

④ −0.96

15

4단자정수 $\begin{vmatrix} V_1 \\ I_1 \end{vmatrix} = \begin{vmatrix} A & B \\ C & D \end{vmatrix}\begin{vmatrix} V_2 \\ I_2 \end{vmatrix}$

전개하면 $V_1 = AV_2 + BI_2$, $I_1 = CV_2 + DI_2$

$A = \dfrac{V_1}{V_2}$ (단, $I_2 = 0$) 전압비의 차원을 가진 정수

$B = \dfrac{V_1}{I_2}$ (단, $V_2 = 0$) 임피던스의 차원을 가진 정수

$C = \dfrac{I_1}{V_2}$ (단, $I_2 = 0$) 어드미턴스의 차원을 가진 정수

$D = \dfrac{I_1}{I_2}$ (단, $V_2 = 0$) 전류비의 차원을 가진 정수

16

전속밀도 $D = \dfrac{Q}{S} = \dfrac{Q}{4\pi r^2} = \dfrac{Q}{4\pi \times 0.2^2} = 2[C/m^2]$

$Q = 2 \times 4\pi r^2 = 8 \times 3 \times 0.2^2 = -0.96[C]$

전속밀도의 방향이 중심을 향하고 있으므로 (−)

17 〈보기〉의 단자 a, b에서 본 임피던스 $Z(s)[\Omega]$의 영점(zero)으로 옳지 않은 것은?

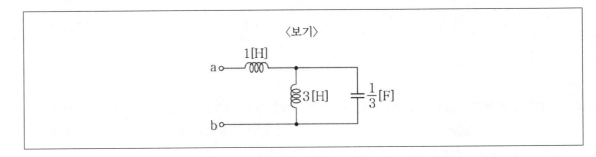

① $-j2$

② $-j$

③ 0

④ $j2$

18 〈보기〉의 병렬 저항회로에서 R_2에 흐르는 전류 $I_2[\text{A}]$는?

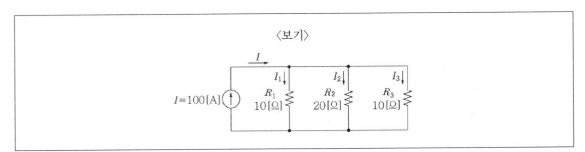

① 10

② 20

③ 30

④ 40

....

ANSWER 17.② 18.②

17 임피던스의 영점은 임피던스가 0이 되는 값을 말한다.

$$Z(s) = s + \frac{3s \times \dfrac{3}{s}}{3s + \dfrac{3}{s}} = s + \frac{9s}{3s^2 + 3} = \frac{s(3s^2+3)+9s}{3s^2+3} = \frac{s^3+4s}{s^2+1}$$

영점은 $s^3 + 4s = s(s^2 + 4) = s(s+j2)(s-j2) = 0$ 으로 구한다.

따라서 $s = 0$, $s = j2$, $s = -j2$

18 R_1, R_3 병렬저항을 합성하면 $5[\Omega]$

$$I_2 = \frac{R_{13}}{R_{13}+R_2} I_{13} = \frac{5}{5+20} \times 100 = 20[A]$$

19 〈보기〉의 R, L, C 병렬 공진회로에서 양호도 Q(Quality factor)로 옳은 것은? [단,p(pico)=10^{-12}, n(nano)=10^{-9}이다.]

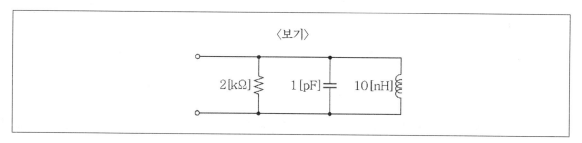

〈보기〉

2[kΩ]   1[pF]   10[nH]

① 20

② 15

③ 10

④ 5

20 〈보기〉와 같이 각각 L_1=10mH, L_2=40mH인 값을 갖는 두 인덕터가 직렬로 연결되어 있다. 자속의 방향이 같은 가동결합이며 결합계수는 0.8이다. 이때 전체 인덕턴스 L[mH]은?

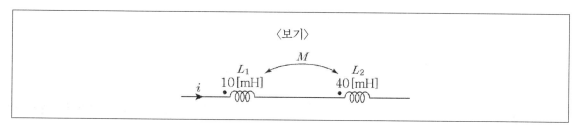

〈보기〉

M

L_1 L_2
10[mH]   40[mH]

i

① 16

② 50

③ 66

④ 82

ANSWER 19.① 20.④

19

병렬공진에서 선택도 $Q = R\sqrt{\dfrac{C}{L}}$

$Q = R\sqrt{\dfrac{C}{L}} = 2\times10^3 \times \sqrt{\dfrac{1\times10^{-12}}{10\times10^{-9}}} = 20$

20 가동결합이므로

결합계수 $k = \dfrac{M}{\sqrt{L_1 L_2}}$, $M = k\sqrt{L_1 L_2}$,

$L = L_1 + L_2 + 2M = L_1 + L_2 + 2k\sqrt{L_1 L_2} = 10 + 40 + 2\times0.8\times\sqrt{10\times40} = 82[mH]$

1 〈보기〉와 같은 저항 소자를 통해 0초부터 2초까지 +2A의 일정한 전류가,2초부터 3초까지 −1A의 일정한 전류가,3초부터 6초까지 +0.5A의 일정한 전류가 흘렀다. 0초부터 6초까지 A지점에서 B지점으로 이동한 총 알짜 전하량[C]은? (단, 양의 전류는 A지점에서 B지점으로 흐르는 전류이다.)

〈보기〉

A $\xrightarrow{\quad I \quad}$ B

① +4.5   ② +5.5

③ −4.5   ④ −5.5

2 $10\mu F$의 용량을 갖는 커패시터에 1ms 동안 0V에서 10V로 증가하는 입력전압이 가해졌을 때의 전류의 값[A]은?

① 0.01   ② 0.05

③ 0.1   ④ 0.2

ANSWER 1.① 2.③

1 전류는 단위시간에 흐른 전기량으로서 1초에 1쿨롱[C] 전하량의 변화를 1암페어[A]라 한다. 그러므로 전기량은 전류와 시간의 곱으로 구한다.

$Q = I \cdot t\ [A \cdot \sec = C]$

$Q = 2A \times 2\sec + (-1)A \times 1\sec + 0.5A \times 3\sec = 4.5[C]$

2 $Q = CV,\ \ V = \dfrac{Q}{C} = \dfrac{1}{C}\displaystyle\int i\,dt\ ,\ \ i(t) = C\dfrac{dV}{dt}$

$i = C\dfrac{dV}{dt} = 10 \times 10^{-6} \times \dfrac{10-0}{10^{-3}} = 0.1[A]$

3 〈보기〉의 회로에 대한 쌍대회로로 가장 옳은 것은?

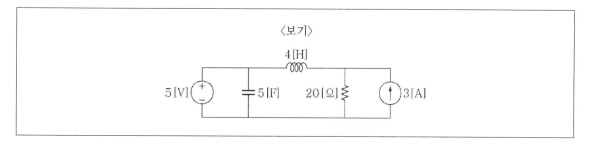

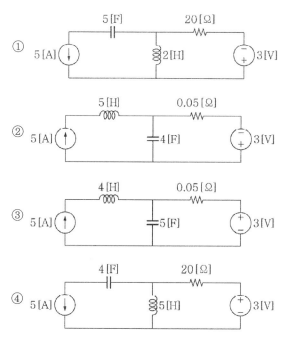

ANSWER 3.②

3 어떤 회로에 성립하는 폐로방정식과 다른 회로에 성립하는 절점 방정식이 비례관계에 있을 때 두 회로를 서로 다른 쌍대회로라 한다.
- 전압원은 전류원과 쌍대관계이며, 저항은 컨덕턴스와 쌍대회로이다.
- 리액터는 콘덴서와 쌍대회로이다.
- 그러므로 〈보기〉의 전압원은 전류원으로, 병렬의 커패시터는 직렬의 리액터로 변환되어야 한다.
- 5[V]의 전압원이 5[A]의 전류원으로, 5[F]의 병렬 커패시터가 5[H]의 직렬리액터로 변환된 것이다. 역시 4[H]의 직렬 리액터는 4[F]의 병렬 커패시터로 변환
- 20[Ω]의 병렬 저항은 직렬저항 $\frac{1}{20}=0.05[\Omega]$ 저항은 저항으로 변환하지만 크기는 콘덕턴스처럼 역수로 변환
- 전류원 3[A]는 전압원 3[V]로 변환. 전류원의 방향이 20[Ω]의 저항으로 흐를 때 발생하는 극성으로 변환

4 〈보기〉와 같은 상자에 대전된 2개의 공이 들어있다. 해당 상자의 표면에서 $\oiint \vec{D} \cdot d\vec{S}$ 을 계산한 결과가 +10C이라고 한다. 2개 중 공 A는 대전된 전하량의 절댓값이 3C이고 극성은 모른다고 한다. 공 A와 공 B 사이에 인력이 발생한다면, 공 B의 전하량[C]은?

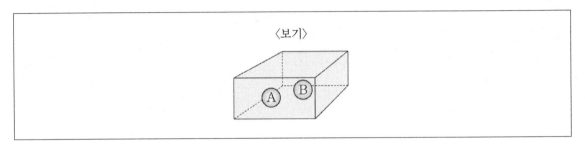

〈보기〉

① +7

② −7

③ −13

④ +13

ANSWER 4.④

4 가우스의 법칙에 의해 상자안에는 10[C]의 전하량이 있다.
두 개의 공 A, B 사이에 인력이 발생한다면 두 공은 극성이 반대이다.
두 공 A, B의 전하량의 합이 10[C]이고 극성이 반대이며 A공의 전하량 절대값이 3[C]이라면 B공의 전하량은 +13[C], A공은 −3[C]이다.

5 〈보기〉와 같이 A, B 2개의 지점에 점전하가 위치해 있다. A지점에 위치한 점전하의 전하량 (+4C)만 알고 B지점에 위치한 점전하의 전하량은 모르고 있는 상태이다. 이때 A와 B 사이에, 두 지점으로부터의 거리가 같은 중앙선에서 계측 장비를 통하여 중앙선에 수직한 전기장 성분 E_n의 크기를 측정해본 결과, 중앙선의 모든 위치에서 0V/m의 값을 가진다는 사실을 확인하였다. 이와 같은 상황일 때, B지점에 위치한 점전하의 전하량 [C]은? (단, 공간에는 A, B 2개 지점의 점전하를 제외하고는 어떤 외부전하도 존재하지 않는다.)

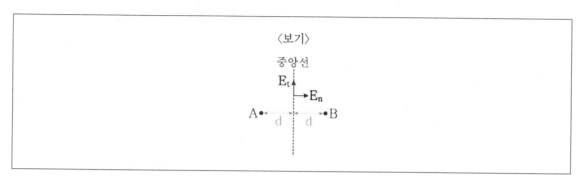

① +2 ② +4

③ 0 ④ −4

ANSWER 5.②

5 중앙선의 모든 위치에서 0[V/m]이면 전계의 크기가 같다.

$$E_1 = \frac{Q_1}{4\pi\epsilon d^2} = \frac{Q_2}{4\pi\epsilon d^2} = E_2$$

$$Q_1 = Q_2 = 4[C]$$

6 〈보기〉와 같이 자속밀도 2.4T인 자계 속에서 자계의 방향과 직각으로 놓여진 길이 50cm의 도체가 자계와 30° 방향으로 10m/s의 속도로 운동한다면 도체에 유도되는 기전력[V]은?

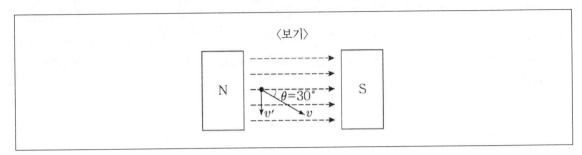

〈보기〉

① 4
② 5
③ 6
④ 7

ANSWER 6.③

6 기전력 $e = Blv\sin\theta = 2.4 \times 0.5 \times 10 \times \sin 30^o = 6[V]$

7 〈보기〉에서 점 P(0, 0, 0)에서의 자계의 크기가 0.5A/m가 되게 하는 부채꼴 도선에 흐르는 전류 I의 값[A]은? (단, 점 P에서 자계의 방향은 지면 앞이다.)

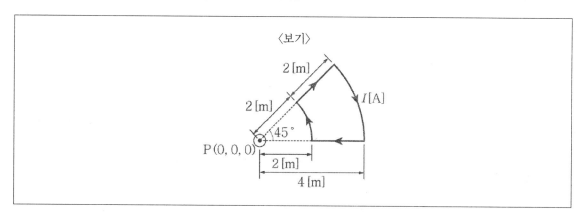

① 8

② 16

③ 32

⑤ 72

• ....

ANSWER 7.③

7
$$H = \frac{I}{2a} \times \frac{1}{8} = \frac{I}{16a} \, [A/m]$$

2m에서 자계 $H_{2m} = \frac{I}{16a} = \frac{I}{16 \times 2} = \frac{I}{32} \, [A/m]$

4m에서 자계 $H_{4m} = \frac{I}{16a} = \frac{I}{16 \times 4} = \frac{I}{64} \, [A/m]$

$H_{2m} - H_{4m} = \frac{I}{32} - \frac{I}{64} = \frac{I}{64} = 0.5 [A/m]$

$I = 32 [A]$

8 〈보기〉와 같이 시간영역으로 표현된 정현파 전압, 전류 파형이 있다. 이 전압, 전류를 페이저 영역으로 변환할 때 가장 적절히 변환된 페이저 영역 표현과 페이저도는? (단, 회전방향은 ω 이며, 페이저도의 x 축은 실수축, y 축은 허수축이고, 페이저 영역 표현에서 전압과 전류의 크기는 각각 V_m, I_m 으로 표현한다.)

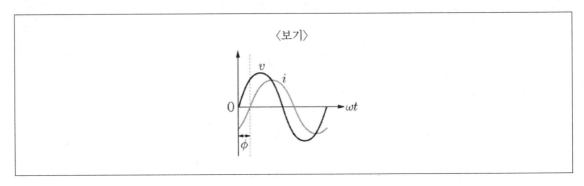

페이저 영역 표현   페이저도 표현

① $\begin{array}{l} V_m \angle 0\,^\circ \\ I_m \angle \phi \end{array}$

② $\begin{array}{l} V_m \angle 0\,^\circ \\ I_m \angle (-\phi) \end{array}$

③ $\begin{array}{l} V_m \angle 0\,^\circ \\ I_m \angle (-\phi) \end{array}$

④ $\begin{array}{l} V_m \angle 0\,^\circ \\ I_m \angle \phi \end{array}$

....

ANSWER 8.②

8 〈보기〉에서 제시된 파형은 전압보다 전류가 ϕ 만큼 뒤진다. 따라서 전압의 위상을 0° 라고 했을 때 전류는 $I_m \angle - \varnothing$ 로 된다.

9 〈보기〉의 교류 전압 파형에 대한 설명으로 가장 옳지 않은 것은?

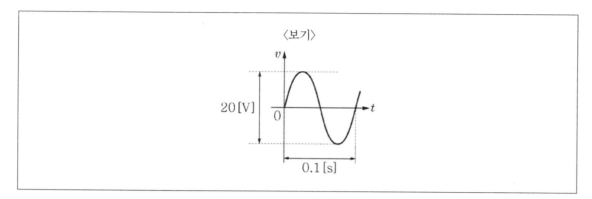

① 평균값은 $\dfrac{20}{\pi}$[V]이다.

② 파형의 주파수는 10[Hz]이다.

③ 실횻값은 $\dfrac{10}{\sqrt{2}}$[V]이다.

④ 최댓값은 20[V]이다.

ANSWER 9.④

9 전압파형 $V = 10\sin\theta\,[V]$

최댓값 10[V], 평균값 $\dfrac{2V_m}{\pi} = \dfrac{20}{\pi}$[V], 실횻값 $\dfrac{10}{\sqrt{2}}$[V]

주기가 0.1[sec]이므로 주파수는 주기의 역수 10[Hz]

10 〈보기〉와 같은 회로의 합성 임피던스[Ω]는?

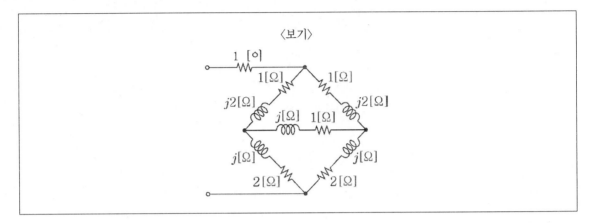

① $2.5+j$

② $1.5+j1.5$

③ $2.5+j2.5$

④ $1.5+j$

---

10 합성 임피던스 그림의 윗부분 델타부분의 임피던스를 Y로 전환하면

$$\frac{(1+j2)(1+j2)}{1+j2+1+j2+1+j}=\frac{(1+j2)^2}{3+j5}=\frac{-3+j4}{3+j5}$$

$$\frac{(1+j2)(1+j)}{1+j2+1+j2+1+j}=\frac{1+3j-2}{3+j5}=\frac{-1+j3}{3+j5}$$

병렬임피던스부분을 정리하면

$$\frac{-1+j3}{3+j5}+2+j=\frac{-1+j3+(2+j)(3+j5)}{3+j5}=\frac{16j}{3+j5}$$

병렬이므로 합성하면 $\dfrac{8j}{3+j5}$

직렬로 정리하면

$$1+\frac{-3+j4}{3+j5}+\frac{8j}{3+j5}=\frac{17j}{3+j5}=\frac{17j(3-j5)}{9+25}=\frac{85}{34}+j\frac{51}{34}=2.5+j1.5$$

11 〈보기〉와 같은 4단자 회로망(two port network)의 Z 파라미터 중 Z_{22}의 값[Ω]은?

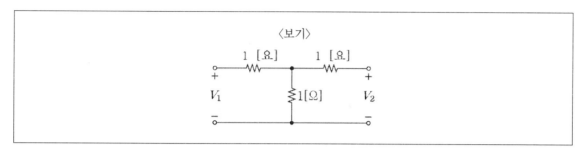

① 0.5

② 1

③ 2

④ 3

11
임피던스 파라미터 $\begin{vmatrix} V_1 \\ V_2 \end{vmatrix} = \begin{vmatrix} Z_{11} & Z_{12} \\ Z_{21} & Z_{22} \end{vmatrix} \begin{vmatrix} I_1 \\ I_2 \end{vmatrix}$

$Z_{22} = \dfrac{V_2}{I_2}(I_1 = 0)$ 1차측을 개방 했을 때 2차측에서의 임피던스

그러므로 $Z_{22} = \dfrac{V_2}{I_2} = 2[\Omega]$

12 〈보기〉의 회로를 노드전압법(Node-Voltage Method)으로 회로해석할 때, 생성할 수 있는 식으로 가장 옳지 않은 것은?

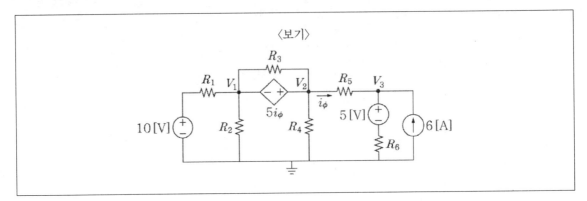

〈보기〉

① $\dfrac{V_1-10}{R_1}+\dfrac{V_1}{R_2}+\dfrac{V_2}{R_4}+\dfrac{V_2-V_3}{R_5}=0$

② $\dfrac{V_3-V_2}{R_5}+\dfrac{V_3-5}{R_6}-6=0$

③ $R_5(V_2-V_1)=5(V_2-V_3)$

④ $\dfrac{V_1-V_2}{R_3}+5i_\phi-\dfrac{V_2}{R_4}+\dfrac{V_3-V_2}{R_5}=0$

12   노드전압법

① V_1 점에서의 합성전류 식

V_1점으로 유입되는 전류 $\dfrac{10-V_1}{R_1}[A]$, 키르히호프의 전류법칙에 의해

$\dfrac{10-V_1}{R_1}=\dfrac{V_1}{R_2}+\dfrac{V_2}{R_4}+\dfrac{V_2-V_3}{R_5}$, $\dfrac{V_2-V_3}{R_5}=i_\varnothing$

② V_3 점에서의 합성전류 식 $\dfrac{V_2-V_3}{R_5}=\dfrac{V_3-5[V]}{R_6}-6[A]$

③ V_2 점에서의 합성전류 식 $V_2-V_1=5i_\varnothing=5\dfrac{V_2-V_3}{R_5}$

④는 ① 식의 오류

13 〈보기〉의 회로에서 스위치가 $t=0$인 시점에 개방이 된다고 가정한다. $t=20$ms가 될 때 커패시터의 전압값[V]은? (단, $e^{-1}=0.37$, $e^{-2}=0.14$, $e^{-3}=0.05$로 한다.)

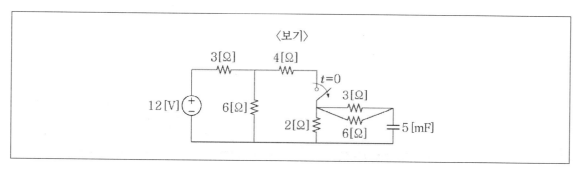

① 0.10

② 0.28

③ 0.74

④ 1.18

14 인덕턴스가 각각 $L_1 = \dfrac{160}{3}$mH, $L_2 = \dfrac{15}{2}$mH인 두 개의 코일이 직렬 연결되어 있다. 자속을 강화시키는 경우와 자속을 감소시키는 경우로 직렬 연결할 때, 결합계수를 0.6으로 가정하면 각각의 연결에 대한 총 인덕턴스[mH]의 근삿값은?

	자속을 강화시키는 경우	자속을 감소시키는 경우
①	8.48	36.8
②	78.4	30.4
③	90.2	42.2
④	67.6	19.6

ANSWER 13.③ 14.①

13 초기 콘덴서 전압 2[V]

$$V_t = V_0 e^{-\frac{1}{RC}t} = 2 \times e^{-\frac{1}{4 \times 5 \times 10^{-3}} \times 20 \times 10^{-3}} = 0.74$$

14 가극성(자속을 강화시키는 경우) $L_{+0} = L_1 + L_2 + 2M = \dfrac{160}{3} + \dfrac{15}{2} + 2 \times 12 = 84.8[mH]$

감극성(자속을 감소시키는 경우) $L_{-0} = L_1 + L_2 - 2M = \dfrac{160}{3} + \dfrac{15}{2} - 2 \times 12 = 36.8[mH]$

결합계수 $k = \dfrac{M}{\sqrt{L_1 L_2}} = 0.6$, $M = 0.6 \times \sqrt{L_1 L_2} = 0.6 \times \sqrt{\dfrac{160}{3} \times \dfrac{15}{2}} = 12[mH]$

15 임의의 평면을 둘러싼 폐곡선에 대해서 벡터자위(vector magnetic potential)를 선적분하였을 때 얻어지는 물리량으로 가장 옳은 것은?

① 전류
② 자계
③ 자속밀도
④ 자속

16 〈보기〉는 이상적인 연산증폭기를 사용하는 회로이다. 두 입력 v_1, v_2를 인가할 때, 출력전압 v_0는?

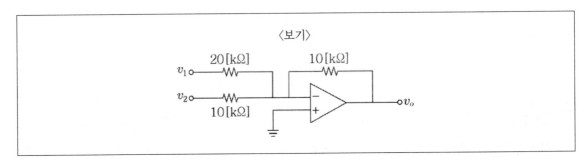

① $-0.5v_1 - 0.5v_2$
② $-v_1 - 0.5v_2$
③ $-2v_1 - v_2$
④ $-0.5v_1 - v_2$

17 〈보기〉와 같은 회로의 a-b단자에 최대전력이 전달되도록 저항 R_L을 연결하였다고 가정할 때 저항 R_L에서 소비되는 전력[W]은?

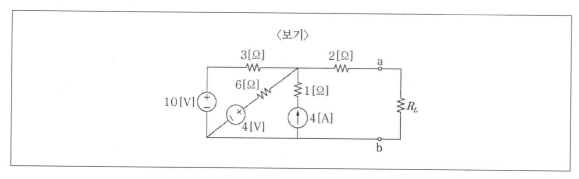

① 16

② 20

③ 24

④ 32

ANSWER 17.①

17 등가 전압과 등가저항을 구하면 등가저항 R_{TH}는 전압원을 단락하고, 전류원을 개방해서 구한다.

$$R_{TH} = 2 + \frac{3 \times 6}{3 + 6} = 4[\Omega]$$

등가전압 V_{TH}는 중첩의 원리를 적용해서 구한다.

10V의 전압원만 있는 경우 $V_1 = \frac{6}{3+6} \times 10 = \frac{20}{3}[V]$

4V의 전압원만 있는 경우 $V_2 = \frac{3}{3+6} \times 4 = \frac{4}{3}[V]$

4A 전류원만 있는 경우 8[V]

$$V_{TH} = \frac{20}{3} + \frac{4}{3} + 8 = 16[V]$$

최대전력은 $R_{TH} = R_L$

$$P_L = \frac{V^2}{4R_L} = \frac{16^2}{4 \times 4} = 16[V]$$

18 〈보기〉에서 원점에 위치한 +2C의 점전하가 있다. 주변공간에 〈보기〉와 같은 경로를 따라서 ―0.5C의 점전하를 a점에서 b점으로 이동시킬 때, 50J의 에너지가 발생한다면, b점에서 c점을 지나 d점으로 +0.5C의 점전하를 이동시킬 때 발생 혹은 입력되는 에너지[J]는? (단, +에너지는 에너지의 발생을, ―에너지는 에너지의 입력을 의미하며, 각 지점 및 지점 간 경로는 〈보기〉의 점선으로 표시된 축을 기준으로 대칭적이다. 더불어서 해당 공간에 자기장은 존재하지 않는다.)

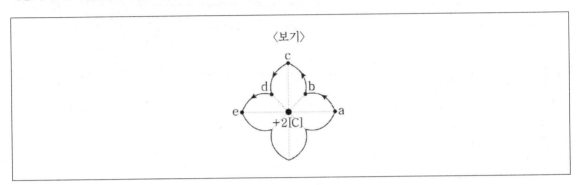

① 0
② ―50
③ +50
④ ―100

19 평균 둘레 길이가 1m인 환상 원형 철심에 권선을 100회 감고 1A의 전류를 인가했을 때, 철심 내 자속밀도가 $0.04\pi \, \text{Wb/m}^2$가 되게 하는 철심의 비투자율은? (단, 자유공간의 투자율은 $\mu_0 = 4\pi \times 10^{-7} \text{H/m}$이며, 누설 자속은 없다.)

① 1000
② 2500
③ 5000
④ 10000

....

ANSWER 18.① 19.①

18　b점과 d점은 원점에서 거리가 같으므로 에너지의 변화가 없다.

19　$B = \mu H = \mu_s \mu_o \dfrac{NI}{l}, \quad \mu_s = \dfrac{Bl}{\mu_o NI} = \dfrac{0.04\pi \times 1}{4\pi \times 10^{-7} \times 100 \times 1} = 1{,}000$

20 $v(t) = 100\sqrt{2}\sin\left(1000t + \dfrac{\pi}{3}\right)$[V]의 교류전원을 R=10[Ω]과 C=100[μF]으로 구성된 직렬부하에 인가하였을 때, $i(t) = I_m \cos\left(1000t + \theta\right)$[A]의 부하전류가 측정되었다. I_m[A]과 θ[rad]의 값을 옳게 짝지은 것은?

	I_m	θ
①	$5\sqrt{2}$	$\dfrac{\pi}{12}$
②	10	$\dfrac{\pi}{12}$
③	$5\sqrt{2}$	$\dfrac{7\pi}{12}$
④	10	$\dfrac{7\pi}{12}$

20

$v(t) = 100\sqrt{2}\sin\left(1000t + \dfrac{\pi}{3}\right) = 100 \angle \dfrac{\pi}{3}$

$Z = R + \dfrac{1}{j\omega C} = 10 - j\dfrac{1}{1000 \times 100 \times 10^{-6}} = 10 - j10$

$i(t) = \dfrac{v(t)}{Z} = \dfrac{100 \angle \dfrac{\pi}{3}}{10 - j10} = \dfrac{100 \angle 60^o}{10\sqrt{2} \angle -45^o} = \dfrac{10}{\sqrt{2}} \angle \dfrac{7\pi}{12}$

그러므로 $I_m = \dfrac{10}{\sqrt{2}} \times \sqrt{2} = 10[A]$

$i(t) = 10\sin\left(1000t + \dfrac{7\pi}{12}\right) = 10\cos\left(1000t + \left(\dfrac{7\pi}{12} - \dfrac{\pi}{2}\right)\right)$

$\theta = \dfrac{7\pi}{12} - \dfrac{6\pi}{12} = \dfrac{\pi}{12}$

1 그림의 회로에서 저항 R [Ω]과 전압원 V_x [V]는?

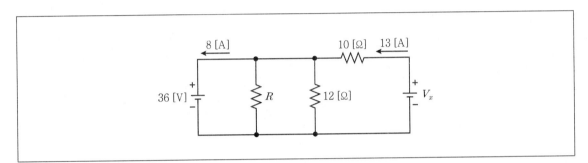

	$R[\Omega]$	V_x [V]
①	12	94
②	12	166
③	18	94
④	18	166

··

ANSWER 1.④

1 $V_x = 10[\Omega] \times 13[A] + 36[V] = 166[V]$

R과 12[Ω] 병렬회로에는 $13[A] - 8[A] = 5[A]$가 흐른다.

12[Ω]에 흐르는 전류 $\dfrac{36[V]}{12[\Omega]} = 3[A]$

R에는 2[A]가 흐르므로 $R = \dfrac{V}{I} = \dfrac{36}{2} = 18[\Omega]$

2 그림의 회로에서 부하저항 R_L이 최대전력을 소비하기 위한 R_L [Ω]은?

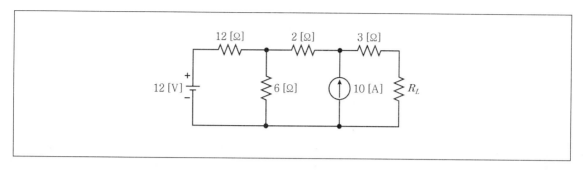

① 3

② 6

③ 9

④ 12

2 테브낭정리를 적용하면

$$V_{Th} = \frac{6}{12+6} \times 12 = 4[V], \quad R_{Th} = 2+3+\frac{12 \times 6}{12+6} = 9[\Omega]$$

최대전력을 소비하려면 $R_{Th} = R_L$이므로 $R_L = 9[\Omega]$

3 그림 (a)의 선형 변압기를 그림 (b)와 같이 T형 등가회로로 나타내었을 때, L_a, L_b, L_c의 각 인덕턴스 [H]는?

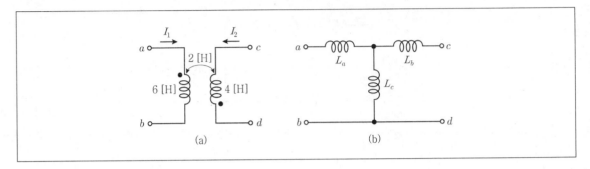

	L_a[H]	L_b[H]	L_c[H]
①	4	−2	6
②	4	6	−2
③	8	−2	6
④	8	6	−2

4 정지해 있는 두 점전하 사이에 작용하는 정전기력에 대한 설명으로 옳지 않은 것은?

① 두 전하량의 곱에 비례한다.
② 주위 매질에 영향을 받지 않는다.
③ 두 전하 사이의 거리 제곱에 반비례한다.
④ 두 전하를 연결하는 직선을 따라 작용한다.

ANSWER 3.④ 4.②

3 I_1, I_2가 들어가는 극성이 다르므로 감극성이다.
$$L_a = L_1 - (-M) = 6 + 2 = 8[H]$$
$$L_c = L_2 - (-M) = 4 + 2 = 6[H]$$
$$L_b = M = -2[H]$$

4 정전력 $F = \dfrac{Q_1 Q_2}{4\pi\epsilon d^2}[N]$

• 두 전하량의 곱에 비례한다.
• 매질 유전율 ϵ에 영향을 받는다.
• 두 전하의 거리 제곱에 반비례한다.
• 두 전하를 연결하는 직선을 따라 작용한다.

5 그림과 같은 이상적인 단권변압기에서 Z_{in}과 Z_L 사이의 관계식은? (단, V_1은 1차측 전압, V_2는 2차측 전압, I_1은 1차측 전류, I_2는 2차측 전류, N_1은 1차측 권선수, $N_1 + N_2$는 2차측 권선수이다)

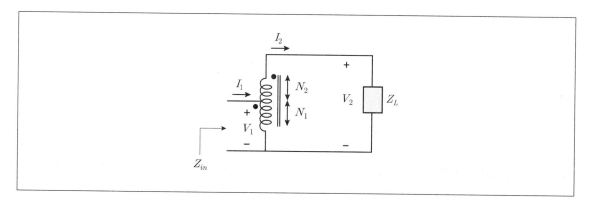

① $Z_{in} = Z_L \left(\dfrac{N_1}{N_1 + N_2} \right)$

② $Z_{in} = Z_L \left(\dfrac{N_1}{N_1 + N_2} \right)^2$

③ $Z_{in} = Z_L \left(\dfrac{N_2}{N_1 + N_2} \right)$

④ $Z_{in} = Z_L \left(\dfrac{N_2}{N_1 + N_2} \right)^2$

5
$$a = \frac{V_1}{V_2} = \frac{N_1}{N_1 + N_2} = \sqrt{\frac{Z_{in}}{Z_L}}$$
$$Z_{in} = Z_L \left(\frac{N_1}{N_1 + N_1} \right)^2$$

6 부하에 전압 $\dot{V} = 100 + j50$ [V]을 인가했을 때, $\dot{I} = 4 + j3$ [A]의 전류가 흐른다. 이 부하의 유효전력 [W]과 무효전력[VAR]은? (단, 전압과 전류는 실훗값이다)

	유효전력[W]	무효전력[VAR]
①	250	-500
②	250	500
③	550	-100
④	550	100

7 그림의 회로에서 입력전압 $v_i(t)$와 출력전압 $v_o(t)$에 대한 전달함수는? (단, $t = 0$에서 인덕터의 초기전류는 0 [A]이고, 커패시터의 초기전압은 0 [V]이다)

① $\dfrac{1}{RLCs^2 + LCs + 1}$

② $\dfrac{LCs}{RLCs^2 + LCs + 1}$

③ $\dfrac{Ls}{RLCs^2 + Ls + R}$

④ $\dfrac{1}{RLCs^2 + Ls + R}$

ANSWER 6.③ 7.③

6 복소전력 $P_a = \bar{V}I = (100 + j50)(4 - j3) = 400 - j300 + j200 + 150 = 550 - j100$

실수부는 유효전력, 허수부는 무효전력이다.

유효전력 550W, 무효전력 -100Var

7

전달함수 $G(s) = \dfrac{V_o(s)}{V_{in}(s)} = \dfrac{\dfrac{1}{Cs} \times \dfrac{Ls}{Ls + \dfrac{1}{Cs}}}{R + \dfrac{Ls \cdot \dfrac{1}{Cs}}{Ls + \dfrac{1}{Cs}}} = \dfrac{\dfrac{Ls}{Ls + \dfrac{1}{Cs}}}{RCs + \dfrac{Ls}{Ls + \dfrac{1}{Cs}}} = \dfrac{\dfrac{LCs^2}{LCs^2 + 1}}{RCs + \dfrac{LCs^2}{LCs^2 + 1}} = \dfrac{\dfrac{Ls}{LCs^2 + 1}}{R + \dfrac{Ls}{LCs^2 + 1}} = \dfrac{Ls}{R(LCs^2 + 1) + Ls}$

8 그림과 같은 평형 3상 회로로 운전되는 3상 유도전동기에서 전력계 W_1, W_2, 전압계 V, 전류계 A의 측정값이 각각 $W_1 = 2\,[\text{kW}]$, $W_2 = 2.2\,[\text{kW}]$, $V = 100\,[\text{V}]$, $A = 20\sqrt{3}\,[\text{A}]$이다. 이 유도전동기의 역률은? (단, 전력계, 전압계, 전류계는 이상적이다)

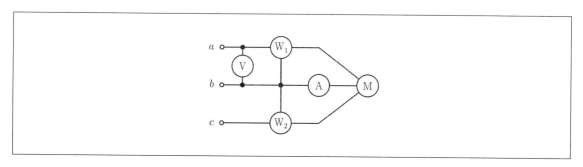

① 0.7

② 0.8

③ 0.9

④ 1.0

9 정상순(positive phase sequence)인 평형 3상 △ 결선에서 선전류와 상전류의 위상 관계는?

① 상전류가 $\dfrac{\pi}{3}$ [rad] 앞선다.

② 상전류가 $\dfrac{\pi}{3}$ [rad] 뒤진다.

③ 상전류가 $\dfrac{\pi}{6}$ [rad] 앞선다.

④ 상전류가 $\dfrac{\pi}{6}$ [rad] 뒤진다.

ANSWER 8.① 9.③

8
$$역률\ \cos\theta = \frac{W_1 + W_2}{\sqrt{3}\,VI} = \frac{2{,}000 + 2{,}200}{\sqrt{3} \times 100 \times 20\sqrt{3}} = \frac{4{,}200}{6{,}000} = 0.7$$

9
△결선에서 선전류는 상전류보다 크기는 $\sqrt{3}$ 배이고 위상이 $\dfrac{\pi}{6}[rad]$ 뒤진다. (상전류는 선전류보다 $\dfrac{\pi}{6}[rad]$ 앞선다)

10 그림의 회로에서 전류 I가 최소가 되는 저항 R_2 [Ω]는? (단, 가변저항에서 화살표는 10[Ω]을 저항 R_1 과 R_2로 분할한다)

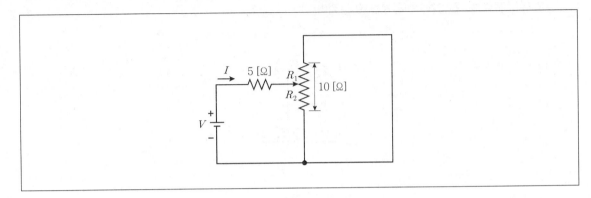

① 0

② 5

③ 7.5

④ 10

11 정전용량이 같은 2개의 커패시터를 직렬로 연결할 때 합성용량은 C_1 이고, 병렬로 연결할 때 합성용량은 C_2 이다. 합성용량의 비 $\dfrac{C_2}{C_1}$는?

① $\dfrac{1}{4}$

② $\dfrac{1}{2}$

③ 2

④ 4

---

10 전류가 최소가 되기 위한 저항비는 $R_1 : R_2 = 1 : 1$

$$\frac{d}{dR_1} \frac{R_1(10-R_1)}{R_1 + (10-R_1)} = \frac{d}{dR_1} \frac{1}{10} (10R_1 - R_1^2) = 0$$

$$10 - 2R_1 = 0, \ R_1 = 5[\Omega]$$

11
• 직렬 연결 $C_1 = \dfrac{C}{2}$

• 병렬 연결 $C_2 = C + C = 2C$

$$\frac{C_2}{C_1} = \frac{2C}{\dfrac{C}{2}} = 4$$

12 정전용량 2[F]인 커패시터에 2[C]의 전하가 저장되어 있다. 이 커패시터에 저장되는 에너지[J]는?

① 0.5

② 1

③ 1.5

④ 2

13 그림의 회로에서 전원측에서 본 역률이 1일 때, 커패시턴스 C[F]는?

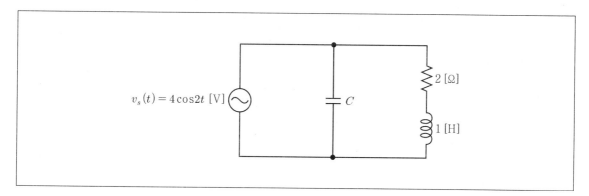

① $\dfrac{1}{8}$

② $\dfrac{1}{4}$

③ $\dfrac{1}{2}$

④ 1

ANSWER 12.② 13.①

12
커패시터에 저장되는 에너지 $W = \dfrac{1}{2}\dfrac{Q^2}{C} = \dfrac{1}{2} \times \dfrac{2^2}{2} = 1[J]$

13
$$Y = \frac{1}{R + j\omega L} + j\omega C = \frac{1}{2 + j2} + j2C = \frac{2 - j2}{(2 + j2)(2 - j2)} + j2C = \frac{1}{4}(1 - j) + j2C$$

$$Y = \frac{1}{4} + j\left(2C - \frac{1}{4}\right)$$

역률이 1이면 허수부가 0이 되므로 $2C = \dfrac{1}{4}$, $C = \dfrac{1}{8}[F]$

14 그림의 회로에서 전압 $v(t) = 5 + 3\cos(t + 45°) + \cos(2t + 60°)$ [V]일 때, 전원이 부하 전체에 공급하는 평균전력[W]은?

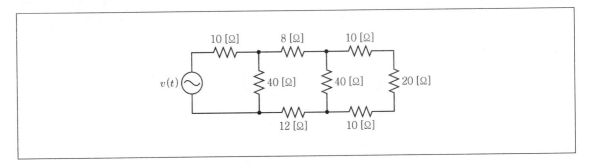

① 1

② 5

③ 10

④ 20

ANSWER 14.①

14 합성저항을 구하면 $40[\Omega]$ 병렬이 $20[\Omega]$이므로

$R_0 = 10 + 20 = 30[\Omega]$

전압의 실효값 $V = \sqrt{5^2 + (\frac{3}{\sqrt{2}})^2 + (\frac{1}{\sqrt{2}})^2} = \sqrt{25 + \frac{9}{2} + \frac{1}{2}} = \sqrt{30}$

평균전력 $P = \dfrac{V^2}{R} = \dfrac{(\sqrt{30})^2}{30} = 1\ W$

15 그림의 회로에서 스위치 S는 $t=0$일 때 개방된다. 스위치 S가 닫혀 있을 때 회로의 시정수 τ_1 [sec]과 $t>0$에서 스위치 S가 개방된 회로의 시정수 τ_2 [sec]는?

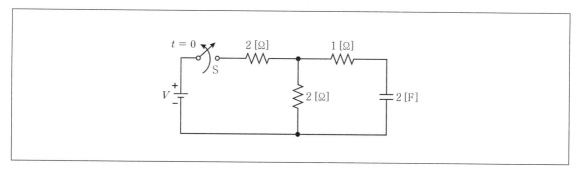

	τ_1 [sec]	τ_2 [sec]
①	4	4
②	4	6
③	6	4
④	6	6

ANSWER 15.②

15 R-C회로의 시정수는 RC[sec]
- 스위치가 닫혀있을 때 시정수 $T_1 = 2 \times 2 = 4$[sec]
- 스위치가 열린 경우 시정수 $T_2 = 3 \times 2 = 6$[sec]

16 그림의 회로에서 전류 I[A]는?

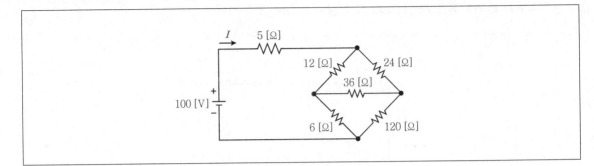

① 5

② 10

③ 15

④ 20

ANSWER 16.①

16 브릿지 부분의 저항을 변환한다.

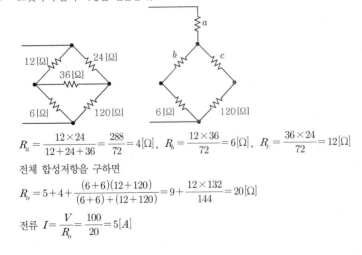

$$R_a = \frac{12 \times 24}{12 + 24 + 36} = \frac{288}{72} = 4[\Omega], \quad R_b = \frac{12 \times 36}{72} = 6[\Omega], \quad R_c = \frac{36 \times 24}{72} = 12[\Omega]$$

전체 합성저항을 구하면

$$R_o = 5 + 4 + \frac{(6+6)(12+120)}{(6+6)+(12+120)} = 9 + \frac{12 \times 132}{144} = 20[\Omega]$$

전류 $I = \frac{V}{R_o} = \frac{100}{20} = 5[A]$

17 양전하 Q[C]가 균등하게 분포된 반경이 a[m]인 구형 도체가 자유공간에 있다. 이 도체에서 무한대 떨어진 위치의 전위를 0[V]이라 할 때, 구형 도체 중심으로부터 반경 b[m]인 곳의 전위[V]는? (단, ε_o는 자유공간의 유전율이고, $b < a$이다)

① $-\displaystyle\int_{\infty}^{b} \frac{Qr}{4\pi\varepsilon_o a^3} dr$

② $-\displaystyle\int_{\infty}^{b} \frac{Q}{4\pi\varepsilon_o r^2} dr$

③ $-\displaystyle\int_{\infty}^{a} \frac{Q}{4\pi\varepsilon_o r^2} dr$

④ $-\displaystyle\int_{\infty}^{a} \frac{Q}{4\pi\varepsilon_o r^2} dr - \displaystyle\int_{a}^{b} \frac{Qr}{4\pi\varepsilon_o a^3} dr$

18 그림의 평형 3상 Y−Y 회로에서 3상 부하가 흡수하는 전체 평균전력[W]은? (단, 전압은 실횻값이다)

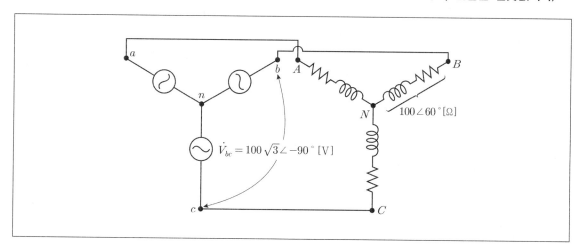

① 100

② 150

③ 200

④ 250

ANSWER 17.③ 18.②

17 도체는 표면전위를 가진다. 따라서 전위는 무한원점에서 표면까지 적분하는 것으로 구한다.

18
$$V_b = 100\angle -120^o = 100\left(-\frac{1}{2} - j\frac{\sqrt{3}}{2}\right) = -50 - j50\sqrt{3} \,[V]$$

$$Z = 100\angle 60^o = 100(\cos 60^o + j\sin 60^o) = 50 + j50\sqrt{3} \,[\Omega]$$

$$I_b = \frac{V_b}{Z} = \frac{100\angle -120^o}{100\angle 60^o} = 1\angle -180^o = -1 \,[A]$$

$$P = 3(I_p)^2 R = 3 \times (-1)^2 \times 50 = 150 \,[W]$$

19 그림의 회로가 정상상태에서 동작할 때, 인덕터에 흐르는 전류 $i_L(t)$의 최댓값[A]과 전압 $v(t)$와 전류 $i_L(t)$의 위상차[°]는?

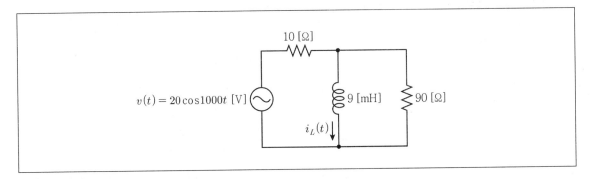

최댓값[A]	위상차[°]
① $\sqrt{2}$	45
② $\sqrt{2}$	60
③ $2\sqrt{2}$	45
④ $2\sqrt{2}$	60

ANSWER 19.①

19 $\omega L = 1000 \times 9[mH] = 9[\Omega]$

합성임피던스 $= 10 + \dfrac{90 \times j9}{90 + j9}$

전류 $i_{LMAX}(t) = \dfrac{V_{\max}}{10 + \dfrac{90 \times j9}{90 + j9}} \times \dfrac{90}{90 + j9} = \dfrac{90\,V_{\max}}{10(90 + j9) + 90 \times j9}$

$i_{L\max} = \dfrac{90\,V_{\max}}{900 + j90 + j810} = \dfrac{90\,V_{\max}}{900 + j900} = \dfrac{V_{\max}}{10 + j10} = \dfrac{20}{10\sqrt{2} \angle 45^o} = \sqrt{2} \angle -45^o$

20 그림의 회로에서 $t > 0$ 일 때, 커패시터 전압 $v_C(t)$ [V]는? (단, $u(t)$ 는 단위계단함수이다)

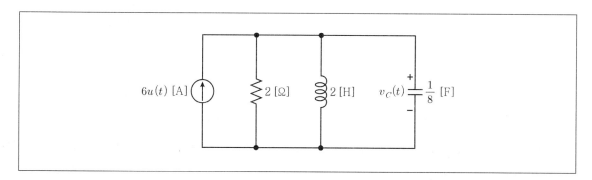

① $24te^{-4t}$

② $24te^{-2t}$

③ $48te^{-4t}$

④ $48te^{-2t}$

20
$$V_c(s) = \cfrac{\cfrac{R \cdot Ls}{R + Ls}}{\cfrac{R \cdot Ls}{R + Ls} + \cfrac{1}{Cs}} \times \frac{6}{s} \times \frac{1}{Cs} = \cfrac{\cfrac{4s}{2 + 2s}}{\cfrac{4s}{2 + 2s} + \cfrac{8}{s}} \times \frac{6}{s} \times \frac{8}{s} = \cfrac{\cfrac{24}{2 + 2s}}{\cfrac{4s^2 + 8(2 + 2s)}{s(2 + 2s)}} \times \frac{8}{s} = \frac{48}{s^2 + 4s + 4}$$

$$\frac{48}{s^2 + 4s + 4} = \frac{48}{(s + 2)^2} \Rightarrow V_c(t) = 48te^{-2t}$$

전기이론 | 2024. 6. 22. 제1회 지방직 시행

1 어떤 회로의 양단에 걸리는 전압 $v(t)$[V]와 그 전압의 양의(+) 단자로 들어가는 전류 $i(t)$[A]가 다음과 같이 주어질 때, 평균전력[W]은?

$$v(t) = 10 + 5\cos(25t + 30°),\ i(t) = 30 + 20\cos(25t - 30°)$$

① 300　② 325

③ 365　④ 400

ANSWER 1.②

1 비정현파교류에서 전력을 구하는 문제로 각파의 실효값의 전압과 전류를 곱하고 역률은 전압과 전류의 위상차로 구한다.

$$P = VI = 10 \times 30 + \frac{5}{\sqrt{2}} \times \frac{20}{\sqrt{2}} cos(30^o - (-30^o)) = 325[W]$$

2 그림의 회로에서 종단전압 V_0[V]는?

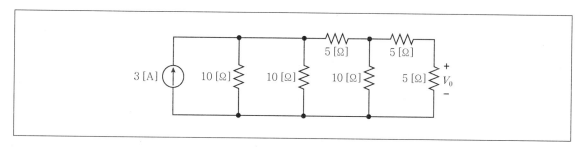

① 2.5

② 3.0

③ 3.5

④ 4.0

2 종단의 5[Ω]에 흐르는 전류를 구한다.

그림과 같이 전류가 흐르므로

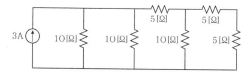

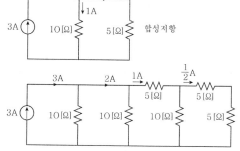

$\frac{10}{10+5} \times 3 = 2[A]$, V_o에 흐르는 전류 0.5[A]

종단저항의 전압 $V_o = 5[\Omega] \times 0.5 = 2.5[A]$

3 전선 내부의 전하량 q[C]가 다음과 같을 때, $t = 0$인 순간의 전류[A]는?

$$q(t) = \begin{cases} 0 & (t < 0) \\ 30te^{0.1t} & (t \geq 0) \end{cases}$$

① 0

② 10

③ 20

④ 30

4 $\vec{E} = 3\,\widehat{a_x} + 2\,\widehat{a_y} + 1\,\widehat{a_z}$[V/m]로 표시되는 전계가 분포한 공간에서 0.1[μC]의 전하를 원점으로부터 $\vec{r} = -3\,\widehat{a_x}$[m]로 움직이는 데 필요한 일[J]의 크기는?

① 0.3×10^{-6}

② 0.6×10^{-6}

③ 0.9×10^{-6}

④ 1.2×10^{-6}

ANSWER 3.④ 4.③

3

$i = \dfrac{dq}{dt} = \dfrac{d30te^{0.1t}}{dt} = 30(e^{0.1t} - 0.1te^{0.1t}) = 30[A]$

$(e^o = 1)$

4 일 $W = QV[J]$

전위 $V = E \cdot r = (3a_x + 2a_y + 1a_z) \cdot (-3a_x) = -9[V]$

$W = QV = 0.1 \times 10^{-6} \times (-9) = 0.9 \times 10^{-6}[J]$

5 그림과 같이 거리 d = 1[m]만큼 떨어진 무한히 긴 두 개의 평행도선 중 도선 A에 I_A = 1[A]의 전류가 $+z$ 방향으로 흐르고 있다. 이때, 도선 B에 1[A]의 전류 I_B를 인가한 경우에 발생하는 현상으로 옳지 않은 것은? (단, 진공투자율 $\mu_o = 4\pi \times 10^{-7}$[H/m]이다)

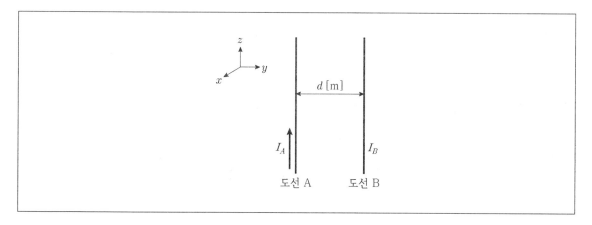

① I_B가 $+z$방향으로 흐르는 경우, 두 도선 간에 작용하는 힘은 흡인력이다.

② I_B가 $+z$방향으로 흐르는 경우, 두 도선 간에 작용하는 힘은 단위길이당 10^{-7}[N/m]이다.

③ I_B가 $-z$방향으로 흐르는 경우, 두 도선 사이의 영역에서 자속의 크기는 증가한다.

④ I_B가 $-z$방향으로 흐르는 경우, 두 도선 사이의 영역에서 자속의 방향은 $-x$방향이다.

ANSWER 5.②

5
두 도선간 작용력 $F = \dfrac{2I_A I_B}{r} \times 10^{-7}\,[N/m]$

전류가 같은 방향이면 흡인력
$I_A = I_B = 1[A],\ d = 1m$이면

$F = \dfrac{2I_A I_B}{r} \times 10^{-7} = \dfrac{2 \times 1 \times 1}{1} \times 10^{-7} = 2 \times 10^{-7}\,[N/m]$

6 그림과 같이 토로이드 자성체에 코일을 500회 감고 0.3[A]의 전류를 흘릴 때, 자성체 내부의 자속[Wb]은? (단, 자성체의 자기저항은 $0.25 \times 10^5 [H^{-1}]$이고, 누설자속은 없다)

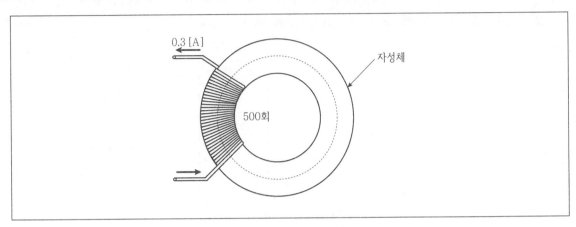

① 3×10^{-3}

② 6×10^{-3}

③ 3×10^{-4}

④ 6×10^{-4}

7 3상 Y결선 역률 0.8인 부하회로에 상전압 500[V]를 인가할 때 전체 소비전력이 1,200[W]이면, 상당 부하 임피던스의 크기[Ω]는? (단, 전압은 실횻값이다)

① 100

② 300

③ 500

④ 700

6 $\phi = \dfrac{NI}{R} = \dfrac{500 \times 0.3}{0.25 \times 10^5} = 6 \times 10^{-3} [Wb]$

7   3상의 소비전력이 1,200W이면 1상당 400W

역률 0.8이면 피장선력 $P_a = \dfrac{P}{\cos\theta} = \dfrac{400}{0.8} = 500 [VA]$

$P_a = VI = 500I = 500[VA], \ I = 1[A]$

$P_a = I^2 Z = 1^2 \times Z = 500 VA, \ Z = 500[\Omega]$

8 그림과 같은 임피던스를 갖는 부하 Z에 100[V], 60[Hz]의 전원을 연결할 때, 부하의 전류[A]는? (단, 전압의 크기는 실횻값이고, 위상은 0°이며 $\tan^{-1}\left(\dfrac{3}{4}\right)$은 36.9°이다)

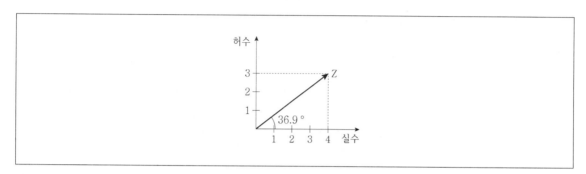

① $20\sin(60\pi t - 36.9°)$

② $20\sqrt{2}\,sin(60\pi t + 53.1°)$

③ $20\sqrt{2}\,cos(120\pi t - 36.9°)$

④ $20\cos(120\pi t + 53.1°)$

9 정현파 전원이 인가된 회로의 단자 전압과 전류가 각각 $V_{eff}\angle\theta$, $I_{eff}\angle\phi$로 표시된다. 이에 대한 설명으로 옳은 것은? (단, V_{eff}와 I_{eff}는 전압과 전류의 실횻값이다)

① 복소전력은 $\dfrac{V_{eff}I_{eff}}{2}\angle(\theta-\phi)$이다.

② 피상전력은 $\dfrac{V_{eff}I_{eff}}{2}$이다.

③ 유효전력은 $V_{eff}I_{eff}\cos(\theta-\phi)$이다.

④ 무효전력은 VA 단위를 사용한다.

··

ANSWER 8.③ 9.③

8 $Z = 5\angle 36.9°$, $\quad \omega t = 2\pi \times 60t = 120\pi t$
최대값과 ω만 알면 답을 바로 찾을 수 있다.

$I = \dfrac{V}{Z} = \dfrac{100\angle 0°}{5\angle 36.9°} = 20\angle -36.9°$

$I = 20\sqrt{2}\,cos(120\pi t - 36.9°)$

9 • 피상전력과 유효전력은 각각 다음과 같다.
　　$P_a = V_{eff}I_{eff}$, $\quad P = V_{eff}I_{eff}\cos(\theta-\phi)$
• 무효전력의 단위는 Var이다.

10 임피던스에 대한 설명으로 옳지 않은 것은? (단, ω는 각주파수[rad/s]이다)

① 수동소자 커패시터 C의 임피던스는 $-\dfrac{j}{\omega C}$이다.

② 임피던스는 옴(Ohm)의 단위를 사용하는 복소량이다.

③ 임피던스는 주파수 영역에서 페이저 전류 $\dot{I}$와 페이저 전압 $\dot{V}$의 비인 $Z = \dfrac{\dot{V}}{\dot{I}}$로 정의된다.

④ 임피던스는 페이저이므로 $e^{j\omega t}$를 곱하고 실수부분을 취하면 시간영역으로 변환할 수 있다.

11 그림의 회로에서 전류 I[A]는?

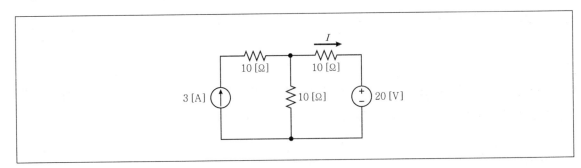

① -1

② -0.5

③ 0.5

④ 1

ANSWER 10.④ 11.③

10 $Z = a + jb = |Z| \angle \theta = |Z|e^{j\theta}$
실수부와 허수부를 모두 변환한다.

11 • 전압원만 있고 전류원이 개방인 경우

$I_1 = \dfrac{20}{10+10} = 1[A]$ 제시된 전류방향과 반대

• 전류원만 있고 전압원이 단락인 경우

$I_2 = 1.5[A]$ 제시된 전류와 방향이 같다.

$I = I_2 - I_1 = 1.5 - 1 = 0.5[A]$

12 어떤 회로에서 부하의 전압 $v(t)$[V]와 전류 $i(t)$[A]의 그래프가 그림과 같을 때, 이에 대한 설명으로 옳지 않은 것은? (단, 전압과 전류는 정현파이고 주파수는 동일하다)

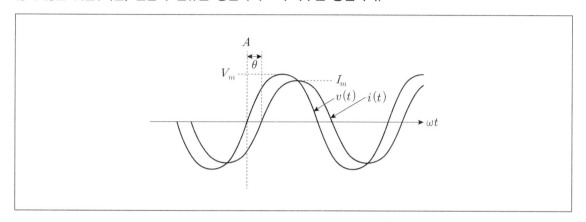

① 유도성 부하를 나타낸다.
② 전압과 전류의 위상차는 θ로 시간에 상관없이 일정하다.
③ 부하에 저항 소자를 직렬로 연결하면 위상차는 감소한다.
④ A를 기준으로 할 때, $v(t) = V_m \sin \omega t$, $i(t) = I_m \sin(\omega t + \theta)$이다.

13 자계가 $\vec{H} = xyz\,\widehat{a_x}$[A/m]로 분포된 직각좌표계의 한 점 P(1, 3, 4)에서의 전류밀도 $\vec{J}$[A/m²]의 크기는?

① 3

② 4

③ 5

④ 6

---

12 전압보다 전류의 위상이 뒤지므로 유도성 회로이다.
$i(t) = I_m \sin(\omega t - \theta)$가 된다.

13 $\mathrm{rot}\,H = J$

$$\mathrm{rot}\,H = \begin{vmatrix} i & j & k \\ \dfrac{\partial}{\partial x} & \dfrac{\partial}{\partial y} & \dfrac{\partial}{\partial z} \\ xyz & 0 & 0 \end{vmatrix} = -j \begin{vmatrix} \dfrac{\partial}{\partial x} & \dfrac{\partial}{\partial z} \\ xyz & 0 \end{vmatrix} + k \begin{vmatrix} \dfrac{\partial}{\partial x} & \dfrac{\partial}{\partial y} \\ xyz & 0 \end{vmatrix}$$

$$\mathrm{rot}\,H = j\frac{\partial xyz}{\partial z} - k\frac{\partial xyz}{\partial y} = xyj - xzk = -3j - 4k$$

크기는 $\sqrt{(-3)^2 + (-4)^2} = 5$

14 그림의 병렬회로를 등가 직렬회로로 변환하면 저항 $R[\Omega]$과 리액턴스 $X[\Omega]$는?

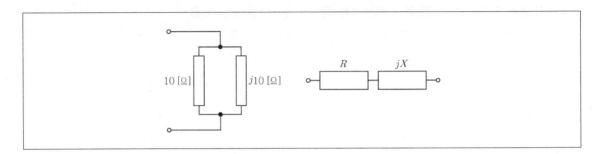

	$R[\Omega]$	$[X\Omega]$		$R[\Omega]$	$[X\Omega]$
①	5	5	②	5	−5
③	10	10	④	10	−10

15 그림과 같이 진공상태에 놓여있는 평행판 커패시터에 극판길이 L의 절반에 해당하는 유전체를 삽입하여 정전용량이 10[μF]에서 25[μF]으로 증가하였다. 삽입된 유전체의 비유전율 ϵ_r은? (단, 극판의 간격은 일정하다)

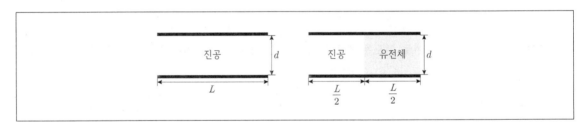

① 1   ② 2

③ 3   ④ 4

ANSWER 14.① 15.④

14
$$Z = \frac{10 \times j10}{10 + j10} = \frac{j100(10 - j10)}{(10 + j10)(10 - j10)} = \frac{j100(10 - j10)}{200} = 5 + j5[\Omega]$$

15
진공의 경우 $C_1 = \frac{\epsilon_o S}{d} = 10[\mu F]$

병렬로 나눈 후 $C_2 = C_o + C = \frac{\epsilon_o \frac{S}{2}}{d} + \frac{\epsilon \frac{S}{2}}{d} = \frac{\epsilon_o S}{2d}(1 + \epsilon_r) = 25[\mu F]$

$\frac{1 + \epsilon_r}{2} = 2.5$, $\epsilon_r = 4$

16 스위치 S가 그림의 a에 충분히 긴 시간 동안 연결되어 있는 회로에서 시간 $t = 0$ [s]일 때 스위치 S를 b로 이동시켰다. $t \geq 0$에서 회로의 전류응답이 부족제동 특성을 가지려면 저항 $R[\Omega]$은?

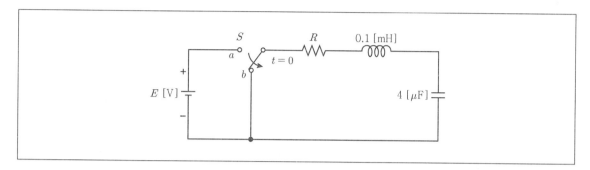

① 5

② 10

③ 15

④ 20

16 부족제동이 되면 $\delta < 1$ 진동이 된다.

임피던스 방정식 $R + Ls + \dfrac{1}{Cs} = 0$, $s^2 + \dfrac{R}{L}s + \dfrac{1}{LC} = 0$

진동조건 $\left(\dfrac{R}{L}\right)^2 - \dfrac{4}{LC} < 0$, $\left(\dfrac{R}{0.1 \times 10^{-3}}\right)^2 - \dfrac{4}{0.1 \times 10^{-3} \times 4 \times 10^{-6}} < 0$

$(R \times 10^4)^2 - 10^{10} < 0$, $R^2 < 10^2$, $R < 10$

17 그림의 비대칭 △결선 회로에 저항 R을 추가로 연결하여 단자 a, b, c 기준의 평형 3상 부하전류를 얻고자 한다. 이때 필요한 $R[\Omega]$은?

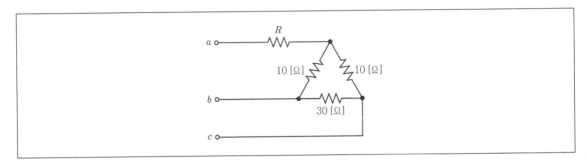

① 2

② 4

③ 6

④ 8

18 그림의 회로에서 종속전류원의 양단에 걸리는 전압 $V_0[\text{V}]$는?

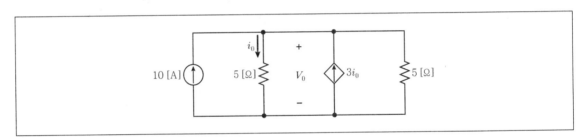

① -50

② -30

③ 30

④ 50

ANSWER 17.② 18.①

17 △결선을 Y로 변환한다.

$$R_a = \frac{10 \times 10}{10 + 10 + 30} = 2[\Omega]$$

$$R_b = \frac{10 \times 30}{10 + 10 + 30} = 6[\Omega] = R_c$$

평형 3상이 되려면 R_a에 직렬로 $R = 4[\Omega]$

18 • 종속 전류원을 개방한 경우 $i_{01} = 5[A]$

• 전류원 10A를 개방한 경우 $i_{02} = 1.5 i_o$

$$i_o = 5 + 1.5 i_o, \ i_o = \frac{-5}{0.5} = -10[A]$$

$$V_o = i_o \times 5[\Omega] = (-10) \times 5 = -50[V]$$

19 그림의 회로에서 스위치가 닫힌 상태로 오랜 시간이 경과한 후 $t = 0$[s]에서 열렸다. $t \geq 0$에서 커패시터의 초기전압 V_c[V]와 시정수 τ[ms]는?

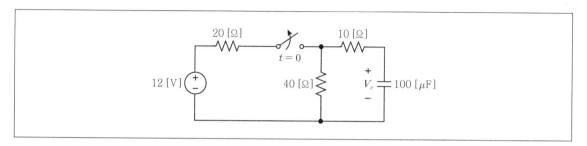

V_c[V]		τ[ms]
① 6		5
② 6		8
③ 8		5
④ 8		6

20 한 상의 임피던스가 $Z = 10 + j10$[Ω]인 평형 △결선 부하에 3상 선간전압 $70\sqrt{2}$ [V]를 인가할 때, 전체 무효전력[VAR]은? (단, 전압은 실횻값이다)

① 490

② 1,470

③ 1,600

④ 2,546

19 V_c는 전원 12V가 20[Ω], 1140[Ω]의 저항에 분압되는 전압 중 40[Ω]에 인가되는 전압과 같으므로

$V_c = 8[V]$

시정수 $RC = 50[\Omega] \times 100 \times 10^{-6}[F] = 5 \times 10^{-3}$ [sec] $\Rightarrow 5[m\,sec]$

20 3상 무효전력

$$P_r = 3\frac{V^2 X}{R^2 + X^2} = \frac{3 \times (70\sqrt{2})^2 \times 10}{10^2 + 10^2} = 1,470[Var]$$

전기이론

2024. 6. 22. 제2회 서울특별시 시행

1 어떤 콘덴서에 1[A]의 전류가 흘러들어 가고 있으며, 콘덴서의 전압 변화율은 10[V/s]이다. 해당콘덴서의 정전용량으로 알맞은 것은?

① 10[mF]

② 0.1[F]

③ 1[F]

④ 10[F]

ANSWER 1.②

1 $i = C\dfrac{dV}{dt}$ 에서 $1[A] = C \times 10[V/\sec]$

$C = \dfrac{1}{10} = 0.1[F]$

2 〈보기〉의 회로에서 테브난 등가회로의 저항[kΩ]과 전압[V]은?

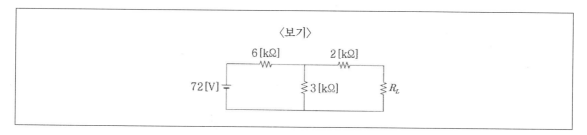

테브난 저항[kΩ]	테브난 전압[V]
① 3	12
② 4	24
③ 5	36
④ 6	48

3 선로의 직렬 임피던스가 $Z = R + jwL[\Omega]$이며, 병렬 어드미턴스가 $Y = G + jwC[S]$이다. 선로가 무손실 선로일 때, 선로의 특성 임피던스는?

① $\sqrt{\dfrac{C}{L}}$ ② $\sqrt{\dfrac{L}{C}}$

③ $\sqrt{LC}$ ④ $\sqrt{L^2 C}$

ANSWER 2.② 3.②

2 • 테브난 저항 : 전압원을 단락하고 단자에서 본 합성저항

$2 + \dfrac{6 \times 3}{6+2} = 4[\Omega]$

• 테브난 전압 : 부하를 개방하고 전원에서 본 단자전압

$\dfrac{3}{6+3} \times 72[V] = 24[V]$

3 특성 임피던스

$Z_o = \sqrt{\dfrac{Z}{Y}} = \sqrt{\dfrac{R + j\omega L}{G + j\omega C}} \Rightarrow$ 무손실 선로 $R = G = 0$

$Z_o = \sqrt{\dfrac{L}{C}}$

4 〈보기〉의 4단자망 회로에서 ABCD 파라미터 값은?

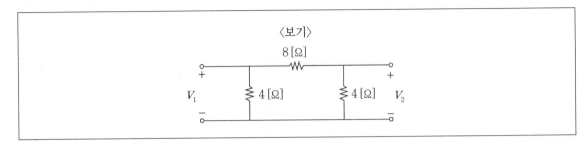

	A	B	C	D
①	2	1	3	2
②	3	1	8	3
③	2	3	1	2
④	3	8	1	3

5 반지름이 1[m]인 환상 솔레노이드 코일에 6.28[A]의 전류가 흘렀을 때 내부자계의 세기가 150[AT/m]인 것으로 나타났다. 해당 환상 솔레노이드의 권선수는?(단, 원주율 π=3.14로 계산한다.)

① 50   ② 100

③ 150   ④ 200

ANSWER 4.④ 5.③

4 ABCD 파라미터

$$\begin{vmatrix} A & B \\ C & D \end{vmatrix} = \begin{vmatrix} 1 & 0 \\ \frac{1}{4} & 1 \end{vmatrix} \begin{vmatrix} 1 & 8 \\ 0 & 1 \end{vmatrix} \begin{vmatrix} 1 & 0 \\ \frac{1}{4} & 1 \end{vmatrix} = \begin{vmatrix} 1 & 8 \\ \frac{1}{4} & 3 \end{vmatrix} \begin{vmatrix} 1 & 0 \\ \frac{1}{4} & 1 \end{vmatrix} = \begin{vmatrix} 3 & 8 \\ 1 & 3 \end{vmatrix}$$

A=D=3, B=8, C=1

5 $H = \dfrac{NI}{l} [AT/m]$

환상 솔레노이드에서 $H = \dfrac{NI}{2\pi r} = 150 [AT/m]$

전류가 6.28[A], 반지름이 1[m]
권선수 N= 150[T]

6 〈보기〉의 회로의 전압원을 전류원으로 변환 시 등가 변환 회로도로 적절한 것은?

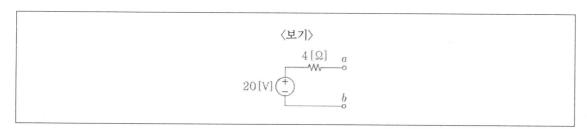

①

②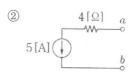

③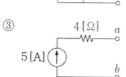

④

7 어떠한 교류 전압원이 순수 용량성 부하에 연결되었을 때, 해당 부하에 흐르는 전류의 위상은 교류 전압원에 비해 (개)이며, 해당 회로망의 역률은 (내)이다. (개)와 (내)에 해당하는 것을 옳게 짝지은 것은?

(개)	(내)
① 진상	0
② 지상	0
③ 진상	1
④ 지상	1

ANSWER 6.① 7.①

6 테브난을 노튼으로 등가 변환

내부저항이 직렬에서 병렬로, 전류원은 $\frac{20[V]}{4[\Omega]} = 5[A]$

전류원의 방향은 전압원의 +방향

7 순수 용량성 부하에서 전류는 전압에 90° 위상이 앞선다(진상).

무효율(sin)이 1이므로 역률(cos)은 0

8 인덕터에 대한 설명으로 옳지 않은 것은?

① 동일한 자성체에 권선을 2회 감아준 인덕터와 4회 감아준 인덕터의 인덕턴스는 4배 차이이다.

② 동일한 자성체의 형상과 권수를 가지지만, 자성체의 투자율이 다른 두 인덕터가 존재한다. 이 때, 투자율이 더 큰 자성체를 지닌 인덕터의 인덕턴스가 더 크다.

③ 자성체의 투자율, 권수, 자로의 길이가 같지만, 자성체의 단면적이 다른 두 인덕터가 존재한다. 이 때, 자성체의 단면적이 좁은 인덕터의 인덕턴스가 더 크다.

④ 공극이 없던 인덕터에 공극을 추가하면 인덕터의 인덕턴스는 줄어든다.

9 전계에 대한 설명으로 옳지 않은 것은?

① 전계 내의 한 점 a에서 다른 한 점 b로 10[C]의 전하를 30[J]의 에너지를 들여 이동시켰을 때, a점과 b점의 전위차의 크기는 3[V]이다.

② 두 콘덴서가 동일한 유전체와 전극의 면적을 지닐 때, 전극 간 거리가 더 먼 콘덴서가 더 큰 정전용량을 갖는다.

③ 두 콘덴서가 동일한 유전체와 전극 간 거리를 지닐 때, 전극의 면적이 더 넓은 콘덴서가 더 큰 정전용량을 갖는다.

④ 두 콘덴서를 병렬로 연결하면 등가 정전 용량은 더 커진다.

8
$$L = \frac{N^2}{R} = \frac{\mu S N^2}{l} [H], \ L \propto S, \ L \propto N^2, \ L \propto \mu$$
공극은 자기저항의 증가이므로 인덕턴스는 감소, 인덕턴스는 단면적에 비례한다.

9
$$C = \epsilon \frac{S}{d} [F], \ C \propto \frac{1}{d}$$
전극간의 거리가 멀어질수록 정전 용량은 작아진다.

10 〈보기〉와 같은 회로에서 전압 $V_1[\mathrm{V}]$과 $V_2[\mathrm{V}]$는?

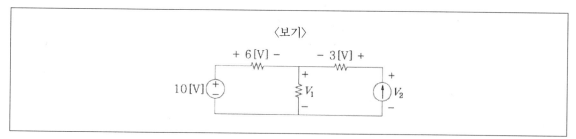

	$V_1[\mathrm{V}]$	$V_2[\mathrm{V}]$
①	6	2
②	2	6
③	4	7
④	7	4

10 • 전류원을 개방하면
$$10[V] = 6[V] + V_1, \quad V_1 = 4[V]$$
• 전압원을 단락하면
$$3[V] + 4[V] = 7[V] \quad (6[V]는 수동소자의 극성이 반대)$$

11 〈보기〉의 회로에서 $t=0$ 이전에 수동 소자에 저장된 에너지는 없으며, 스위치 S는 개방되어 있다. 스위치는 시간 $t=0$인 순간에 a점에 연결된다. 이후 $t=1[\mu s]$인 순간 스위치는 a점에서 떨어져 b점에 연결된다. 이후 충분한 시간이 흘러 회로가 새로운 평형 상태에 도달하였다. 이 때, $t>0$인 구간에서 ㈎ 인덕터 전류 $i_L(t)$의 최댓값[A]과 ㈏ 전류 $i_R(t)$의 최댓값[A]을 옳게 짝지은 것은?

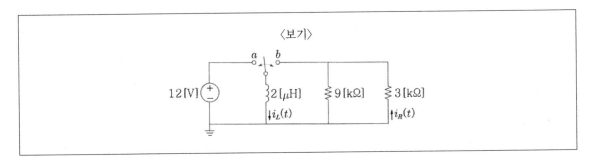

	㈎	㈏
①	$\dfrac{1}{6}$	$\dfrac{1}{24}$
②	$\dfrac{1}{6}$	$\dfrac{1}{8}$
③	6	1.5
④	6	4.5

· ·

ANSWER 11.④

11 ㈎ $V=L\dfrac{di}{dt}$, $\quad 12=2\times10^{-6}\times\dfrac{i}{1\times10^{-6}}$ $\Rightarrow i=6[A]$

㈏ $i_g(t)=\dfrac{9}{9+3}\times6=4.5[A]$

12 〈보기〉와 같이 회로와 물체 A가 연결되어 있고, 전압 $V_{ab} = -4[\text{V}]$이고, 전류 $I = -2[\text{A}]$이다. 이때, 물체 A는 ㈎의 전력[W]을 ㈏한다. ㈎와 ㈏에 해당하는 것을 옳게 짝지은 것은?

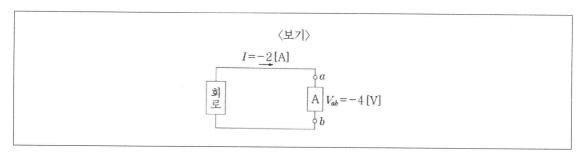

	㈎	㈏
①	8	공급
②	8	흡수
③	2	공급
④	2	흡수

13 극판 사이가 공기로 채워져 있던 콘덴서에 비유전율(ϵ_r)이 3인 유전체로 대체하여 채우는 경우 극판의 전하량의 변화를 가장 적절히 설명한 것은? (단, 전압은 일정하고 공기 중과 진공의 유전율은 동일한 것으로 가정한다.)

① 3배로 증가함

② $\frac{1}{3}$로 감소함

③ $\sqrt{3}$ 공배로 증가함

④ $\frac{1}{9}$로 감소함

---

12 ㈎ 전력 $P = VI = (-4) \times (-2) = 8[W]$

㈏ 전압의 부호가 (−)이므로 전력을 흡수하는 상태이다.

13 $C \propto \epsilon$이므로 유전율이 1⇒3이 된 경우 C는 3배로 증가

14 영역 1($z < 0$)에는 비유전율(ϵ_r)이 2, 영역 2($z > 0$)에는 비유전율(ϵ_r)이 4인 유전체가 있다. 영역 1에서 전계가 $\overrightarrow{E_1} = -3a_x + 4a_y - 2a_z$[V/m]일 때, 영역 2에서의 전계 $\overrightarrow{E_2}$[V/m]는?

① $-3a_x + 4a_y - 2a_z$

② $-3a_x + 2a_y - 2a_z$

③ $-3a_x + 4a_y - a_z$

④ $-3a_x + 2a_y - a_z$

15 반지름 50[cm]의 원주형 도선에 4π[A]의 전류가 흐를 때, 무한장 긴 도선의 중심축에서 100[cm]되는 점의 자계의 세기[AT/m]는?

① 1

② 2

③ 3

④ 4

16 전계벡터 $\overrightarrow{E} = 4xa_x + 2ya_y$[V/m]가 있을 때, 점 (1, 2)를 지나는 전기력선 방정식은?

① $2x = y^2$

② $x = 2y^2$

③ $4x = y^2$

④ $x = 4y^2$

ANSWER 14.③ 15.② 16.③

14 전계는 유전율에 반비례하고 z영역만 변하는 것이다.
유전율이 2배가 되면 전계는 1/2배가 된다.

15 $H = \dfrac{I}{2\pi r} = \dfrac{4\pi}{2\pi \times 1} = 2[\mathrm{AT/m}]$

16 점(1, 2)를 지나므로 보기 중 $x = 1$, $y = 2$를 대입해서 성립하는 것을 찾으면 된다.

$\dfrac{dx}{E_x} = \dfrac{dy}{E_y}$, $\dfrac{dx}{4x} = \dfrac{dy}{2y}$ 양변을 적분 $\dfrac{1}{4}\ln x = \dfrac{1}{2}\ln y + \ln C$

$\ln x = 2\ln y + 4\ln C$, $\dfrac{x}{y^2} = C_1$ $(C_1 = C^4)$

$x = 1$, $y = 2$를 대입

$C_1 = \dfrac{1}{4}$ 이므로 $y^2 = 4x$

17 〈보기〉의 회로에서 주파수에 관계없이 일정한 임피던스를 갖도록 하기 위한 $R[\Omega]$은?

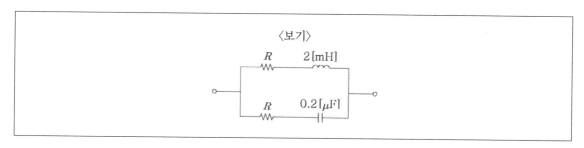

① 20

② 40

③ 80

④ 100

18 〈보기〉와 같이 주기적으로 변하는 전류 $i(t)$의 실횻값[A]은?

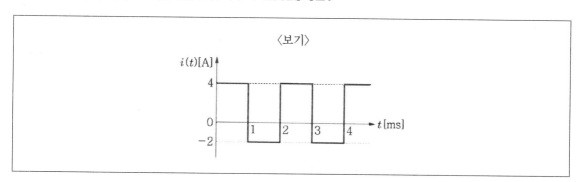

① 2

② $\sqrt{5}$

③ $\sqrt{10}$

④ $2\sqrt{5}$

ANSWER 17.④ 18.③

17 정저항회로
$$R^2 = \frac{L}{C} = \frac{2 \times 10^{-3}}{0.2 \times 10^{-6}} = 10^4, \ R = 100[\Omega]$$

18 실횻값 $i = \sqrt{\frac{1}{2}\left[\int_0^1 4^2 dt + \int_1^2 (-2)^2 dt\right]}$

$i = \sqrt{\frac{1}{2}\left([16t]_0^1 + [4t]_1^2\right)} = \sqrt{10}\,[A]$

19 〈보기〉의 자기 결합 회로에서 전압 $V_{IN}(t<0)=0$[V], 전류 $i_{IN}(t<0)=0$[A]이다. 전압 $V_{IN}(t \geq 0)$ $=10$[V]일 때, 전류 $i_{IN}(t=5[\mu s])$[A]은? (단, 누설 자속은 없다고 가정한다.)

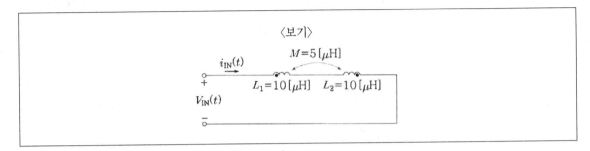

① 5

② 2.5

③ 1.25

④ 0.625

ANSWER 19.①

19

$V=L\dfrac{di}{dt}[V]$

감극성이므로 $L=L_1+L_2-2M=10+10-2\times 5=10[\mu H]$

$V=L\dfrac{di}{dt}[V]$에서 $10=10\times 10^{-6}\times \dfrac{i}{5\times 10^{-6}}$

$\therefore \ i=5[A]$

20 〈보기〉에서 부하저항 R_L에 걸리는 전압 V_L[V]은?

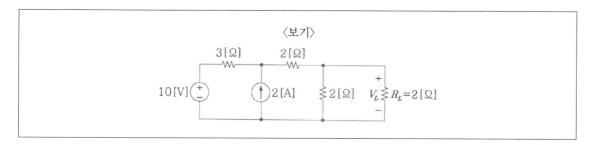

① $\dfrac{7}{16}$

② $\dfrac{3}{8}$

③ $\dfrac{16}{7}$

④ $\dfrac{8}{3}$

ANSWER 20.④

20 중첩의 정리를 이용한다.

• 전압원만 있는 경우 전류원을 개방

합성저항은 $R_{o1} = 3 + 2 + \dfrac{2 \times 2}{2+2} = 6[\Omega],\ I_{RL} = \dfrac{10}{6} \times \dfrac{1}{2}[A]$

• 전류원만 있는 경우 전압원을 단락

전류원 양단의 저항이 $3[\Omega]$으로 같으므로 $I_{RL} = 0.5[A]$

$I_{RL} = \dfrac{10}{12} + \dfrac{1}{2} = \dfrac{4}{3}[A]$

$V_L = I_{RL} \times 2 = \dfrac{8}{3}[V]$

2024. 6. 22. 제2회 서울특별시 (보훈청 추천) 시행

1 어떤 콘덴서에 1[A]의 전류가 흘러들어 가고 있으며, 콘덴서의 전압 변화율은 10[V/s]이다. 해당콘덴서의 정전용량으로 알맞은 것은?

① 10[mF]

② 0.1[F]

③ 1[F]

④ 10[F]

··

ANSWER 1.②

1
$i = C \dfrac{dV}{dt}$ 에서 $1[A] = C \times 10[V/\sec]$

$C = \dfrac{1}{10} = 0.1[F]$

2 〈보기〉의 회로에서 테브난 등가회로의 저항[kΩ]과 전압[V]은?

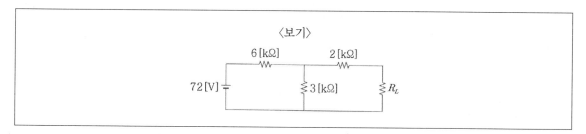

테브난 저항[kΩ]	테브난 전압[V]
① 3	12
② 4	24
③ 5	36
④ 6	48

3 선로의 직렬 임피던스가 $Z = R + jwL[\Omega]$이며, 병렬 어드미턴스가 $Y = G + jwC[S]$이다. 선로가 무손실 선로일 때, 선로의 특성 임피던스는?

① $\sqrt{\dfrac{C}{L}}$ ② $\sqrt{\dfrac{L}{C}}$

③ $\sqrt{LC}$ ④ $\sqrt{L^2 C}$

ANSWER 2.② 3.②

2 • 테브난 저항 : 전압원을 단락하고 단자에서 본 합성저항

$$2 + \frac{6 \times 3}{6 + 2} = 4[\Omega]$$

• 테브난 전압 : 부하를 개방하고 전원에서 본 단자전압

$$\frac{3}{6 + 3} \times 72[V] = 24[V]$$

3 특성 임피던스

$$Z_o = \sqrt{\frac{Z}{Y}} = \sqrt{\frac{R + j\omega L}{G + j\omega C}} \Rightarrow 무손실 \ 선로 R = G = 0$$

$$Z_o = \sqrt{\frac{L}{C}}$$

4 〈보기〉의 4단자망 회로에서 ABCD 파라미터 값은?

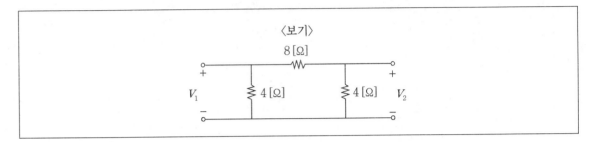

	A	B	C	D
①	2	1	3	2
②	3	1	8	3
③	2	3	1	2
④	3	8	1	3

5 반지름이 1[m]인 환상 솔레노이드 코일에 6.28[A]의 전류가 흘렀을 때 내부자계의 세기가 150[AT/m]인 것으로 나타났다. 해당 환상 솔레노이드의 권선수는?(단, 원주율 π=3.14로 계산한다.)

① 50   ② 100

③ 150   ④ 200

ANSWER 4.④ 5.③

4 ABCD 파라미터

$$\begin{vmatrix} A & B \\ C & D \end{vmatrix} = \begin{vmatrix} 1 & 0 \\ \frac{1}{4} & 1 \end{vmatrix}\begin{vmatrix} 1 & 8 \\ 0 & 1 \end{vmatrix}\begin{vmatrix} 1 & 0 \\ \frac{1}{4} & 1 \end{vmatrix} = \begin{vmatrix} 1 & 8 \\ \frac{1}{4} & 3 \end{vmatrix}\begin{vmatrix} 1 & 0 \\ \frac{1}{4} & 1 \end{vmatrix} = \begin{vmatrix} 3 & 8 \\ 1 & 3 \end{vmatrix}$$

A=D=3, B=8, C=1

5 $H = \dfrac{NI}{l}[AT/m]$

환상 솔레노이드에서 $H = \dfrac{NI}{2\pi r} = 150[AT/m]$

전류가 6.28[A], 반지름이 1[m]

권선수 N= 150[T]

6 〈보기〉의 회로의 전압원을 전류원으로 변환 시 등가 변환 회로도로 적절한 것은?

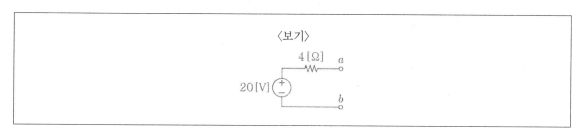

①

②

③

④

7 어떠한 교류 전압원이 순수 용량성 부하에 연결되었을 때, 해당 부하에 흐르는 전류의 위상은 교류 전압원에 비해 ㉮이며, 해당 회로망의 역률은 ㉯이다. ㉮와 ㉯에 해당하는 것을 옳게 짝지은 것은?

	㉮	㉯
①	진상	0
②	지상	0
③	진상	1
④	지상	1

ANSWER 6.① 7.①

6 테브난을 노튼으로 등가 변환

내부저항이 직렬에서 병렬로, 전류원은 $\dfrac{20[V]}{4[\Omega]} = 5[A]$

전류원의 방향은 전압원의 +방향

7 순수 용량성 부하에서 전류는 전압에 90° 위상이 앞선다(진상).

무효율(sin)이 1이므로 역률(cos)은 0

8 인덕터에 대한 설명으로 옳지 않은 것은?

① 동일한 자성체에 권선을 2회 감아준 인덕터와 4회 감아준 인덕터의 인덕턴스는 4배 차이이다.

② 동일한 자성체의 형상과 권수를 가지지만, 자성체의 투자율이 다른 두 인덕터가 존재한다. 이 때, 투자율이 더 큰 자성체를 지닌 인덕터의 인덕턴스가 더 크다.

③ 자성체의 투자율, 권수, 자로의 길이가 같지만, 자성체의 단면적이 다른 두 인덕터가 존재한다. 이 때, 자성체의 단면적이 좁은 인덕터의 인덕턴스가 더 크다.

④ 공극이 없던 인덕터에 공극을 추가하면 인덕터의 인덕턴스는 줄어든다.

9 전계에 대한 설명으로 옳지 않은 것은?

① 전계 내의 한 점 a에서 다른 한 점 b로 10[C]의 전하를 30[J]의 에너지를 들여 이동시켰을 때, a점과 b점의 전위차의 크기는 3[V]이다.

② 두 콘덴서가 동일한 유전체와 전극의 면적을 지닐 때, 전극 간 거리가 더 먼 콘덴서가 더 큰 정전용량을 갖는다.

③ 두 콘덴서가 동일한 유전체와 전극 간 거리를 지닐 때, 전극의 면적이 더 넓은 콘덴서가 더 큰 정전용량을 갖는다.

④ 두 콘덴서를 병렬로 연결하면 등가 정전 용량은 더 커진다.

ANSWER 8.③ 9.②

8 $L = \dfrac{N^2}{R} = \dfrac{\mu S N^2}{l}\,[H]$, $L \propto S$, $L \propto N^2$, $L \propto \mu$

공극은 자기저항의 증가이므로 인덕턴스는 감소, 인덕턴스는 단면적에 비례한다.

9 $C = \epsilon \dfrac{S}{d}\,[F]$, $C \propto \dfrac{1}{d}$

전극간의 거리가 멀어질수록 정전 용량은 작아진다.

10 〈보기〉와 같은 회로에서 전압 $V_1[V]$과 $V_2[V]$는?

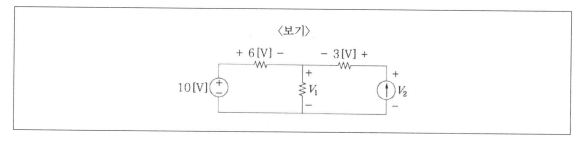

$V_1[V]$	$V_2[V]$
① 6	2
② 2	6
③ 4	7
④ 7	4

11 이상적인 전원의 전류원과 전압원에 대한 설명으로 옳은 것은?

① 전류원의 내부저항은 0이고, 전압원의 내부저항은 ∞이다.

② 전류원의 내부저항은 일정하지 않고, 전압원의 내부저항은 일정하다.

③ 전류원 및 전압원의 내부저항은 흐르는 전류에 따라 변한다.

④ 전류원의 내부저항은 ∞이고, 전압원의 내부저항은 0이다.

ANSWER 10.③ 11.④

10 • 전류원을 개방하면
  $10[V] = 6[V] + V_1$, $V_1 = 4[V]$
  • 전압원을 단락하면
  $3[V] + 4[V] = 7[V]$ ($6[V]$는 수동소자의 극성이 반대)

11 이상적인 전압원은 전류의 크기와 관계없이 전압이 일정한 전압원이다.
따라서 내부저항이 0에 가까울수록 이상적이 된다.
이상적인 전류원은 내부저항의 크기가 ∞에 가까울수록 이상적이다.

12 어느 직렬 RL회로의 자연응답 전류 수식이 $i(t) = 5e^{-10t}$[A]이다. 이 회로의 인덕턴스가 $L = 50$[mH]일 때, 저항[Ω]은?

① 0.01
② 0.05
③ 0.1
④ 0.5

13 어느 인덕터에 전류가 5[A]가 흐르고 있고 해당 인덕터에 저장된 에너지는 7.5[J]일 때, 인덕턴스[H]는?

① 0.6
② 0.8
③ 1
④ 1.5

14 정격 전압에서 각각 100[W]의 전력을 소비하는 저항이 3개 있다. 이 저항 3개를 병렬 연결하고 정격의 90[%]인 전압을 인가할 때, 전체 저항의 소비전력[W]은?

① 192
② 210
③ 243
④ 270

ANSWER 12.④ 13.① 14.③

12 시정수 $\dfrac{L}{R} = \dfrac{1}{10}$, $R = 50 \times 10^{-3} \times 10 = 0.5[\Omega]$

13 $W = \dfrac{1}{2}LI^2 = 7.5[J]$, $L = \dfrac{7.5 \times 2}{I^2} = \dfrac{15}{5^2} = 0.6[H]$

14 $P = \dfrac{V^2}{R} \Rightarrow \dfrac{(0.9V)^2}{\dfrac{1}{3}R} = 2.43\dfrac{V^2}{R} = 2.43 \times 100[W] = 243[W]$

15 〈보기〉의 회로에서 전압 V가 12[V]이며, 부하저항 R_L에 최대 전력이 공급될 때의 전력 값은 6[W]라고 한다. 이때, 합성저항 $R[\Omega]$은? (단, R_i는 전원의 내부저항이다.)

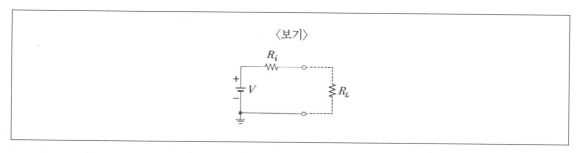

〈보기〉

① 6

② 8

③ 12

④ 16

16 권수가 1,000회이고, 저항이 10[Ω]인 솔레노이드에 전류가 10[A] 흐를 때, 자속 1×10^{-3}[Wb]가 발생하였다. 이 회로의 시정수[sec]는? (단, 솔레노이드의 내부 자기장은 균일하고, 외부 자기장은 무시할 만큼 작다.)

① 1

② 0.1

③ 0.01

④ 0.001

ANSWER 15.③ 16.③

15 최대전력 $R_i = R_L$

$P_{max} = \dfrac{V^2}{4R_L} = 6[W], \ R_L = 6[\Omega]$

합성저항 $R_o = R_i + R_L = 12[\Omega]$

16 $N\phi = LI, \ L = \dfrac{N\phi}{I} = \dfrac{1,000 \times 1 \times 10^{-3}}{10} = 0.1[H]$

시정수 $\dfrac{L}{R} = \dfrac{0.1}{10} = 0.01[\sec]$

17 $R-L$ 직렬회로에 $e = 90\sin 120\pi t$[V]의 전압을 인가하였을 때, $i = 2\sin(120\pi t - 45°)$[A]의 전류가 흐른다. 이때, 저항의 근삿값[Ω]은? (단, $\sqrt{2}$ =1.4로 계산한다.)

① 22.5

② 32.14

③ 45

④ 64.29

18 유전율(ϵ)이 $2×10^{-12}$[F/m]인 유전체로 채워진 정사각형의 평행판 콘덴서의 판 간 거리가 10[mm]이고, 판의 한 변의 길이가 100[mm]일 때, 이 콘덴서의 정전용량[pF]은?

① 2

② 4

③ 6

④ 8

ANSWER 17.② 18.①

17

$$Z = \frac{e}{i} = \frac{90\sin 120\pi t}{2\sin(120\pi t - 45^o)} = \frac{\frac{90}{\sqrt{2}}\angle 0^o}{\frac{2}{\sqrt{2}}\angle(-45^o)} = 45\angle 45^o$$

$$Z = 45\angle 45^o = 45(\cos 45^o + j\sin 45^o) = \frac{45}{\sqrt{2}} + j\frac{45}{\sqrt{2}}$$

$$R = X = \frac{45}{\sqrt{2}} = 32.14[\Omega]$$

18

$$C = \epsilon \frac{S}{d} = 2×10^{-12} × \frac{(100×10^{-3})^2}{10×10^{-3}} = 2[pF]$$

19 $\vec{V_a} = 7[\text{V}]$, $\vec{V_b} = 4 - j4[\text{V}]$, $\vec{V_c} = 4 + j4[\text{V}]$ 3상 불평형 전압일 때, 영상 전압 $V_0[\text{V}]$은?

① 0

② 5

③ 15

④ 26

20 유전율이 ϵ_0, 극판면적이 S이고, 정전용량이 C_0인 평행판 콘덴서가 있다. 〈보기〉와 같이 면적 S의 절반에 비유전율 ϵ_r인 물질을 삽입하였더니 평행판 콘덴서의 합성 정전용량이 $2.5C_0$가 되었다고 할 때, 비유전율 ϵ_r은?

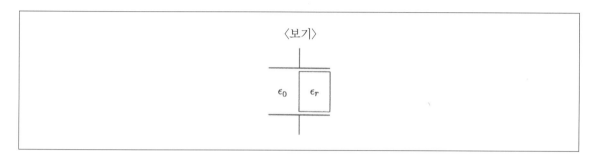

〈보기〉

① 1

② 2

③ 3

④ 4

---

19 영상전압 $V_o = \dfrac{1}{3}(\vec{V_a} + \vec{V_b} + \vec{V_c})$

$V_o = \dfrac{1}{3}(7 + 4 - j4 + 4 + j4) = 5[V]$

20 $C = \dfrac{1}{2}C_o + \dfrac{1}{2}C_1 = \dfrac{1}{2}C_o + \dfrac{1}{2}\epsilon_r C_o = 2.5C_0$

$\dfrac{1}{2} + \dfrac{1}{2}\epsilon_r = 2.5$, $\epsilon_r = 4$

02

전기기기

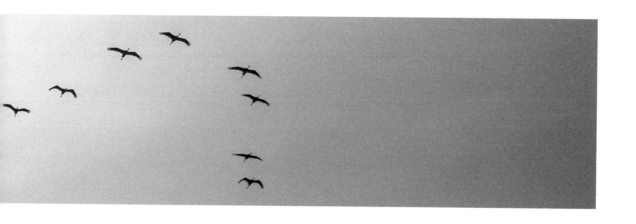

1 1차측 권선이 50회, 전압 444[V], 주파수 50[Hz], 정격용량이 50[kVA]인 변압기가 정현파 전원에 연결되어 있다. 철심에서 교번하는 정현파 자속의 최댓값은?

① 0.03Wb

② 0.04Wb

③ 0.05Wb

④ 0.06Wb

2 직류 분권발전기의 전기자저항이 0.2[Ω], 계자저항이 50[Ω], 전기자전류가 50[A], 유도기전력이 210[V]일 때 부하출력은?

① 8.6kW

② 9.2kW

③ 9.8kW

④ 10.4kW

....

ANSWER 1.② 2.②

1 변압기 유도기전력

$E = 4.44fN\varnothing_m\,[V]$

$\varnothing_m = \dfrac{E}{4.44fN} = \dfrac{444}{4.44 \times 50 \times 50} = 0.04[wb]$

2 직류 분권발전기

발전기 출력 $P_g = EI_a = 210 \times 50 = 10500 = 10.5[KW]$

단자전압 $V = E - I_a R_a = 210 - 50 \times 0.2 = 200[V]$, 계자전류는 $V = I_f R_f = 200[V]$이므로 $I_f = \dfrac{V}{R_f} = \dfrac{200}{50} = 4[A]$.

부하전류 $I = I_a - I_f = 50 - 4 = 46[A]$

부하출력 $P = VI = (210 - 50 \times 0.2) \times (50 - 4) = 9200 = 9.2[KW]$

3 농형 유도전동기와 권선형 유도전동기에 대한 설명으로 가장 옳지 않은 것은?

① 권선형 유도전동기는 소형 및 중형에 널리 사용된다.

② 농형 유도전동기는 취급이 쉽고 효율이 좋다.

③ 농형 유도전동기는 구조가 간단하다.

④ 권선형 유도전동기는 속도 조절이 용이하다.

4 극수가 8극이고 회전수가 900[rpm]인 동기발전기와 병렬 운전하는 동기발전기의 극수가 12극이라면 회전수는?

① 400rpm　　　　　　　　　　② 500rpm

③ 600rpm　　　　　　　　　　④ 700rpm

5 60[Hz], 6극, 15[kW]인 3상 유도전동기가 1,080[rpm]으로 회전할 때, 회전자 효율은? (단, 기계손은 무시한다.)

① 80%　　　　　　　　　　　② 85%

③ 90%　　　　　　　　　　　④ 95%

ANSWER 3.① 4.③ 5.③

3　농형 유도전동기는 중·소형기기에 적용을 하고, 권선형 유도전동기는 대형에 적용한다.
농형 유도전동기는 회전자의 구조가 간단하고 튼튼하며 취급하기 쉽고, 운전 중일 때의 성능은 우수하나 기동할 때의 성능은 뒤떨어진다.

4　동기발전기의 동기속도

$$N_s = \frac{120f}{P}[rpm]$$

$$120f = N_s P = 900 \times 8 = x \times 12$$

$$x = 600[rpm]$$

5　유도전동기의 슬립을 구한다.

동기속도　$N_s = \dfrac{120f}{P} = \dfrac{120 \times 60}{6} = 1200[rpm]$

슬립　$s = \dfrac{1200 - 1080}{1200} \times 100 = 10[\%]$

효율　$\eta = 1 - s = 1 - 0.1 = 0.9, \quad 90[\%]$

6 3상권선에 의한 회전자계의 고조파성분 중 제7고조파에 대한 설명으로 가장 옳은 것은?

① 기본파와 반대 방향으로 7배의 속도로 회전한다.

② 기본파와 같은 방향으로 7배의 속도로 회전한다.

③ 기본파와 반대 방향으로 1/7배의 속도로 회전한다.

④ 기본파와 같은 방향으로 1/7배의 속도로 회전한다.

7 그림과 같이 DC-DC 컨버터의 듀티비가 D일 때, 출력전압은? (단, 인덕터 전류는 일정하며, 커패시터의 값은 출력전압의 리플을 무시할 수 있을 정도로 크다고 가정한다.)

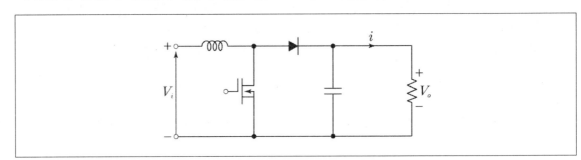

① $V_o = DV_i$

② $V_o = \dfrac{1}{1-D} V_i$

③ $V_o = \dfrac{D}{1-D} V_i$

④ $V_o = \dfrac{1}{D} V_i$

ANSWER 6.④ 7.②

6 3상유도전동기 고정자속에는 공간고조파가 포함되는 일이 있다.
h를 고조파차수, m을 상수, n을 정수라고 할 때 $h = 2nm \pm 1$
+일 때 3상 n=1이면 7고조파, n=2이면 13고조파 등은 기본파와 같은 방향의 회전자계
−일 때 3상 n=1이면 5고조파, n=2이면 11고조파 등은 기본파와 반대 방향의 회전자계
$h = 2nm$에서는 회전자계가 발생하지 않는다.
3고조파는 1사이클 내에 회전수가 3배로 늘지만 크기는 1/3으로 감소한다.
그러므로 7고조파는 회전자계가 기본파와 같은 방향이고 속도는 1/7이다.

7 그림은 부스트 컨버터의 기본회로이다. 스위치를 도통 상태로 하면 회로가 단락이 되므로 입력전압에 의하여 인덕터 L에 에너지가 축적되고 다이오드에 흐르던 전류는 차단된다.
이 때 출력측에서는 C에 축적된 전하가 부하저항을 통해서 방전되므로 $V_0 [V]$ 전압이 발생한다. 다음 순간에 스위치를 열면 L에 축적된 에너지가 다이오드를 통해서 출력측으로 방출된다. 이와 같이 스위치 on, off의 도통시간과 차단시간의 비율을 조정하여 원하는 직류 출력전압을 얻는 것이다. 주기를 T_s라고 할 때 DT_s구간은 도통 상태, $(1-D)T_s$는 차단 상태.

D는 컨버터의 듀티비(duty ratio) 부스트 컨버터의 출력전압은 $V_0 = \dfrac{1}{1-D} V_i [V]$가 되며 D가 항상 1보다 작으므로 출력전압은 입력전압보다 커지게 된다. (참고 : 벅 컨버터는 $V_0 = DV_i [V]$로 출력전압이 입력전압보다 항상 작다.)

8 △결선 변압기 중 단상 변압기 1개가 고장나 V결선으로 운전되고 있다. 이때 V결선된 변압기의 이용률과 △결선 변압기에 대한 V결선 변압기의 2차 출력비는? (단, 부하에 의한 역률은 1이다.)

변압기 이용률   2차 출력비

① $\dfrac{\sqrt{3}}{2}$ $\dfrac{1}{\sqrt{3}}$

② $\dfrac{1}{\sqrt{3}}$ $\dfrac{\sqrt{3}}{2}$

③ $\sqrt{\dfrac{2}{3}}$ $\dfrac{1}{\sqrt{3}}$

④ $\dfrac{\sqrt{3}}{2}$ $\sqrt{\dfrac{2}{3}}$

9 동기발전기 출력이 400[kVA]이고 발전기의 운전용 원동기의 입력이 500[kW]인 경우 동기발전기의 효율은? (단, 동기발전기의 역률은 0.9이며, 원동기의 효율은 0.80이다.)

① 0.72   ② 0.81

③ 0.90   ④ 0.92

ANSWER 8.① 9.③

8 변압기의 V결선과 △결선의 비교

㉠ 출력비(V_p: 상전압, I_p: 상전류)

$$\frac{P_V}{P_\triangle} = \frac{\sqrt{3}\,V_p I_p}{3V_p I_p} = \frac{1}{\sqrt{3}} = 0.57$$

㉡ 변압기 이용률 : 변압기 2대에서 3상출력

$$\frac{P_V}{2P_1} = \frac{\sqrt{3}\,P_1}{2P_1} = 0.866 \quad \text{변압기의 용량의 86.6[\%]만 사용할 수 있다.}$$

9 동기발전기의 효율

$$\eta = \frac{\text{동기발전기의 출력}}{\text{원동기의 입력}} = \frac{400[KVA] \times 0.9}{500[Kw] \times 0.8} = \frac{360[Kw]}{400[Kw]} = 0.9$$

10 계기용 변성기에 대한 설명으로 가장 옳은 것은?

① 계기용 변성기는 고전압이나 대전류를 측정하기 위하여 1차 권선과 2차 권선의 임피던스 강하를 최대한 높여야 한다.

② 계기용 변성기는 변압비와 변류비를 정확하게 하기 위하여 철심재료의 투자율이 큰 강판을 사용해 여자전류를 적게 한다.

③ 계기용 변성기 중 P.T는 1차측을 측정하려는 회로에 병렬로 접속하고 2차측을 단락하여 피측정회로의 전압을 측정한다.

④ 계기용 변성기 중 C.T는 1차측을 측정하려는 회로에 직렬로 접속하고 2차측을 개방하여 피측정회로의 전류를 측정한다.

11 직류발전기의 전기자반작용에 대한 설명으로 가장 옳지 않은 것은? (단, 무부하 시의 중성축을 기하학적 중성축이라 한다.)

① 전기자반작용 자속은 기하학적 중성축을 회전방향으로 이동시키고 부하전류가 증가함에 따라 이동각도가 증가한다.

② 전기자반작용에 의하여 기하학적 중성축에 위치한 브러시에 불꽃이 발생한다.

③ 전기자반작용에 의하여 공극자속이 감소하기 때문에 유도기전력이 감소한다.

④ 전기자반작용에 의한 기자력과 같은 크기로 전기적으로 90° 위상이 되도록 보상권선의 기자력을 만들면 전기자반작용은 상쇄된다.

ANSWER 10.② 11.④

10 고압회로의 전압, 전류 또는 저압회로의 큰 전류를 측정하기 위하여 계기용 변성기를 사용한다. 계기용 변성기에는 계기용 변압기(PT)와 계기용 변류기(CT)가 있으며 2차측 부하는 계기(전압계, 전류계)나 계전기(Relay)이다. PT,CT는 모두 1차측 회로에 병렬로 접속을 한다.
  ㉠ 계기용 변압기 : 전압계의 내부저항은 매우 크기 때문에 변압기 2차측은 개방상태와 다름없다. 계기용 변압기는 사용 중에 절대로 단락해서는 안 된다.
  ㉡ 계기용 변류기 : 변류기의 사용 중에 2차측을 개방해서는 절대로 안 된다. 전류계가 부착된 상태에서 전류계 내부저항이 작으므로 단락상태와 다름없기 때문이다. 따라서 전류계가 고장이 나서 2차회로를 열어야 하는 경우에는 먼저 2차회로를 단락시켜 놓은 후 교체해야 한다.
    변성기의 특성을 좋게 하고 측정오차를 적게 하기 위해서는 철심에 비투자율이 크고 철손이 작은 재료를 사용해야 한다. 또한 단면적을 크게 해서 자속밀도를 낮게 하여 여자전류를 작게 한 것과 권선의 저항 및 누설리액턴스를 적게 할 필요가 있다.

11 직류발전기에 부하를 접속하면 전기자권선에 전류가 흐른다. 전기자권선에 전류가 흘러서 생긴 기자력은 계자가 발생한 자속에 영향을 주어 자속의 분포가 일그러지고, 유효자속의 크기가 감소하게 된다. 이런 현상이 전기자 반작용이다. 전기자 반작용은 기하학적 중성축을 발전기의 회전방향으로 이동시키고 부하전류가 클수록 이동 각도는 커진다. 기하학적 중심축이 브러시와 맞지 않으면 정류에서 불꽃이 생기는 문제가 있어서 브러시를 전기적 중성축으로 이동하게 된다. 이에 대한 대책으로 전기자권선에서 발생하는 기자력을 감쇄 시키기 위해서 계자표면에 보상권선을 설치한다. 보상권선은 전기자 전류와 반대방향으로 전류를 흘리게 되므로 위상차가 180°이다.

12 3상 12극 동기발전기의 총 슬롯수가 72개일 때, 권선의 기본파에 대한 분포권계수는? (단, $\sin\dfrac{\pi}{12} = 0.26$, $\sin\dfrac{\pi}{6} = 0.5$이다.)

① 0.86

② 0.90

③ 0.96

④ 1.00

13 4극, 800[W], 220[V], 60[Hz], 1,530[rpm]의 정격을 갖는 3상 유도전동기가 축에 연결된 부하에 정격 출력을 전달하고 있다. 이때 공극을 통하여 회전자에 전달되는 2차측 입력은? (단, 전동기의 풍손과 마찰손 합은 50[W]이며, 2차 철손과 표유부하손은 무시한다.)

① 950W

② 1,000W

③ 1,050W

④ 1,100W

....

ANSWER 12.③ 13.②

12 분포권은 집중권에 대해서 파형을 좋게 하고 누설리액턴스를 감소시킬 목적으로 적용한다.

분포계수 $K_d = \dfrac{\sin\dfrac{\pi}{2m}}{q\sin\dfrac{\pi}{2mq}} = \dfrac{\sin\dfrac{\pi}{2\times3}}{2\sin\dfrac{\pi}{12}} = \dfrac{1}{4\sin\dfrac{\pi}{12}} = 0.96$

분포계수가 0.96이라는 것은 유기기전력이 96[%]로 조금 감소한다는 의미이다.

매극매상당 슬롯수 $q = \dfrac{\text{총 슬롯수}}{\text{상수}\times\text{극수}} = \dfrac{72}{3\times12} = 2$

13 유도전동기의 슬립을 구하면

$N_s = \dfrac{120f}{P} = \dfrac{120\times60}{4} = 1800[rpm]$

슬립 $s = \dfrac{1800-1530}{1800}\times100 = 15[\%]$

유도전동기의 효율은 $\eta = 1-s = 1-0.15 = 0.85$

유도전동기의 출력은 $P_0 = 800[W] + 50[W] = 850[W]$

$\eta = \dfrac{\text{출력}}{\text{입력}} = \dfrac{P_0}{P_2} = 0.85$, $P_2 = \dfrac{850}{0.85} = 1000[W]$

14 다음과 같이 돌극형 회전기기에서 회전자가 1회전 하였을 때 코일의 상호인덕턴스 변화는? (단, 그림의 회전자 위치에서 회전을 시작한다.)

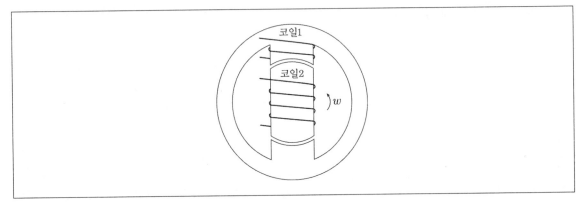

①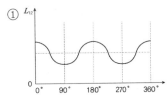

②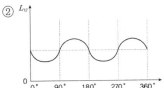

③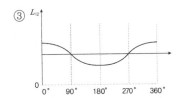

④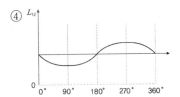

14 그림의 돌극형 회전기기는 2극형이기 때문에 1주기가 2π이다. 따라서 보기 중에 ①, ②는 답이 될 수 없다. 지금 그림의 상태처럼 코일1과 코일2가 일직선일 때가 상호인덕턴스가 가장 크기 때문에 0°에서 최대인 것을 찾으면 된다.

15 다음은 계자저항 2.5[Ω], 전기자저항 5[Ω]의 직류 분권발전기의 무부하 특성곡선에서 전압확립 과정을 나타낸다. 초기 전기자의 잔류자속에 의한 유도기전력 E_r이 15[V]라면, 그림에서의 계자전류 I_{f2}는? (단, 계자의 턴수는 100턴, 계자전류 I_{f1}에 의한 계자자속 시간변화율은 0.075[Wb/sec]이다.)

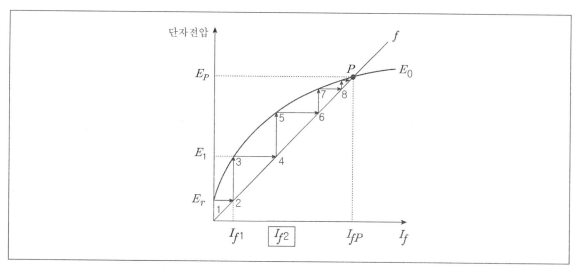

① 2.1A
② 2.5A
③ 3.0A
④ 4.0A

15 그림은 직류분권발전기가 무부하에서 어떻게 전압을 확립하는지를 보여준다.

잔류자속에 의해서 E_r의 기전력이 발생하고, 증가된 여자전류는 더 큰 기전력을 만들어 나간다. 초기에 무부하 유도기전력은 15[V]이므로

$E_r = (R_f + R_a)I_f = (2.5+5)I_f = 15[V]$에서 발전기회로를 흐르는 전류는 계자전류밖에 없고 $I_f = 2[A]$이다.

계자전류가 커지면 자속이 증가하고 기전력이 증가하므로

$E = N\dfrac{\partial \varnothing}{\partial t} = 100 \times 0.075 = 7.5[V]$

따라서 기전력은 $E_1 = E_r + E = 15+7.5 = 22.5[V]$

$I_{f2} = \dfrac{22.5}{R_f + R_a} = \dfrac{22.5}{2.5+5} = 3[A]$

16 다음은 3상 4극 60[Hz] 유도전동기의 1상에 대한 등가회로이다. 2차 저항 r_2는 0.02[Ω], 2차 리액턴스 x_2는 0.1[Ω]이고 회전자의 회전속도가 1,710[rpm]일 때, 등가부하저항 $R_L{'}$은? (단, 권선비 $\alpha = 4$, 상수비 $\beta = 1$이다.)

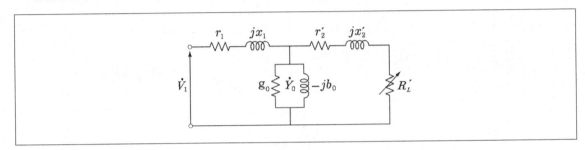

① 0.38Ω

② 1.52Ω

③ 5.12Ω

④ 6.08Ω

16 등가 부하저항은 기계적인 출력을 대표하는 부하저항이다.

유도전동기에서 출력 $P_0 = $ 2차입력 $-$ 손실(동손) $= P_2 - P_{c2} = P_2 - r_2 I_2^2 [W]$

$s = \dfrac{동손}{2차입력} = \dfrac{r_2}{P_2} I_2^2$, $P_2 = \dfrac{r_2}{s} I_2^2 [W]$

$P_0 = P_2 - r_2 I_2^2 = \dfrac{1}{s} r_2 I_2^2 - r_2 I_2^2 = r_2 (\dfrac{1-s}{s}) I_2^2 [W]$ 이므로 등가부하저항은 $r_2 (\dfrac{1-s}{s})$ 로 되는 것이다.

문제에서 3상 4극 유도전동기가 회전속도 1710[rpm]이라고 했으므로

동기속도와 슬립을 구하면

$N_s = \dfrac{120 f}{P} = \dfrac{120 \times 60}{4} = 1800 [rpm]$

$s = \dfrac{1800 - 1710}{1800} \times 100 = 5 [\%]$

부하측 등가저항은 $R_e = r_2 (\dfrac{1-s}{s}) = 0.02 (\dfrac{1-0.05}{0.05}) = 0.38 [\Omega]$

유도전동기의 회로를 등가회로로 고칠 때에는 변압기의 경우와 같이 1차측으로 환산을 해야 하므로 이점에 특별히 유의해야 한다.

$R_L{'} = \alpha^2 R_e = 4^2 \times 0.38 = 6.08 [\Omega]$

17 변압기의 결선방법 중 △−△결선의 특징으로 가장 옳지 않은 것은?

① 고장 시 V−V 결선으로 송전을 지속할 수 있다.

② 상에는 제3고조파 전류를 순환하여 정현파 기전력을 유도한다.

③ 중성점을 접지할 수 없다.

④ 고전압 계통의 송전선로에 유리하다.

18 다음은 4극, 정격 200[V], 60[Hz]인 3상 유도전동기의 원선도이다. 이 전동기가 P점에서 운전 중일 때 슬립과 동기와트 각각의 값은? (단, $\overline{Pa}=80$mm, $\overline{ab}=20$mm, $\overline{bc}=12$mm, $\overline{cd}=18$mm이며, 전류척도 1A는 10mm이다.)

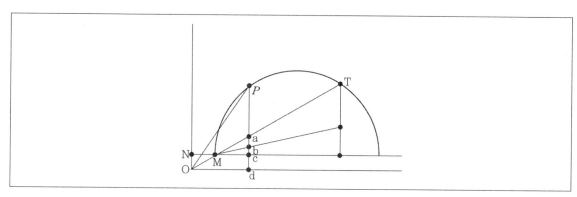

① 0.2, $2\sqrt{3}$ kW

② 0.02, $20\sqrt{3}$ kW

③ 0.02, $2\sqrt{3}$ kW

④ 0.2, $20\sqrt{3}$ kW

ANSWER 17.④ 18.①

17 변압기 △−△결선방식
ⓐ 단상 변압기 중 한 대가 고장일 때에 고장난 것을 제거하고 2대로 V결선으로 해서 송전을 계속할 수 있다.
ⓑ 3고조파 전압은 각 상이 동위상이므로 권선 안에서는 순환전류가 흐르지만 외부에는 흐르지 않으므로 통신유도장해의 염려가 없다.
ⓒ 중성점을 접지할 수 없으며 이상전압 방지가 어려우므로 낮은 전압에 적용한다. (주로 22[KV] 이하의 배전변압기)

18 원선도는 유도전동기에 실제 부하를 걸지 않고 여러 가지 부하상태에서 특성을 그림상에서 구하는 방법이다. 3상 유도전동기의 원선도를 그리려면 무부하시험, 구속시험 및 고정자권선의 저항측정 등의 시험을 하여야 한다.
지금 원선도의 그림에서 전동기가 P점에서 운전 중일 때 $\overline{Pa}$는 출력, $\overline{ab}$는 2차동손, $\overline{bc}$는 1차동손, $\overline{cd}$는 철손을 각각 나타낸다.

슬립 $s=\dfrac{2\text{차동손}}{2\text{차입력}}=\dfrac{P_{c2}}{P_2}=\dfrac{\overline{ab}}{\overline{Pa}+\overline{ab}}=\dfrac{20[mm]}{80[mm]+20[mm]}=0.2$

또한 원선도에서 임의의 전류 $I_1[A]$일 때 1상의 입력은 $V_1 I_1 \cos\theta_1=V_1\overline{Pd}=V_1(\overline{Pa}+\overline{ab}+\overline{bc}+\overline{cd})=P_0+P_{c2}+P_{c1}+P_i$

P_2가 100[mm]이므로 전류척도 1[A]는 10[mm]이면 전류는 10[A]가 된다.

동기와트 $P=\sqrt{3}\,VI=\sqrt{3}\times200\times10=2\sqrt{3}\,[Kw]$

19 3상 4극, 380[V], 50[Hz]인 유도전동기가 정격속도의 90[%]로 운전할 때 동기속도는?

① 1,350rpm

② 1,400rpm

③ 1,450rpm

④ 1,500rpm

20 〈보기〉의 설명에 해당되는 전동기는?

〈보기〉

이 전동기는 3상 중 1상만 통전되는 방식을 사용하고, 영구 자석을 사용하지 않는 간단한 돌극 회전자 구조를 가지고 있다. 회전 시 토크리플이 크고 진동 및 소음이 크다는 단점이 있다.

① 스위치드 릴럭턴스 전동기(Switched Reluctance Motor)

② 동기형 릴럭턴스 전동기(Synchronous Reluctance Motor)

③ 브러시리스 직류 전동기(Brushless DC Motor)

④ 단상 유도전동기(Single Phase Induction Motor)

ANSWER 19.① 20.①

19 동기속도 $N_s = \dfrac{120f}{P} = \dfrac{120 \times 50}{4} = 1500[rpm]$

90[%] 운전이므로 $1500 \times 0.9 = 1350[rpm]$

20 구조나 특성으로 보면 스위치드 릴럭턴스 전동기와 동기릴럭턴스 전동기가 같지만 스위치드 릴럭턴스 전동기가 동기형 릴럭턴스 전동기보다 진동 및 소음이 더 문제가 된다.

릴럭턴스 전동기는 고속운전, 장시간운전 등의 장점이 있으나 토크리플이 심하여 상용화하기에 어려움이 많았고, 최근 전력전자 기술의 발전에 따라 구동회로의 성능이 좋아지고 가격이 저렴해지고 있어 가변속 전동기로 주목받고 있다. 릴럭턴스 전동기는 회전자 돌극구조에 의한 릴럭턴스 토크가 발생하는 전동기로서 회전자에 영구자석이나 권선이 없기 때문에 구조가 간단하다. 고정자 권선은 일반적인 3상 정현파 분포를 가지므로 기존 교류전동기 고정자를 그대로 이용할 수 있어 경제적이고, 정현파 회전자계에 의한 정현파 전류가 인가되어 정현적으로 회전하는 공극기자력을 발생시킴으로써 스위치드 릴럭턴스 전동기보다 동기 릴럭턴스 전동기는 토크, 맥동 및 소음을 줄일 수 있다.

1 주권선과 전기적으로 90°의 위치에 보조권선을 설치하고, 두 권선의 전류 위상차를 이용하여 기동토크를 발생시키는 단상유도전동기는?

① 반발기동형 단상유도전동기

② 반발유도형 단상유도전동기

③ 분상기동형 단상유도전동기

④ 셰이딩코일형 단상유도전동기

2 전기자 반작용이 발생하는 전기기기에 해당하지 않는 것은?

① 동기발전기

② 직류전동기

③ 동기전동기

④ 3권선변압기

ANSWER 1.③ 2.④

1
분상기동형 단상유도전동기는 고정자철심에 감은 주권선 M과 전기적으로 $\frac{\pi}{2}$ 떨어진 다른 위치에 있는 보조권선(기동권선) A로 구성된다. A는 M과 병렬로 전원에 접속되고 M보다 가는 선을 사용하여 권수를 적게 감아서 권선저항을 크게 취한 것이다. 이와 같은 권선에 단상전압을 가하면 리액턴스가 큰 권선 M에는 단자전압보다 상당히 위상이 뒤진 전류 I_M이 흐르지만 권선 A에는 저항이 크므로 인가전압과 위상차가 적은 I_A가 흐른다. 이와 같이 두 권선에 흐르는 위상차를 이용해서 기동토크를 발생시킨다.

2
전기자 반작용이란 전기자권선에 흘러서 생긴 기자력이 계자의 기자력에 영향을 주어서 자속의 분포가 한쪽으로 기울어지고, 자속의 크기가 감소하는 현상을 말한다.
변압기는 회전기기가 아니므로 전기자 반작용이 발생하지 않는다.

3 다이오드를 이용한 정류회로에서 출력전압의 맥동률이 가장 작은 정류회로는? (단, 부하는 순저항부하이다)

① 단상 반파정류

② 단상 전파정류

③ 성형 3상 반파정류

④ 성형 6상 반파정류

4 이상적인 단상변압기의 1차 측 권선 수는 200, 2차 측 권선 수는 400이다. 1차 측 권선은 220 [V], 50 [Hz] 전원에, 2차 측 권선은 2 [A], 지상역률 0.8의 부하에 연결될 때, 부하에서 소비되는 전력[W]은?

① 600

② 654

③ 704

④ 734

---

3 정류회로에서 맥동률이란

$$\nu = \frac{\text{출력전압(전류)에 포함된 교류성분}}{\text{출력전압(전류)의 직류성분}}$$

㉠ 단상 전파

$$\nu = \sqrt{(\frac{I_a}{I_d})^2 - 1} = \sqrt{\frac{(\frac{I_m}{\sqrt{2}})^2}{(\frac{2I_m}{\pi})^2} - 1} = \sqrt{(\frac{\pi}{2\sqrt{2}})^2 - 1} = 0.48$$

㉡ 3상 반파

교류 실횻값 $I_a = \sqrt{\frac{3}{2\pi} \int_{-\frac{\pi}{3}}^{\frac{\pi}{3}} (\frac{\sqrt{2}E\cos\theta}{R})^2 d\theta} = \frac{1.185E}{R} [A]$

직류평균 $I_d = \frac{1.17E}{R} [A]$

$\nu = \sqrt{(\frac{1.185}{1.17})^2 - 1} = 0.17$

3상 전파에서 4[%]

상이 많아질수록 맥동률은 작아진다.

4 전압비 $a = \frac{V_1}{V_2} = \frac{N_1}{N_2} = \frac{200}{400} = 0.5$

부하측의 전압은 $V_2 = \frac{V_1}{a} = \frac{220}{0.5} = 440 [V]$

부하에서 소비되는 전력 $P = VI\cos\theta = 440 \times 2 \times 0.8 = 704 [W]$

5 심구형 및 2중농형 3상 유도전동기의 회전자에 대한 설명으로 옳지 않은 것은?

① 적절한 회전자 도체의 형상과 배치를 이용하여 기동 시 실효저항이 직류 저항의 수 배가 되도록 하는 것이다.

② 2중농형 회전자의 경우 슬롯의 외측 도체는 내측 도체보다 저항이 낮다.

③ 심구형 회전자의 경우 고정자 측으로 환산된 실효 저항과 누설 리액턴스는 회전자 속도에 따라 변한다.

④ 심구형 회전자의 경우 슬롯 안의 도체에 전류가 흐르면 슬롯 아래 부분에 가까운 도체일수록 많은 누설 자속과 쇄교된다.

ANSWER 5.②

5 2중농형 유도전동기의 회전자의 구조는 공극에 가까운 외측 도체에 고저항 도체를 사용하고 내측 도체에 저저항 도체를 사용한 다. 내측 도체의 권수가 크므로 2차 리액턴스는 내측의 농형도체가 크다. 기동할 때에는 2차 주파수가 1차 주파수와 같으므로 2차 전류는 저항보다 리액턴스에 의하여 제한되므로 리액턴스가 큰 내측 도체에는 전류가 거의 흐르지 않고 대부분의 전류는 저항이 큰 외측 도체로 흐른다. 기동토크는 2차 저항손에 비례하기 때문에 기동토크는 저항이 높은 외측 도체로 흐르는 전류에 의해 큰 토크를 얻어 기동을 한다.

전동기가 기동하고 점점 가속이 되면 슬립이 작아지고 주파수가 작아지므로 누설리액턴스는 작아지고 저항만으로 운전이 되는 상태가 된다. 이 전류는 저항이 작은 내측도체에 흐른다.

슬롯 안에 전류가 흐르면 슬롯 밑 부분 가까운 도체일수록 많은 누설자속과 쇄교된다.

6 다음 그림과 같은 타여자 직류전동기의 토크−속도 특성 곡선에서 기울기는? (단, K_a는 상수, R_a는 전기자 저항, Φ는 계자 자속이다)

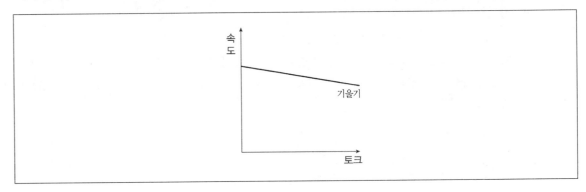

① $-\dfrac{R_a}{(K_a\Phi)^2}$

② $-\dfrac{K_a\Phi}{R_a}$

③ $-\dfrac{(K_a\Phi)^2}{R_a}$

④ $-\dfrac{R_a}{K_a\Phi}$

7 8극, 50 [Hz] 3상 유도전동기가 600 [rpm]의 속도로 운전될 때 토크가 500 [N · m]이라면 기계적 출력 [kW]은?

① $5\,\pi$

② $10\,\pi$

③ $100\,\pi$

④ $300\,\pi$

⋯⋯

ANSWER 6.① 7.②

6 직류전동기에서 역기전력 $E = K\varnothing N\,[V]$

속도 $N = \dfrac{1}{K_a}\dfrac{E}{\varnothing} = \dfrac{1}{K_a}\dfrac{V - I_a R_a}{\varnothing}\,[rpm]$

토크 $T = \dfrac{P}{\omega} = \dfrac{EI_a}{\omega} = \dfrac{K_a \varnothing \omega I_a}{\omega} = K_a \varnothing I_a\,[N \cdot m]$

$\dfrac{N}{T} = \dfrac{\dfrac{E}{\varnothing}}{K_a^2 \varnothing I_a} = \dfrac{V - I_a R_a}{(K_a \varnothing)^2 I_a}$ 인가전압이 일정하면 기울기는 $-\dfrac{R_a}{(K_a \varnothing)^2}$

7 출력 $P = T\omega = T\dfrac{2\pi N}{60} = 500 \times \dfrac{2\pi \times 600}{60} = 10000\pi\,[W] = 10\pi\,[Kw]$

8 권선형 3상 유도전동기의 2차저항 속도제어 방법의 특징으로 옳은 것은?

① 부하에 대한 속도 변동이 적다.

② 최대 토크가 발생하는 슬립을 제어할 수 있다.

③ 역률이 좋고 운전 효율이 양호하다.

④ 전부하로 장시간 운전하여도 온도상승이 적다.

9 타여자 직류전동기의 속도제어에서 정격속도 이하에서는 전기자전압제어, 정격속도 이상에서는 계자전류 제어를 나타낸 특성곡선은?

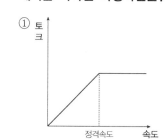

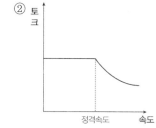

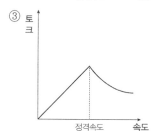

ANSWER 8.② 9.②

8 권선형 유도전동기의 2차저항 속도제어법은 2차측에 슬립링을 부착하고 속도제어용 저항을 넣어 부하토크와의 교점을 변화시킴으로 속도를 제어한다. 기동저항기는 거의 1분 이내에만 사용하도록 설계가 되어 있으므로 장시간 사용하는 속도제어에는 사용하지 않는다. 이 방법은 전류가 큰 2차회로에 저항을 넣고 제어하는 것이기 때문에 2차저항손이 매우 커져서 효율이 낮다. 그러나 조작이 간단하고 기동토크나 전류특성이 좋으며 동기속도 이하의 속도제어를 연속적으로 원활하게 넓은 범위에 할 수 있는 장점이 있다.

2차저항 속도제어는 권선형전동기에만 적용이 되는 방식이고 2차저항으로 최대토크가 발생하는 슬립을 제어하는 방식이다.

9 정격속도 이하에서 전기자 전압제어방식은 전기자에 가해지는 단자전압을 변화하여 속도를 조정하는 방법이며 주로 타여자 전동기에 적용되는 방식이다. 워드레오너드방식과 일그너방식이 있다. 전압으로 속도를 조정하므로 정토크 가변속도의 용도에 적합하다. 계자제어방식은 계자의 자속을 변화시키는 방식으로 제어하는 전류가 적기 때문에 손실도 적고 전기자 전류와 관계없이 비교적 광범위하게 속도조정이 이루어진다. 정출력 가변속도에 적합하다. 따라서 속도는 토크와 반비례하는 곡선을 그린다.

10 스테핑 전동기에 대한 설명으로 옳지 않은 것은?

① 기동, 정지, 정역회전이 용이하고, 신호에 대한 응답성이 좋다.

② 일반적으로 엔코더를 사용하지 않고 오픈 루프(open loop)로 속도제어 한다.

③ 고속 시에 발생하기 쉬운 미스 스텝(miss step)이 누적되지 않는다.

④ 회전 속도는 단위시간 동안에 가해진 입력 펄스 수에 반비례한다.

11 단상 배전선 전압 200 [V]를 220 [V]로 승압하는 단권변압기의 자기용량 [kVA]은? (단, 부하용량은 110 [kVA]이다)

① 90

② 100

③ 9

④ 10

12 전압을 일정하게 유지하는 정전압 특성이 있는 다이오드는?

① 쇼트키 다이오드

② 바리스터 다이오드

③ 정류 다이오드

④ 제너 다이오드

ANSWER 10.④ 11.④ 12.④

10 스테핑 전동기(Stepping motor)는 펄스 전동기로도 불리우며 최대 특징은 펄스전력에 대응하여 회전하는 것이다. 입력 펄스 수에 비례해서 회전각이 변위되고 입력 주파수에 비례하여 회전속도가 변하기 때문에 피드백을 하지 않고 전동기의 동작을 제어한다. 스테핑 전동기의 종류는 로터부를 영구자석으로 만든 PM형(Permanent Magnetic type), 로터부를 기어모양의 철심으로 만든 VR형(Variable Reluctance type), 그리고 로터부를 기어모양의 철심과 영구자석으로 구성한 하이브리드형이 있다.

11 $\dfrac{\text{자기용량}}{\text{부하용량}} = \dfrac{V_H - V_L}{V_H} = \dfrac{220 - 200}{220} = \dfrac{20}{220}$ 에서

단권변압기(승압기)의 자기용량 $KVA = \text{부하용량} \times \dfrac{20}{220} = 110 \times \dfrac{20}{220} = 10[KVA]$

12 제너 다이오드는 반도체 다이오드의 일종으로 정전압 다이오드라고 한다.
일반적인 다이오드와 유사한 PN접합구조이나 다른 점은 매우 낮고 일정한 항복전압 특성을 갖고 있어, 역방향으로 일정 값 이상의 전압이 가해졌을 때 전류가 흐른다. 제너 항복과 전자사태 항복 또는 애벌란시 항복 현상을 이용하며 넓은 전류범위에서 안정된 전압특성을 가지므로 회로소자를 보호하는 용도로 사용된다.

13 단상 반파정류회로에서 출력 직류전압 135 [V]를 얻는 데 필요한 입력 교류전압의 실횻값[V]은? (단, 정류소자의 전압강하는 무시한다)

① 150

② 300

③ 380

④ 405

14 6극, 슬롯 수 90인 3상 동기발전기에서 전기자 코일을 감을 때, 상 유기기전력의 제5고조파를 제거하기 위해 전기자 코일의 두 변이 1번 슬롯과 몇 번 슬롯에 감겨야 하는가?

① 10번

② 11번

③ 12번

④ 13번

ANSWER 13.② 14.④

13
$$E_d = \frac{1}{T}\int_0^\pi \sqrt{2}\,E d\theta = \frac{1}{2\pi}\int_0^\pi \sqrt{2}\,E sin\theta d\theta = \frac{\sqrt{2}\,E}{2\pi}[-\cos\theta]_0^\pi = \frac{2\sqrt{2}\,E}{2\pi} = 0.45E$$

직류전압은 교류전압의 45[%]를 정류한다.

그러므로 $E_a = \dfrac{E_d}{0.45} = \dfrac{135}{0.45} = 300[V]$

14 동기발전기에서 파형을 개선하고 고조파를 제거하기 위해서 단절권을 채택한다.

5고조파를 제거하기 위한 단절권에서 권선피치와 자극피치 간의 비는

$\sin\dfrac{5\beta\pi}{2} = 0$이면 sin파의 위상이 $\pi, 2\pi, 3\pi\cdots$이므로 $\beta = \dfrac{2}{5}, \dfrac{4}{5}, \dfrac{6}{5}$

그러므로 $\beta = 0.8$이 가장 적당하다.

지금 슬롯 수가 90이고 6극이므로 극당 15개의 슬롯이 있으므로 극간 간격의 0.8은 13번 슬롯이 된다.

15 3상 동기발전기에 대한 설명으로 옳은 것은?

① 무한대 모선에 동기발전기를 병렬운전하기 위해서는 발전기들의 전압, 주파수가 같아야 하며 상 회전방향과는 무관하다.

② 12극 동기발전기의 출력전압 주파수를 60 [Hz]로 하면 회전자 속도는 600 [rpm]이 된다.

③ 돌극형 회전자보다 원통형 회전자가 저속용에 더 적합하다.

④ 회전자 계자권선에는 교류전류가 흐른다.

16 Y결선 3상 원통형 동기발전기의 정격출력이 9,000 [kW], 상 정격전류가 500 [A], 역률이 0.75일 때, 1상의 동기리액턴스[Ω]는? (단, 권선 저항은 무시하며, 1상의 동기리액턴스는 0.9 [pu]이다)

① 10.8
② 12.0
③ 14.4
④ 15.2

....

ANSWER 15.② 16.③

15 동기발전기에서

동기속도 $N_s = \dfrac{120f}{P} = \dfrac{120 \times 60}{12} = 600[rpm]$

㉠ 동기발전기의 회전부는 보통 돌극형과 비돌극형(원통형) 중에 하나로 구성된다.
  일반적으로 돌극 구조는 수차에 의하여 구동되는 저속도 발전기에 제한된다.

㉡ 동기발전기의 계자회로는 직류의 저압회로이며 소요전력도 적고 인출도선은 2개이다.

㉢ 동기발전기는 개별부하에 전력을 공급하는 데는 거의 사용하지 않는다. 일반적으로 동기발전기는 무한대모선(infinite bus)이라고 하는 전력 공급 시스템에 연결된다. 수많은 대형 동기발전기가 서로 연결되어 있기 때문에 무한대 모선의 전압과 주파수는 거의 변화하지 않는다.
  무한대 모선과의 병렬운전하는 동기발전기들은 전압, 주파수, 상회전 방향, 위상이 같아야 한다.

16 Y결선의 선간전압을 구하면

$V = \dfrac{P}{\sqrt{3}\, I cos\theta} = \dfrac{9000 \times 10^3}{\sqrt{3} \times 500 \times 0.75} = 13856.4[V]$

0.9[pu] 이면 %$X = 90[\%]$

$\%X = \dfrac{IX}{E} \times 100 = \dfrac{500 \times X}{\dfrac{13856.4}{\sqrt{3}}} \times 100 = 90$

$X = 14.4[\Omega]$

17 1차 공급전압과 주파수가 일정한 변압기에서 1차 코일의 권수만 $\frac{1}{3}$배로 줄였을 때, 여자전류와 최대자속은 몇 배로 변화하는가? (단, 권수 변화에 따른 1차 저항 및 1차 누설리액턴스는 동일하게 설계하며, 변압기 철심은 포화되지 않는다)

	여자전류	최대자속
①	9배	3배
②	$\frac{1}{9}$배	$\frac{1}{3}$배
③	9배	$\frac{1}{3}$배
④	$\frac{1}{9}$배	3배

ANSWER 17.①

17 변압기의 1차 유도기전력 $E_1 = 4.44 f N_1 \varnothing_m [V]$

1차권선에 정현파전압 $V_1 = \sqrt{2}\, V \sin\omega t\,[V]$을 인가하면

$I_1 = \frac{\sqrt{2}\, V}{\omega L_1} \sin\left(\omega t - \frac{\pi}{2}\right)[A]$의 전류가 흐른다.

$\varnothing = \dfrac{\text{기자력}}{\text{자기저항}} = \dfrac{N_1 I_1}{\dfrac{l}{\mu A}} = \dfrac{\mu A N_1 I_1}{l}[wb]$ 가 되므로

$\varnothing = \dfrac{\mu A N_1}{l} \dfrac{\sqrt{2}\, V}{\omega L_1} \sin\left(\omega t - \frac{\pi}{2}\right)[wb], \quad L_1 = \dfrac{N_1^2}{R} = \dfrac{\mu A N_1^2}{l}[H]$

$\varnothing = \dfrac{\mu A N_1}{l} \dfrac{\sqrt{2}\, V}{\omega \dfrac{\mu A N_1^2}{l}} \sin\left(\omega t - \frac{\pi}{2}\right) = \dfrac{\sqrt{2}\, V}{\omega N_1} \sin\left(\omega t - \frac{\pi}{2}\right)[wb]$

1차 공급전압과 주파수가 일정하고 1차 코일의 권수만 1/3배가 되었을 때 전압과 자속이 일정하므로 자속은 권수와 반비례하여 최대자속은 3배가 된다.

18 변압기의 철심을 비자성체인 플라스틱으로 교체한 경우 발생하는 현상으로 옳지 않은 것은?

① 2차측 유기기전력에는 변화가 없다.

② 1차측 입력전류의 고조파 성분이 감소한다.

③ 1차측 입력전류가 크게 증가한다.

④ 변압기 코일에서의 발열은 증가하나, 플라스틱에는 직접적인 발열이 없다.

19 40[kW], 200[V], 1,700[rpm] 정격의 보상권선이 있는 타여자 직류발전기가 있다. 전기자 저항은 0.05[Ω], 보상권선 저항은 0.01[Ω], 계자권선 저항은 100[Ω]일 때, 정격 운전 시 유기기전력[V]은? (단, 전기자 반작용과 브러시의 전압 강하는 무시한다)

① 208   ② 210

③ 212   ④ 214

20 2중중권 6극 직류기의 전기자권선의 병렬회로 수는?

① 2   ② 4

③ 6   ④ 12

ANSWER 18.① 19.③ 20.④

18 변압기와 모터(회전기)의 철심에는, 기기의 고효율화·소형화를 위해 저손실로서 포화자속밀도가 높은 규소강판이 이용된다. 규소강판은, 전기저항을 증대시켜 와전류 손실을 억제하고 기계적 강도를 더하기 위해, 철에 규소를 0.5 ~ 5.0 % 정도 함유하고 있다. 정지기에서는 철심중의 자속의 방향이 시간적으로 변화하지 않기 때문에, 방향에 따라서 자기특성이 다른 방향성 규소강판이 이용되어, 자속의 방향과 자기특성이 좋은 방향을 일치시켜서 사용 된다. 회전기에서는, 철심중의 자속의 방향이 시간적으로 변화하기 때문에, 방향에 의해서 자기 특성이 거의 변하지 않는 무방향성 규소강판이 이용되고 있다.

이러한 일반적인 특성에 대해서 플라스틱 재료는 자속의 왜형이 일어나지 않으므로 고조파 발생이 없고, 발열이 없다. 자기저항이 작으므로 1차측 입력전류는 크게 증가한다. 2차측 유기기전력은 1차측 전류가 커지면서 증가한다.

19 타여자 직류발전기

전기자에 흐르는 전류는 부하전류와 계자전류이고, 전기자저항과 보상권선의 저항을 합하여 계산되므로

유기기전력 $E = V + I_a R_a = 200 + (\frac{40 \times 10^3}{200} + \frac{200}{100})(0.05 + 0.01) = 212.12[V]$

20 중권에서 병렬회로 수는 단중중권에서 a = P, 다중중권에서 a = mP

문제는 2중 중권이므로 병렬회로 수 $a = mP = 2 \times 6 = 12$

1 3상 변압기의 결선방법 중 수전단 변전소용 변압기와 같이 고전압을 저전압으로 강압할 때, 주로 사용되는 것은?

① $\Delta - \Delta$ 결선

② Y − Y 결선

③ Y − Δ 결선

④ Δ − Y 결선

2 3상 농형 유도전동기에서 고정자 권선의 결선을 △에서 Y로 바꾸면 기동 전류의 변화로 옳은 것은?

① 3배로 증가

② $\sqrt{3}$ 배로 증가

③ $\frac{1}{\sqrt{3}}$ 배로 감소

④ $\frac{1}{3}$ 배로 감소

ANSWER 1.③ 2.④

1 변압기의 $\Delta - Y$결선은 발전소용 변압기와 같이 낮은 전압을 높은 전압으로 올리는 경우에 주로 사용되고, $Y - \Delta$결선은 수전단 변전소용 변압기와 같이 높은 전압을 낮은 전압으로 내리는 경우에 주로 사용된다. 이 결선은 1차측이든지 2차측이든지 어느 한쪽에 △결선이 있고 여자전류에 제3고조파 통로가 있기 때문에 제3고조파에 의한 장해가 적다.
또한 Y결선의 중성점을 접지할 수 있어 이상전압 방지에 유리하다. 다만 1차와 2차 간에 위상차가 생긴다.

2 농형 유도전동기의 감압기동에 관한 문제이다.

$Y - \Delta$기동은 기동할 때 1차권선을 Y로 접속하여 기동하였다가 전속도에 가깝게 되었을 때 △로 접속하는 방법이다.

Y로 기동을 하면 1차측 각상에는 정격전압의 $\frac{1}{\sqrt{3}}$ 배의 전압이 가해지므로 기동전류는 전전압 기동할 때보다 $\frac{1}{3}$ 이 되므로 전류를 제한할 수가 있고 토크는 전압의 제곱과 비례하므로 토크 역시 $\frac{1}{3}$ 으로 기동을 용이하게 할 수 있다.

3 극수 8, 동기속도 3,000 [rpm]인 동기발전기와 병렬 운전하는 극수가 6인 동기발전기의 회전수[rpm]는?

① 3,600

② 3,800

③ 4,000

④ 4,200

4 동기발전기의 전기자 권선을 단절권으로 하는 이유는?

① 절연 증가

② 유효 자속 증가

③ 역률 개선

④ 고조파 개선

5 100 [W], 220/22 [V]의 2권선 변압기를 승압 단권변압기로 결선을 변경하고 저압측에 전압 220 [V]를 공급할 때, 고압측 전압[V]은?

① 242

② 264

③ 2,200

④ 2,420

....

ANSWER 3.③ 4.④ 5.①

3 동기발전기의 동기속도 $N_s = \dfrac{120}{P}f\,[rpm]$

$120f = PN_s = 8 \times 3000 = 6 \times N_s$

$N_s = 4000[rpm]$

4 동기발전기의 전기자 권선을 단절권으로 한다는 것은 코일의 양쪽 변에 유도하는 기전력의 위상을 조금 줄여서 기전력은 감소하지만 파형이 개선되고, 특정고조파를 제거할 수 있는 장점을 적용한다는 것이다.

단절계수 $K_p = \sin\dfrac{\beta\pi}{2}$

5 고압측 전압(승압된 전압)

$V_2 = V_1\left(1 + \dfrac{e_2}{e_1}\right) = 220\left(1 + \dfrac{22}{220}\right) = 242[V]$

6 그림과 같은 컨버터에서 입력전압 V_{in}은 200 [V], 스위치(S/W)의 듀티비는 0.5, 부하저항 R은 10[Ω]이다. 이 컨버터의 부하저항 R에 흐르는 전류 i_R의 평균치[A]는? (단, 커패시턴스 C와 인덕턴스 L은 충분히 크다고 가정한다)

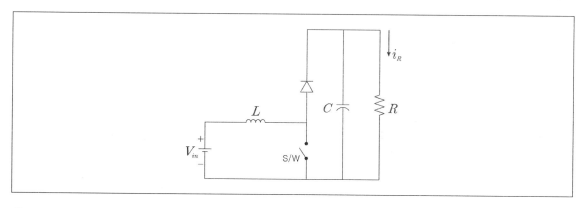

① 10

② 20

③ 30

④ 40

7 변압기의 각종 전류에 대한 설명으로 옳지 않은 것은?

① 1차측 전류는 자속 생성을 위한 여자전류와 2차측으로 공급되는 부하전류로 구성된다.

② 무부하 전류는 철손전류와 자화전류로 구성되며, 두 전류의 위상은 같다.

③ 정현파 전압을 인가하더라도 무부하 전류는 고조파 성분을 갖는 경우가 많다.

④ 1차측 전류에서 여자전류를 제외한다면, 1차측과 2차측 권선 기자력의 크기는 동일하다.

ANSWER 6.④ 7.②

6 그림은 부스트 컨버터이다. S/W를 도통시키면 입력전압에 의해서 L에 에너지가 축적되고 다이오드 D는 차단된다. 이때 출력 측에서는 커패시터 C에 축적된 전하가 부하저항 R을 통해서 방전된다. 다음 순간에 S/W가 차단되면 L에 축적된 에너지가 다이오드 D를 통해서 출력 측으로 방출되므로 S/W의 도통과 차단의 시간비율을 조정하여 원하는 직류 출력값을 얻을 수 있다. 여기서 스위치 S/W의 도통구간은 DT_s(스위칭 주기에서 도통시간의 비율), 차단구간은 $(1-D)T_s$이므로 다음의 관계가 성립한다.

$V_o = \dfrac{1}{1-D} V_i$ D가 항상 1보다 작으므로 출력전압은 입력보다 크다.

$V_o = \dfrac{1}{1-D} V_i = \dfrac{1}{1-0.5} \times 200 = 400 [V]$

$i_R = \dfrac{V_o}{R} = \dfrac{400}{10} = 40[A]$

7 변압기의 무부하전류 $I_o = $ 철손전류 + j자화전류 $= I_i + jI_\phi [A]$
철손전류와 자화전류의 위상차는 $90°$이다.

8 1,200[rpm]에서 정격출력 16[kW]인 전동기에 축 반경 40[cm]인 벨트가 연결되어 있을 때, 정격 조건에서 이 벨트에 작용하는 힘[N]은?

① 1000/π

② 1200/π

③ 1400/π

④ 1600/π

9 3,300[V], 60[Hz], 10극, 170[kW]의 3상 유도전동기가 전부하에서 회전자 동손이 5[kW], 기계손이 5[kW]일 때, 회전수[rpm]는?

① 694

② 700

③ 706

④ 712

....

ANSWER 8.① 9.②

8 $T = F \cdot r [N \cdot m]$

$P = T\omega = T \dfrac{2\pi N}{60} [W]$에서

토크 $T = P \times \dfrac{60}{2\pi N} = \dfrac{16 \times 10^3 \times 60}{2\pi \times 1200} = \dfrac{400}{\pi} = F \cdot r [N \cdot m]$

$r = 0.4[m]$이므로 벨트에 작용하는 힘

$F = \dfrac{1000}{\pi} [N]$

9 슬립 $s = \dfrac{동손}{2차입력} = \dfrac{5}{170 + 5 + 5} = 0.028$

따라서 회전수는 $N = \dfrac{120}{P} f(1-s) = \dfrac{120 \times 60}{10} \times (1 - 0.028) = 700[rpm]$

10 그림은 직류 분권전동기의 속도와 토크의 관계를 나타낸다. 점선으로 나타낸 기준 특성으로부터 ㉠과 ㉡의 속도-토크 특성으로 변경하려고 할 때, 각각의 제어 방법으로 옳은 것은?

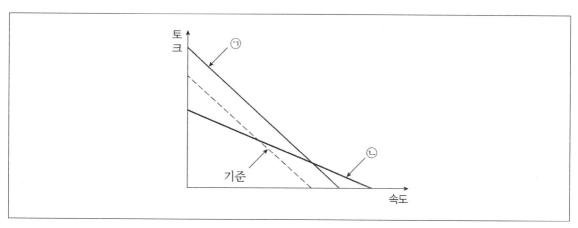

	㉠	㉡
①	전기자전압 증가	계자저항 감소
②	전기자전압 감소	계자저항 감소
③	전기자전압 증가	계자저항 증가
④	전기자전압 감소	계자저항 증가

11 정격에서 백분율 저항강하 2[%], 백분율 리액턴스 강하 4[%]의 단상 변압기를 역률 80[%]의 전부하로 운전할 때, 전압변동률[%]은?

① 3.2 ② 4.0
③ 4.8 ④ 5.4

··

ANSWER 10.③ 11.②

10 기준특성보다 속도와 토크를 크게 하려면
㉠ 속도가 자속에 반비례하므로 속도를 높이는데 계자 전류를 작게 하기 위해서 계자저항을 크게 하면 된다.

$$E = K\varnothing N[V], \quad N \propto \frac{1}{\varnothing}$$

㉡ 토크는 전기자 전류와 비례하므로 전기자 전압을 증가시킨다.

$$T = K\varnothing I_a[N \cdot m]$$

11 전압변동률
$$\epsilon = p\cos\theta + q\sin\theta = 2 \times 0.8 + 4 \times 0.6 = 4[\%]$$

12 다음 직류발전기의 종류 중 정전압 특성이 가장 좋은 것은?

① 직권발전기

② 분권발전기

③ 타여자발전기

④ 차동복권발전기

13 6극, 60[Hz]의 3상 권선형 유도전동기의 회전자 저항이 r_2이고 전부하 슬립이 5[%]일 때, 1,080[rpm]에서 전부하와 동일한 토크로 운전하려면, 회전자에 직렬로 추가해야 할 저항은?

① $0.5r_2$

② r_2

③ $1.5r_2$

④ $2r_2$

··

ANSWER 12.③ 13.②

12 직류 타여자발전기는 전압강하가 적고 계자전압은 전기자 전압과 관계없이 설계되기 때문에 특히 고전압의 발전기, 전기화학용의 저전압 대전류의 발전기 및 단자전압을 광범위하고 상세히 조정하는 용도에 사용하고 있다.

13 권선형 유도전동기의 비례추이는 저항을 크게 하면 슬립이 비례해서 커지고 속도는 낮아지며 토크는 커진다는 것이다.

여기에서 슬립과 저항의 크기가 비례하므로 1080[rpm]에서의 슬립을 구하면

$$N_s = \frac{120f}{P} = \frac{120 \times 60}{6} = 1200[rpm]$$

$$s = \frac{1200 - 1080}{1200} = 0.1, \ 10[\%]$$

$$\frac{r_2}{s_1} = \frac{r_2 + R}{s_2} \text{에서}$$

$$\frac{r_2}{0.05} = \frac{r_2 + R}{0.1}, \ R = r_2[\Omega]$$

14 태양전지(Solar-cell)를 이용한 태양광 발전으로부터 얻은 전력으로 220 [V]의 유도전동기를 사용한 펌프를 운전하려고 할 때, 필요한 전력변환장치를 순서대로 바르게 나열한 것은?

① 태양전지 → 인버터 → 다이오드정류기 → 유도전동기

② 태양전지 → DC/DC 컨버터 → 다이오드정류기 → 유도전동기

③ 태양전지 → 다이오드정류기 → DC/DC 컨버터 → 유도전동기

④ 태양전지 → DC/DC 컨버터 → 인버터 → 유도전동기

15 전기자저항 0.2[Ω], 단자전압 100[V]인 타여자 직류발전기의 전부하전류가 100[A]일 때, 전압변동률 [%]은? (단, 브러시의 전압강하와 전기자반작용은 무시한다)

① 15

② 20

③ 25

④ 30

16 전기자저항이 0.2[Ω]인 타여자 직류발전기가 속도 1,000[rpm], 단자전압 480[V]로 100[A]의 부하전류를 공급하고 있다. 이 발전기가 500[rpm]에서 100[A]의 부하전류를 공급한다면 단자전압[V]은? (단, 계자전류는 동일하고, 브러시의 전압강하와 전기자반작용은 무시한다)

① 220

② 230

③ 240

④ 250

....

ANSWER 14.④ 15.② 16.②

14 태양전지를 통해서 얻은 기전력으로 유도전동기를 사용하는 계통

태양전지로 얻은 기전력은 직류이므로 일반적으로 축전지에 저장하고 인버터를 통해서 교류화 한다. DC/DC컨버터는 직류전압의 크기를 조정하는 역할을 한다.

그러므로 태양전지 기전력(DC)- DC/DC컨버터-인버터- 유도전동기 순서가 된다.

15 타여자 직류발전기 전압변동률

$$\epsilon = \frac{E-V}{V} = \frac{(V+I_a R_a)-V}{V} = \frac{100 \times 0.2}{100} = 0.2 , \quad 20[\%]$$

16 타여자 직류발전기 유기기전력

$$E = V + I_a R_a = 480 + 100 \times 0.2 = 500 [V]$$

$E = K \varnothing N[V]$에서 회전속도와 유기기전력은 비례하므로 회전속도가 1/2일 때 유기기전력 $E' = 250[V]$

단자전압은 $V = E - I_a R_a = 250 - 100 \times 0.2 = 230 [V]$

17 직류전원으로 직류전동기의 속도와 회전방향을 제어하기 위해 가장 적합한 회로는?

① H 브리지 초퍼 회로

② 휘스톤 브리지 회로

③ 3상 인버터 회로

④ 전파정류회로

18 그림과 같이 30°의 경사면으로 벨트를 이용하여 500[kg]의 물체를 0.1[m/sec]의 속력으로 끌어올리는 전동기를 설계할 때, 요구되는 전동기의 최소한의 출력[W]은? (단, 전동기 – 벨트 연결부의 효율은 70[%]로 가정하고, 경사면의 마찰은 무시한다)

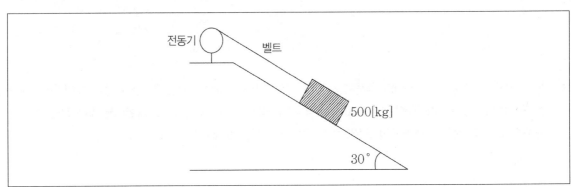

① 330

② 340

③ 350

④ 360

....

ANSWER 17.① 18.③

17 직류전원으로 직류전동기의 속도와 회전방향을 제어하기 위한 방식은 H 브리지 초퍼제어방식이다. 초퍼제어방식은 on-off 스위칭에 의해서 직류전압을 원하는 크기의 실횻값으로 공급할 수 있다. on 시간에 대해 off 시간이 길어질수록 직류 평균치가 낮아지므로 속도가 낮아지는 것이다. 또한 H 브리지 형태로 4개의 스위치를 사용하면 전류의 극성을 바꿈으로써 회전방향을 역회전시킬 수 있다.

18 경사면에 적용되는 권상기용 전동기

$$P = \frac{9.8\,Wv}{\eta}\sin30° = \frac{9.8 \times 500 \times 0.1}{0.7}\sin30° = 350[w]$$

19 효율 90[%]인 3상 동기발전기가 200[kVA], 역률 90[%]의 전력을 부하에 공급할 때, 이 발전기를 운전하기 위한 원동기의 입력[kW]은? (단, 원동기의 효율은 80[%]이다)

① 220

② 230

③ 240

④ 250

20 3상 유도전동기로 직류 분권발전기를 운전하고 있다. 운전을 멈추고 유도전동기의 고정자 두 상의 결선을 서로 바꿔 운전할 때, 발전기의 출력 전압은?

① 출력 전압이 발생하지 않는다.

② 출력 전압의 극성은 반대가 되지만, 크기는 상승한다.

③ 출력 전압의 극성은 반대가 되지만, 크기는 동일하다.

④ 출력 전압의 극성과 크기는 모두 동일하다.

ANSWER 19.④ 20.①

19 원동기의 입력

$$\eta = \frac{\text{동기발전기의 출력}}{\text{원동기의 입력}} = \frac{\dfrac{200[KVA] \times \cos\theta}{\eta_g}}{[Kw]} = 0.8$$

$\cos\theta = \eta_g = 0.9$ 이므로

원동기의 입력$[Kw] = \dfrac{200}{0.8} = 250$

20 3상 유도전동기로 직류 분권발전기를 운전하는 중에 유도전동기의 고정자 두 상의 결선을 바꾸면 역상으로 되어 유도전동기는 역회전을 하게 된다. 이 때 직류 분권발전기가 역회전을 하면 잔류자기가 소멸되어 발전이 되지 않는다.

1 자극수 8, 전체 도체수 200, 극당 자속수 0.01[Wb], 1,200[RPM]으로 회전하는 단중 파권 직류 타여자 발전기의 기계적 출력이 0.8[kW]일 때, 전동기의 토크[N · m] 값은?

① 1.6

② 3.2

③ 4.8

④ 6.4

2 전기기기에서 철심의 재료로 주로 사용되는 강자성체에 대한 설명으로 가장 옳지 않은 것은?

① 강자성체는 높은 투자율을 갖고 있다.

② 강자성체의 내부에서 발생하는 자계밀도는 포화 현상을 갖는다.

③ 자성체에 가해지는 외부자속의 변화에 따라 자화곡선이 달라지는 히스테리시스 현상이 존재한다.

④ 강자성체는 일반적으로 잔류자속과 보자력이 큰 경자성체(경철)를 사용한다.

ANSWER 1.④ 2.④

1 전동기의 출력

$P = T\omega = T\dfrac{2\pi N}{60}[Kw]$ 에서

$800 = T \times \dfrac{2\pi \times 1200}{60}[W]$

토크 $T = 6.4[N \cdot m]$

2 강자성체는 비투자율과 자화율이 대단히 크고 강한 자성을 나타낸다. 철이나 니켈, 코발트 같은 소재가 강자성체에 속하며 자계가 커지면서 자화곡선이 만들어질 때 직선으로 되지 않고 히스테리시스루프를 만들어가며 자속이 포화상태가 된다. 강자성체는 용도에 따라 철심용과 영구자석용으로 나누고 철심용을 연자성 재료, 영구자석용을 경자성 재료라고 한다.

연자성 재료는 고투자율 재료라고 하고, 경자성 재료는 고보자력 재료라고 한다.

철심의 재료는 고투자율의 재료인 연자성 재료를 사용한다.

3 동기 전동기의 기동 방법으로 가장 옳지 않은 것은?

① 주파수 제어를 이용한 기동

② 원동기를 이용한 기동

③ 제동권선을 이용한 기동

④ 저항 제어를 이용한 기동

4 변압기의 단위체적당 와전류손이 1[W/m³]일 때, 이 변압기의 적층길이를 2배로 하면, 단위체적당 와전류손[W/m³]의 값은?

① 0.5

② 1

③ 2

④ 4

ANSWER 3.④ 4.④

3 동기전동기의 기동방법

ㄱ. **자기동법**: 제동권선에 의한 기동토크를 이용하는 것으로 전기자 권선에 3상전압을 가하면 회전자계가 생기고, 제동권선은 유도전동기의 2차권선으로서 기동토크를 발생한다.

ㄴ. **기동전동기법**: 기동용 전동기로 기동하는 방법으로 극수가 동기전동기보다 2극만큼 적은 유도전동기를 사용한다.

권선형 유도전동기로 기동하는 경우 슬립과 위상을 제어하기 위해서 주파수제어를 이용한다.

4 와류손 $P_e \propto f^2 B^2 t^2$ 이므로 적층길이 즉 두께 t를 2배로 하면 와류손은 4배가 된다.

5 유도 전동기의 NEMA 표준 설계 등급에 따른 토크–속도 특성이 다음과 같을 때 펀치 프레스, 전단기와 같이 빨리 가속해야 하거나 큰 충격이 필요한 간헐적인 부하에 사용되는 설계 등급은?

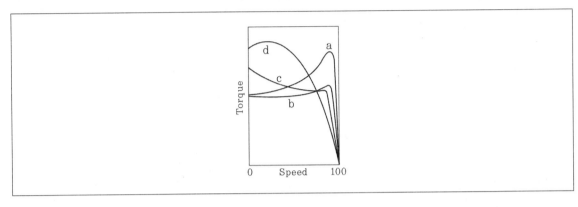

① a

② b

③ c

④ d

6 이상적인 단상 변압기의 2차 단자를 개방하고 1차 단자에 60[Hz], 200[V]의 전압을 가하였을 때, 2차 단자전압은 100[V]이며, 철심의 자속밀도는 1[T]이다. 이 변압기의 1차 단자전압이 120[Hz], 400[V]로 되었을 때, 철심의 자속밀도[T] 값은?

① 0.5

② 1

③ 2

④ 4

ANSWER 5.④ 6.②

5 NEMA : National Electrical Manufacturers' Association 아메리카 전기 제조업자 협회(우리나라에서는 한국공업규격(KS))
일반적인 농형 유도전동기는 네 개의 특정설계로 A급에서 D급까지로 분류된다.
ⓐ A급 전동기 : 낮은 회전자회로저항을 가진 특성이 있다. 따라서 전부하에서 아주 적은 슬립(s⟨0.01)으로 운전한다. 이 급의 기계는 높은 기동전류와 정상기동토크를 가진다.
ⓑ B급 전동기 : 정상토크와 기동전류를 가지는 범용목적의 전동기. 전부하에서 속도변동률은 낮다. 기동토크는 정격의 150[%] 정도이며 기동전류는 전부하 값의 600[%].
ⓒ C급 전동기 : B급 전동기에 비해 높은 기동토크, 정상기동전류를 가지며 전부하에서 0.05보다 적은 슬립에서 회전한다. 컨베이어, 왕복펌프, 압축기 등에 적용한다.
ⓓ D급 전동기 : 높은 기동토크와 낮은 기동전류를 가지는 높은 슬립의 전동기이다. 높은 전부하슬립 때문에 효율이 낮다. 펀치프레스나 전단기(판재절단기)는 순간의 강한 힘으로 작용을 해야 단면이 매끄럽다. 따라서 토크가 변화가 거의 없는 것이 좋다.
그림에서 빠른 시간에 규정된 충격을 주기 적합한 설계등급은 d등급이다.

6 변압기에서 $E \propto fB$이므로 자속밀도 B는 단자전압에 비례하고 주파수에 반비례한다. 따라서 철심의 자속밀도는
$B \propto \dfrac{V}{f} = \dfrac{200}{60} \Rightarrow \dfrac{400}{120}$ 자속밀도의 변화는 없다.

7 유도전동기의 속도제어법에 대한 설명으로 가장 옳지 않은 것은?

① 전압제어법은 토크 변동이 크고, 좁은 범위에서 속도제어가 가능하다.

② 일정자속제어법은 주파수와 전압의 비를 일정하게 함으로써 자속을 일정하게 유지하여 전압 제한범위까지 속도제어가 가능하다.

③ 2차저항제어법은 권선형 유도기에서 회전자 권선 저항을 제어하여 속도제어가 가능하지만 2차저항이 커지면 효율이 나빠진다.

④ 농형 유도기의 극수절환법을 사용하기 위해서는 회전자의 극수도 고정자의 극수 변화에 따라 맞추어 바꿔줘야 한다.

8 직류기의 보상권선에 대한 설명으로 가장 옳지 않은 것은?

① 정류를 원활하게 한다.

② 보극을 설치하는 방법에 비해 전기자 반작용 상쇄효과가 작다.

③ 전기자 반작용에 의한 기자력과 전기적으로 180° 위상이 되도록 설치한다.

④ 주로 대형 직류기에 많이 사용된다.

9 전기기기에 대한 설명으로 가장 옳지 않은 것은?

① 전기에너지-전기에너지의 상호변환 및 전기에너지-기계에너지의 상호변환을 하는 기기를 지칭한다.

② 전기기기의 에너지변환은 전계 또는 자계를 이용하며, 보통 에너지밀도가 큰 전계를 에너지변환의 매개로 사용한다.

③ 일반적인 전기기기의 전자계는 시변계이며, 전자계 지배방정식으로 맥스웰방정식이 적용된다.

④ 전기기기에서 발생되는 유도기전력은 플레밍의 오른손법칙을 이용하여 구할 수 있다.

ANSWER 7.④ 8.② 9.②

7 유도전동기의 속도제어방법
극수절환법 : 유도전동기의 회전속도가 극수와 반비례하기 때문에 극수를 조정해서 전동기의 속도를 제어할 수 있다. 방법은 동일 고정자 철심에 극수가 달라지는 2개 이상의 독립된 권선을 설치하는 방법과 동일권선의 접속을 바꾸는 방법이 있다. 일반적으로 극수비는 1 : 2로 한정이 되지만 4단의 다속도 전동기까지 만들 수 있다. 농형 회전자는 극수가 변경되더라도 그대로 사용할 수 있는 데 반해서 권선형은 회전자의 극수도 고정자측에 따라 변환되어야 한다.

8 직류기의 보상권선은 전기자 반작용에 대한 대책으로 자극편에 전기자 도체와 평행하게 슬롯을 만들고 권선을 감아서 전기자 전류와 반대방향의 전류를 흘림으로 전기자 기자력을 상쇄하도록 하는 것이다. 따라서 전기자 반작용에 대해 가장 좋은 대책은 보상권선을 설치하는 것이다. 보극은 전기자 반작용에 의하여 중성축의 이동으로 정류가 불량해지는 것을 방지하기 위해서 기하학적 중성축에 설치한다.

9 전기기기는 발전기, 전동기, 변압기 등과 같이 전계보다는 자계에너지를 이용하여 에너지를 효율적으로 변환한다.

10 3상 동기 발전기의 정격전압은 6,600[V], 정격전류는 240[A]이다. 이 발전기의 계자전류가 100[A]일 때, 무부하단자전압은 6,600[V]이고, 3상 단락전류는 300[A]이다. 이 발전기에 정격전류와 같은 단락 전류를 흘리는 데 필요한 계자전류[A]의 값은?

① 40
② 60
③ 80
④ 100

11 4극 3상인 원통형 회전자 동기 발전기가 있다. Y결선, 60[Hz], 공극길이 $g = 4$[cm], 계자권선수 $N_f = 60$, 권선계수 $K_f = 1.0$, 계자전류 $I_f = 400$[A]일 때, 극당 공극 자속밀도 기본파 최댓값 $(B_{ag1})_{peak}$[T]의 값은?

① $\dfrac{\mu_0}{\pi} 5.5 \times 10^5$
② $\dfrac{\mu_0}{\pi} 6.0 \times 10^5$

③ $\dfrac{\mu_0}{\pi} 6.5 \times 10^5$
④ $\dfrac{\mu_0}{\pi} 7.0 \times 10^5$

....

ANSWER 10.③ 11.②

10 단락비에 관한 내용이다.
무부하 포화곡선에서 무부하 단자전압을 만드는 전류가 단락전류인데 이때의 계자전류는 100[A]이므로

단락비 $K = \dfrac{I_s}{I_n} = \dfrac{300}{240} = \dfrac{I_{f1}}{I_{f2}} = \dfrac{100}{x}$

$x = 80[A]$

11 극당 공극자속밀도
기자력 $F = N_f I_f = R\varnothing [AT]$

$N_f I_f = \dfrac{l}{\mu_0 S} \varnothing = \dfrac{l}{\mu_0 S} BS$

$B = \dfrac{\mu_0 N_f I_f}{l} [T]$

$B = \dfrac{\mu_0 \times 60 \times 400}{2\pi r} [T]$

공극의 길이가 $l = 2\pi r [m]$. $\dfrac{g}{2} = \dfrac{4 \times 10^{-2}}{2} = r$

$(B_{ag1})_{peak} = \dfrac{\mu_0 \times 60 \times 400}{2\pi \times 2 \times 10^{-2}} = \dfrac{\mu_0}{\pi} \times 6 \times 10^5 [T]$

12 일반 농형 전동기와 비교하여 다음과 같은 2중 농형 유도 전동기의 특징에 대한 설명으로 가장 옳지 않은 것은?

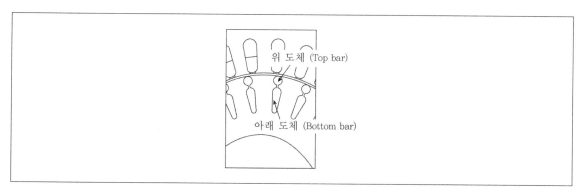

① 위쪽 도체는 아래쪽 도체에 비해 높은 저항률을 갖는다.

② 위쪽 도체는 아래쪽 도체에 비해 누설인덕턴스가 작다.

③ 저슬립 운전영역에서는 2차측 임피던스에서 저항이 차지하는 비중이 작아지게 된다.

④ 기동 시에는 2차측 전류가 위쪽 도체에 집중적으로 흐른다.

13 변압기의 표유부하손을 설명한 것으로 가장 옳은 것은?

① 동손, 철손

② 부하 전류 중 누전에 의한 손실

③ 권선 이외 부분의 누설 자속에 의한 손실

④ 무부하 시 여자 전류에 의한 동손

ANSWER 12.③ 13.③

12 2중 농형 유도전동기의 도체구조를 보면 위 도체는 고저항 도체이고 아래 도체는 저저항 도체이다. 따라서 2차 누설리액턴스는 위 도체보다 아래 도체에서 훨씬 크다. 기동할 때에는 2차 주파수가 1차 주파수와 같기 때문에 (슬립 s=1) 2차 전류는 저항보다도 리액턴스에 의해서 제한되므로 리액턴스가 큰 아래 도체에는 전류가 거의 흐르지 않고 대부분의 전류는 저항이 높은 위 도체로 흐르게 된다. 기동토크는 2차저항손에 비례하기 때문에 기동할 때에는 저항이 높은 위 도체로 흐르는 전류에 의하여 큰 기동토크를 얻는다.

전동기가 기동하고 점점 가속해서 슬립이 적어지면 2차 주파수가 적어지기 때문에 누설리액턴스는 아주 작아진다. 따라서 2차 전류는 거의 저항만으로 되고 대부분의 전류는 저항이 적은 아래 도체로 흐르게 된다.

13 표유부하손 : 측정이나 계산으로 구할 수 없는 부하손을 말한다.

부하전류가 흐를 때 권선이외의 철심, 외함, 체부금구 및 냉각관 등에서 누설자속에 의한 와류손이 발생하는데 이를 표유부하손이라고 한다. 표유부하손 역시 부하 전류의 2승에 비례하는 부하손의 일종이지만 이를 정확하게 계산하는 것은 힘들며 크기는 전손실의 2~3[%] 정도 이하로 작다.

14 선형 유도 전동기에 대한 설명으로 가장 옳지 않은 것은?

① 속도가 낮을수록 단부효과가 증가한다.

② 이동파의 동기속도는 주파수와 극 피치에 비례한다.

③ 전동기의 입구 모서리에서 발생하는 자속밀도는 전동기 중간 지점에서 발생하는 자속밀도보다 낮다.

④ 회전형 유도 전동기에 비하여 일반적으로 공극이 크다.

15 단자전압이 200[V]에 4[kW]인 직류 분권 발전기의 유기기전력이 210[V]이고 계자저항이 1,000[Ω]이면 전기자저항[Ω]의 근삿값은?

① 0.3
② 0.5
③ 0.7
④ 0.9

14 선형유도전동기는 다이렉트로 직선운동을 하는 전동기이다.

회전형 모터는 회전방향으로 무한연속운동을 하지만 리니어(선형)모터는 구조적으로 길이가 유한하여 단부가 존재하므로 단부효과(end effect)가 있게 된다. 또한 공극이 커서 공극의 자속분포, 추력특성 등에 있어서 영향을 크게 받아 효율이 좋지 못하다.

그러나 리니어모터는 일반적인 회전형 모터에 비해 직선 구동력을 직접 발생시키는 특유의 이점이 있으므로 직선구동력이 필요한 시스템에서 회전형에 비해 절대적으로 우세하다. 즉, 직선형의 구동시스템에서 회전형 모터에 의해 직선구동력을 발생시키고자 하는 경우에는 그림2와 같이 스크류, 체인, 기어시스템 등의 기계적인 변환장치가 반드시 필요하게 되는데, 이때 마찰에 의한 에너지의 손실과 소음발생이 필연적이므로 매우 불리하게 된다.

그러나 리니어모터를 응용하는 경우는 직선형의 구동력을 직접 발생시키므로 기계적인 변환장치가 전혀 필요치 않다. 따라서 구조가 복잡하지 않으며 에너지 손실이나 소음을 발생하지 않는 것은 물론이고 운전속도에도 제한을 받지 않는 등의 특유의 이점이 있게 된다.

단부효과는 속도가 높을수록 효과가 커진다.

15 직류 분권발전기에서 $E = V + I_a R_a [V]$, 단자전압 $V = I_f R_f = 200[V]$

계자전류 $I_f = \dfrac{V}{R_f} = \dfrac{200}{1000} = 0.2[A]$

부하전류 $I = \dfrac{P}{V} = \dfrac{4 \times 10^3}{200} = 20[A]$

따라서 전기자 전류는 20.2[A]

전기자 전압강하가 10[V]이므로 전기자 저항은 $R_a = \dfrac{10}{20.2} = 0.5[\Omega]$

16 실제 변압기 등가회로의 1차측이 다음과 같을 때, 등가회로의 회로 상수 중 누설 자속에 의한 영향을 가장 많이 받는 것은? (단, V_1, I_1, I_2, I_0는 각각 입력전압, 1차측 전류, 1차측 부하전류, 여자 전류다.)

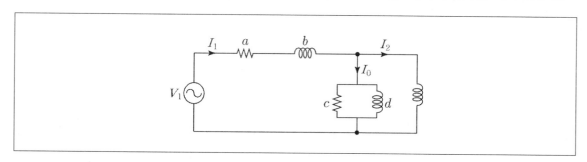

① a

② b

③ c

④ d

17 정격속도로 회전하는 분권 발전기의 자여자에 의한 전압 확립이 실패하는 이유로 가장 옳지 않은 것은?

① 발전기 내부의 잔류 자속이 부족한 경우

② 발전기를 반대 방향으로 회전시키는 경우

③ 계자 저항값이 임계 저항값보다 작은 경우

④ 계자 권선의 극성을 바꾸어 연결하는 경우

ANSWER 16.② 17.③

16 이상적인 변압기에서는 권선의 저항을 생략하고 변압기 안에서는 손실이 없는 것으로 생각하지만 실제로는 변압기 권선에 저항이 있으므로 동손이 생기고 전압강하를 일으킨다.

그것을 표현하기 위해서 a는 1차권선의 저항을 밖으로 내놓은 것이다. 누설자속에 의해서 유도되는 기전력은 누설자속의 크기와 비례한다. 누설자속이 대부분 철심 밖을 통과하므로 발생되는 누설리액턴스를 b로 하여 밖으로 내놓은 것이다.

c, d는 여자전류에 의하여 생기는 철손전류와 자화전류를 표시한 것이다.

17 전압확립의 조건이란 발전기가 발전을 하기 위한 조건을 뜻한다. 우선 자여자식은 잔류자기가 있어야 전기자에 의해서 자속을 끊고 기전력을 만들면서 계자전류를 흘릴 수 있는 것이다. 만약에 발전기를 역회전시키면 잔류자기가 소멸되므로 발전을 할 수 없게 된다.

계자 권선의 극성을 바꾸어도 역회전되므로 발전을 할 수 없게 된다.

단자전압의 극성을 바꾸는 것은 계자저항과 전기자 저항이 모두 극성이 바뀌므로 역회전하지 않고 발전을 한다. 임계저항이라는 것은 계자전류와 무부하 전압이 이루는 저항선인데 이 저항선이 전압의 증가선(임계저항선)이하가 되면 발전하는데 문제가 없지만 만약 임계저항 값보다 커지면 단자전압은 불안정하며 계자저항이 약간만 변동을 해도 단자전압은 심한 변동이 생긴다.

18 3상 동기 발전기에 무부하 전압보다 90° 뒤진 전기자 전류가 흐를 때, 전기자 반작용으로 가장 옳은 것은?

① 감자 작용을 받는다.

② 증자 작용을 받는다.

③ 교차 자화 작용을 받는다.

④ 자기 여자 작용을 받는다.

19 유도 전동기의 특성에서 토크와 2차 입력, 동기속도의 관계는?

① 토크는 2차 입력과 동기속도의 자승에 비례한다.

② 토크는 2차 입력에 반비례하고, 동기속도에 비례한다.

③ 토크는 2차 입력에 비례하고, 동기속도에 반비례한다.

④ 토크는 2차 입력과 동기속도의 곱에 비례한다.

20 마그네틱 토크만을 발생시키는 전동기는?

① 표면부착형 영구자석전동기

② 매입형 영구자석전동기

③ 릴럭턴스 동기전동기

④ 스위치드 릴럭턴스 전동기

ANSWER 18.① 19.③ 20.①

18 3상 동기발전기에 무부하전압보다 90°뒤진 전기자 전류가 흐르면 전기자 전류가 유도기전력보다 뒤지므로 전기자 전류가 만드는 자속은 유기기전력의 자속을 감소시킨다.
앞선 전류는 유기기전력의 자속을 증가시킴으로 증자작용을 한다.

19 유도전동기의 출력

$$P_0 = P_2(1-s) = T\omega = T\frac{2\pi N}{60}[W]에서$$

$$P_2 = T\frac{2\pi N_s}{60}[W]$$

토크는 2차입력과 비례하고 속도 N과 반비례한다.

20 영구자석전동기
㉠ **표면부착형 영구자석전동기** : 마그네틱 토크를 이용하는 전동기
㉡ **릴럭턴스전동기** : 릴럭턴스 토크를 이용하는 전동기
㉢ **매입형 영구자석전동기, 영구자석 보조형 릴럭턴스 전동기** : 마그네틱 토크와 릴럭턴스 토크를 모두 사용

1 그림과 같이 인덕턴스만의 부하로 운전하는 동기 발전기에서 나타나는 전기자 반작용에 대한 설명으로 옳은 것은?

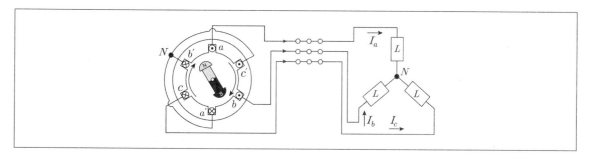

① 유도 기전력보다 $\frac{\pi}{2}$[rad]만큼 앞선 전기자 전류가 흐른다.

② 교차 자화 작용을 한다.

③ 직축 반작용을 한다.

④ 증자 작용을 한다.

2 단상 유도 전동기의 기동을 위한 기동 장치에 해당하지 않는 것은?

① 셰이딩 코일형

② 분상 기동형

③ 콘덴서 기동형

④ Y−△ 기동형

....

ANSWER 1.③ 2.④

1
인덕턴스만의 부하는 전류가 전압보다 위상이 $\frac{\pi}{2}$만큼 뒤지므로 동기발전기에서는 직축반작용의 감자작용을 하게 된다. 교차자화 작용은 전압과 전류가 동상인 경우 발생하며, 증자작용은 전류가 진상의 경우 생기는 반작용현상이다.

2 $Y-\triangle$기동방식은 농형유도전동기의 기동방식이다.
단상유도전동기의 기동방식으로 반발, 콘덴서, 분상, 셰이딩 코일 등이 있다.

3 단상 변압기의 3상 결선 방식 중, 여자 전류의 3고조파가 순환 전류로 흐를 수 있으므로 기전력이 정현파이고 유도장애가 없으며, 발전소 저전압을 송전 전압으로 승압할 때 주로 사용되는 결선 방식은?

① Y−Y ② Y−△
③ △−△ ④ △−Y

4 1차측 권수가 1,500인 변압기에서 2차측에 접속한 32 [Ω]의 저항을 1차측으로 환산했을 때 800 [Ω]으로 되었다면, 2차측 권수는?

① 100
③ 300

② 150
④ 600

5 타여자 직류 전동기의 현재 속도가 1,000 [rpm]이다. 동일한 부하에서 계자 전류, 단자 전압, 전기자 저항을 모두 2배로 증가시키는 경우 전동기의 회전 속도[rpm]는? (단, 계자 전류와 자속은 선형 관계이며, 전기자 반작용 및 브러시 접촉에 의한 전압 강하는 무시한다)

① 500
③ 2,000

② 1,000
④ 4,000

ANSWER 3.④ 4.③ 5.②

3 변압기의 결선방식 중 발전소의 저전압을 송전전압으로 승압할 때 주로 사용되는 방식은 △ − Y 방식이다.

4 변압비 $a = \dfrac{V_1}{V_2} = \dfrac{N_1}{N_2} = \sqrt{\dfrac{R_1}{R_2}}$ 에서

$N_2 = N_1 \times \sqrt{\dfrac{R_2}{R_1}} = 1500 \times \sqrt{\dfrac{32}{800}} = 300[Turn]$

5 전동기의 회전속도는 역기전력에 비례하므로 $E = V - I_a R_a [V]$에서 동일한 부하에서 전압과 전기자 저항이 모두 2배로 증가했다면 유기기전력의 변화가 없으므로 회전속도는 동일하다.

6 직류 분권 발전기의 정격 전압이 220[V], 정격 출력이 11[kW], 계자 전류는 2[A]이다. 발전기의 유기 기전력[V]은? (단, 전기자 저항은 0.5[Ω]이고, 전기자 반작용 및 브러시 접촉에 의한 전압 강하는 무시한다)

① 174   ② 194

③ 226   ④ 246

7 동기 발전기의 병렬 운전 조건에 대한 설명으로 옳은 것만을 모두 고르면?

> ㉠ 기전력의 크기가 같을 것
> ㉡ 기전력의 위상이 같을 것
> ㉢ 기전력의 파형이 같을 것
> ㉣ 기전력의 주파수가 같을 것

① ㉠, ㉢

② ㉠, ㉡, ㉣

③ ㉡, ㉢, ㉣

④ ㉠, ㉡, ㉢, ㉣

ANSWER 6.④ 7.④

6 직류분권발전기의 유기기전력

부하전류 $I = \dfrac{P}{V} = \dfrac{11 \times 10^3}{220} = 50[A]$

계자전류 $I_f = 2[A]$

전기자 전류 $I_a = I_f + I = 2 + 50 = 52[A]$

$E = V + I_a R_a = 220 + 52 \times 0.5 = 246[V]$

7 동기발전기 병렬운전 조건

기전력의 크기, 위상, 파형 및 주파수가 같아야 한다. 기전력이 다르면 무효횡류가 흐르고, 위상이 다르면 유효횡류가 흐른다. 따라서 주어진 예시 모두가 같아야 한다.

8 0.5[Ω]의 전기자 저항을 가지는 직류 분권 전동기가 220[V] 전원에 연결되어 있다. 이 전동기에서 계자 전류는 고정되어 여자되며, 전부하 시 1,200[rpm]으로 운전하고 40[A]의 전기자 전류를 가진다. 전기자 회로에서 1[Ω]의 전기자 저항을 추가로 접속시켰을 때의 전동기 회전 속도[rpm]는? (단, 부하 토크는 일정한 값으로 유지하고 있고, 전기자 반작용 및 브러시 접촉에 의한 전압 강하는 무시한다)

① 800   ② 960

③ 1,400   ④ 1,500

9 풍력 발전기에서 사용되는 영구 자석형 동기 발전기에 대한 설명으로 옳지 않은 것은?

① 증속기어 없이 사용할 수 있다.

② 컨버터를 이용하여 유효 전력과 무효 전력을 모두 제어할 수 있다.

③ 브러시가 필요하기 때문에 지속적인 유지보수가 필요하다.

④ 유도기에 비해 발전효율이 높다.

10 정격 200[V], 5[kW]인 평복권(외분권) 직류 발전기의 분권 계자 저항이 100[Ω]이며, 직권 계자 및 전기자 저항이 각각 0.4[Ω] 및 0.6[Ω]이다. 이 발전기의 무부하 시 전기자 유기 기전력[V]은? (단, 전기자 반작용 및 브러시 접촉에 의한 전압 강하는 무시한다)

① 174   ② 198

③ 202   ④ 227

ANSWER 8.②   9.③   10.③

8 직류분권전동기의 회전속도는 역기전력에 비례한다.

전부하 시 역기전력은 $E = V - I_a R_a = 220 - 40 \times 0.5 = 200[V]$

전기자 회로에 1[Ω]의 저항을 추가하면 역기전력 $E' = V - I_a R_a = 220 - 40 \times 1.5 = 160[V]$

따라서 회전속도는 $200 : 1200 = 160 : x$ ∴ $x = 960[rpm]$

9 영구자석 동기발전기는 높은 출력밀도를 가진 영구자석을 사용함으로써 넓은 운전 범위와 고효율을 가지게 되며, 이를 통해 발전기의 경량화가 가능하고, 기어가 없기 때문에 하부구조 경량화가 가능하다. 브러시가 필요하지 않아 유지보수가 간편하다.

10 정격전압이 200[V]이고 계자저항이 100[Ω]이므로 계자전류는 2[A]

$$I_f = \frac{V}{R_f} = \frac{200}{100} = 2[A]$$

무부하에서 직류발전기 전기자 유기기전력은 $E = V + (R_a + R_s)I_f = 200 + (0.6 + 0.4) \times 2 = 202[V]$

11 1차 및 2차 정격 전압이 같은 A, B 2대의 단상 변압기가 있다. 그 용량 및 임피던스강하가 A기는 25[kVA], 4[%], B기는 20[kVA], 3[%]일 때, 이 2대의 변압기를 병렬 운전하는 경우 A, B 변압기의 부하 분담비 $S_A : S_B$는?

① 15 : 16

② 21 : 13

③ 5 : 4

④ 3 : 4

12 정격 출력이 200[kVA]인 단상 변압기의 철손이 1[kW], 전부하 동손이 4[kW]이다. 이 변압기 최대 효율 시의 부하[kVA]는?

① 20

② 40

③ 70

④ 100

13 단상 반파 위상 제어 정류 회로를 이용하여 200[V], 60[Hz]의 교류를 정류하고자 한다. 위상각 0[rad]에서의 직류 전압의 평균치를 E_0라고 할 때, 위상각을 $\frac{\pi}{3}$[rad]으로 바꾼다면 직류 전압의 평균치는?

① $\frac{3}{4}E_0$

② $\frac{2+\sqrt{2}}{4}E_0$

③ $\frac{2+\sqrt{3}}{4}E_0$

④ E_0

....

ANSWER 11.① 12.④ 13.①

11 변압기의 병렬운전에서 %Z가 다른 경우 부하 분담 비

$$\frac{I_A}{I_B} = \frac{\%Z_B}{\%Z_A} \cdot \frac{P_A}{P_B} = \frac{3 \times 25}{4 \times 20} = \frac{75}{80} = \frac{15}{16}$$

12 변압기의 최대효율 $P_i = (\frac{1}{m})^2 P_c$에서 $\frac{1}{m} = \sqrt{\frac{P_i}{P_c}} = \sqrt{\frac{1}{4}} = \frac{1}{2}$ 즉 전부하의 1/2부하에서 가장 효율이 높다.

전부하가 200[KVA]이므로 최대효율에서의 부하는 100[KVA]

13 단상반파 위상제어 정류회로에서 직류전압의 평균치는

$$V_{av} = \frac{\sqrt{2}\,V}{\pi}(\frac{1+\cos\theta}{2})\,[V]$$에서 위상각이 $0°$에서 $V_{av} = \frac{\sqrt{2}\,V}{\pi} = E_o\,[V]$

$$V_{av} = \frac{\sqrt{2}\,V}{\pi}(\frac{1+\cos\frac{\pi}{3}}{2}) = \frac{3}{4}E_o\,[V]$$

14 200[V], 10[kW], 6극, 3상 유도 전동기를 정격 전압으로 기동하면 기동 전류는 정격 전류의 400[%], 기동 토크는 전부하 토크의 250[%]이다. 이 전동기의 기동 전류를 정격 전류의 200[%]로 제한하는 단자 전압[V]은 얼마이며, 이때의 기동 토크는 전부하 토크의 몇 [%]인가?

	단자 전압[V]	기동 토크[%]
①	100	62.5
②	100	125
③	50	62.5
④	50	125

15 전력변환 장치에 대한 설명으로 옳지 않은 것은?

① AC-DC 컨버터로 쓰이는 회로는 일반적으로 정류기라고 부르며, 다이오드 정류기를 이용할 경우 전원 전압의 최댓값에 의하여 평균 출력 전압의 크기가 고정된다.

② DC-DC 컨버터는 직류 전원을 반도체 소자와 수동 소자들을 이용하여 출력 전압을 변환하는 장치이다.

③ DC-AC 컨버터(인버터)는 교류의 크기는 임의로 변환 가능하지만 그 주파수는 변환할 수 없다.

④ 직접적으로 AC를 AC로 변환하는 컨버터는 주파수를 변경할 수 없는 장치도 있지만 주파수 변환이 필요할 경우에는 사이클로 컨버터를 사용한다.

ANSWER 14.① 15.③

14 50[%] 탭이 최저이므로 이 탭을 사용하면 전동기의 기동전류는 공급전압에 비례하므로

$$\frac{I_{sm}}{I_s} = \frac{200}{400} = \frac{V}{200[V]} \text{에서 단자전압 } V = 100[V]$$

기동토크는 전압의 제곱에 비례하므로 $T_s = 250 \times 0.5^2 = 62.5[\%]$ 가 된다.

15 인버터란 직류(DC)를 교류(AC)로 전환하는 장치로서 공급된 전력을 받아 인버터 내에서 전압과 주파수를 가변시켜 이를 모터에 공급함으로써 모터의 속도를 제어하는 장치이다. 인버터 기술은 모터의 회전속도를 자유로이 변환할 수 있기 때문에 에어컨을 비롯해 청소기나 세탁기 등 자동제어 기능을 필요로 하는 가전제품에 많이 이용되고 있다. 미세한 제어가 가능하며, 에너지 절약 및 소음 절감 효과가 뛰어나다.

16 유도 전동기의 벡터 제어에 대한 설명으로 옳지 않은 것은?

① 대표적 방법으로는 V/f 일정제어가 있다.

② d − q변환에 의한 가상의 좌표계에서 제어한다.

③ 자속의 순시위치 정보가 필요하다.

④ 스칼라 제어에 비하여 응답성이 빠르고, 속도 및 위치 오차가 작다.

17 유도 전동기가 정지할 때 2차 1상의 전압이 220[V]이고, 6극 60[Hz]인 유도 전동기가 1,080[rpm]으로 회전할 경우 2차 전압[V]과 슬립 주파수[Hz]는?

	2차 전압[V]	슬립 주파수[Hz]
①	22	6
②	33	9
③	44	12
④	66	18

ANSWER 16.① 17.①

16 유도전동기는 직류전동기에 비해 견고성과 무보수성의 장점을 가지고 있으면서도 그 제어 응답 특성 때문에 그 사용이 제한되어 왔다. 벡터제어기법으로 유도전동기를 직류전동기와 동등한 정도의 높은 응답성을 갖도록 제어가 가능해졌고 그에 따라 사용범위가 확대되었다. 이는 전력용 반도체 소자의 급속한 발전과 마이크로 프로세서의 출현에 의해 실용화되었다. 유도전동기의 벡터제어는 고정자 전류를 자속 성분전류와 토오크성분전류로 분리하여 독립제어 함으로써 직류전동기와 동등한 제어특성을 부여하기 위한 제어 방식이다. 이러한 벡터제어는 회전자 자속의 위치를 찾는 방법에 직접벡터제어와 간접벡터제어로 구분된다.

직접벡터제어는 자속을 직접 측정하거나 자속 추정기를 통하여 회전자 자속의 위치를 알아내고 간접벡터제어는 전동기의 회전속도에 슬립속도를 더해 그 적분한 값으로 회전자 자속의 위치를 구한다.

유도전동기의 순시 토크를 제어하기 위해서는 3상 전류가 고정자 권선에 흐를 때 자속성분전류, 토크성분전류가 얼마나 되는지 알아야 한다. 즉, 3개의 abc상 전류를 90도 위상 차를 갖는 2개의 d-q축 성분으로 변환하는 좌표변환을 이용하면 된다.

17 동기속도를 구하면 $N_s = \dfrac{120}{P} f = \dfrac{120 \times 60}{6} = 1200 [rpm]$

슬립 $s = \dfrac{1200 - 1080}{1200} = 0.1, \quad 10[\%]$

그러므로 2차 전압 $E_2 = sE_1 = 0.1 \times 220 = 22 [V]$

슬립주파수 $f_2 = sf_1 = 0.1 \times 60 = 6 [Hz]$

18 동기 발전기에서 단락비가 큰 기계에 대한 설명으로 옳은 것만을 모두 고르면?

⊙ 동기 임피던스가 크다.
ⓛ 철손이 증가하여 효율이 떨어진다.
ⓒ 전압변동률이 작으며 안정도가 향상된다.
ⓔ 과부하 내량이 크고 장거리 송전선의 충전 용량이 크다.
ⓜ 전기자 전류의 기자력에 비해 상대적으로 계자 기자력이 작아서 전기자 반작용에 의한 영향이 적게
된다.

① ⊙, ⓛ, ⓔ
② ⊙, ⓒ, ⓜ
③ ⓛ, ⓒ, ⓔ
④ ⓒ, ⓔ, ⓜ

19 전력용 반도체 소자 중 IGBT(Insulated Gate Bipolar Transistor)에 대한 설명으로 옳지 않은 것은?

① IGBT는 PNPN 층으로 만들어져 있다.
② IGBT는 게이트 전류에 의해 제어되는 전류제어형 소자이다.
③ IGBT는 전력용 MOSFET와 전력용 BJT의 장점을 가지는 고전압 대전류용 전력용 반도체 소자이다.
④ IGBT는 게이트의 턴 온 및 턴 오프 동작을 위해서 정(+), 부(−) 전압을 인가하는 구동 회로를 사용한다.

ANSWER 18.③ 19.②

18 단락비가 크면 동기임피던스가 적고, 따라서 동기 리액턴스가 적다. 동기 리액턴스가 적으려면 전기자 반작용이 적어야 하므로 자기저항을 크게 하려고 공극을 크게 한다. 공극이 크면 계자자속이 커져야 해서 계자전류를 크게 한다. 공극이 적은 기계에 비해 철이 많이 들기 때문에 철기계라고도 하며 중량이 무겁고 가격도 비싸다. 철기계로 하면 전기자 전류가 크더라도 전기자 반작용이 적으므로 전압변동률이 낮다. 기계에 여유가 있고 과부하 내량이 커서 자기여자 방지법으로 장거리 송전선로를 충전하기에 적합하다.

19 절연 게이트 양극성 트랜지스터(Insulated gate bipolar transistor, IGBT)는 금속 산화막 반도체 전계효과 트랜지스터 (MOSFET)을 게이트부에 짜 넣은 접합형 트랜지스터이다. 게이트-이미터 간의 전압이 구동되어 입력 신호에 의해서 온/오프가 생기는 자기소호형이므로, 대전력의 고속 스위칭이 가능한 반도체 소자이다.

20 이중 농형 유도 전동기에 대한 설명으로 옳지 않은 것은?

① 기동 토크가 크고 운전 효율이 좋다.

② 내부 도체는 외부 도체에 비해 낮은 저항의 도체 바로 구성된다.

③ 기동 시 내부 도체의 리액턴스가 바깥쪽 도체의 리액턴스보다 크다.

④ 기동 시 표피효과로 인하여 내부 도체로 전류가 대부분 흐른다.

---

20 2중 농형 권선 중에 '외부도체(A)'는 황동 또는 동니켈합금과 같이 비교적 저항이 높은 도체를 사용하고 '내측의 도체(B)'에는 저항이 낮은 전기동의 도체를 사용한다.

2차 누설리액턴스는 외측의 농형도체 A보다는 내측의 농형도체 B가 훨씬 크다. 기동할 때에는 2차주파수가 1차주파수와 같기 때문에, 2차전류는 저항보다도 리액턴스에 의해 제한되므로 리액턴스가 큰 내측의 도체에는 전류가 거의 흐르지 않고, 대부분의 전류는 저항이 높은 외측도체로 흐르게 된다. 기동토크는 2차저항손에 비례하기 때문에 기동할 때에는 저항이 높은 외측 도체로 흐르는 전류에 의하여 큰 기동토크를 얻는다. 전동기가 기동하고 서서히 가속이 되면서 슬립이 적어지면 2차주파수가 적어지므로 누설리액턴스가 작아진다. 따라서 2차전류는 거의 저항만으로 제한되고 대부분 전류는 저항이 적은 내측 B도체로 흐르게 된다.

1 % 저항강하 및 % 리액턴스 강하가 각각 3[%] 및 4[%]인 변압기의 전압변동률 최댓값 ε_m[%]과 이때의 역률 $\cos\theta_m$[pu]은?

	ε_m	$\cos\theta_m$
①	3.5	0.6
②	3.5	0.8
③	5.0	0.6
④	5.0	0.8

2 변압기의 효율이 최대인 경우는?

① 철손과 동손이 동일

② 철손이 동손의 $\frac{1}{\sqrt{2}}$ 배

③ 철손이 동손의 $\sqrt{2}$ 배

④ 철손이 동손의 $\sqrt{3}$ 배

ANSWER 1.③ 2.①

1 변압기의 전압변동률 $\epsilon = p\cos\theta + q\sin\theta\,[\%]$

최대 전압변동률 $\epsilon_m = \sqrt{p^2 + q^2} = \sqrt{3^2 + 4^2} = 5[\%]$

이때의 역률 $\cos\theta = \dfrac{p}{\sqrt{p^2+q^2}} = \dfrac{3}{5} = 0.6,\ 60[\%]$

2 변압기 효율

$$\eta_{\frac{1}{n}} = \frac{\frac{1}{n}V_{2n}I_{2n}\cos\theta}{\frac{1}{n}V_{2n}I_{2n}\cos\theta + P_i + \frac{1}{n^2}I_{2n}^2 R_{12}} \times 100 = \frac{V_{2n}\cos\theta}{V_{2n}\cos\theta + \frac{P_i\,n}{I_{2n}} + \frac{I_{2n}R_{12}}{n}} \times 100$$

변압기 효율이 최대가 되려면 손실이 최소가 되도록 하면 된다.

$\dfrac{P_i\,n}{I_{2n}} \times \dfrac{I_{2n}R_{12}}{n} = P_i \cdot R_{12}$ 가 되는데 이 값이 일정하다.

그러므로 $\dfrac{P_i\,n}{I_{2n}} = \dfrac{I_{2n}R_{12}}{n}$, $P_i = (\dfrac{1}{n})^2 I_{2n}^2 R_{12} = (\dfrac{1}{n})^2 P_c$

따라서 철손과 동손이 같을 때 최대 효율이 된다.

3 유도전동기 원선도를 그리기 위해 실행하는 시험으로 옳지 않은 것은?

① 무부하시험

② 부하시험

③ 구속시험

④ 저항측정

4 자기저항(reluctance)에 대한 설명으로 옳지 않은 것은?

① 공극이 증가하는 경우 자기저항은 증가한다.

② 일정 기자력에 대해 자속이 감소하는 경우 자기저항은 감소한다.

③ 자기저항은 인덕턴스와 반비례 관계이다.

④ 자기회로의 투자율이 증가하는 경우 자기저항은 감소한다.

ANSWER 3.② 4.②

3 유도전동기의 원선도를 그리기 위해 필요한 시험

㉠ **저항측정**: 1차권선의 각 단자 사이를 직류로 측정한다.

㉡ **무부하시험**: 유도전동기를 무부하에서 정격전압, 정격주파수로 운전하고 이때의 무부하전류와 무부하입력을 측정한다.

㉢ **구속시험**: 유도전동기의 회전자를 구속하여 권선형회전자이면 권선을 슬립링에서 단락하고, 1차측에 정격주파수의 전압을 가하여 정격 1차전류와 같은 구속전류를 보내어 임피던스전압과 임피던스와트를 측정한다. 변압기의 단락시험과 유사하다.

4 자기저항

$$R = \frac{NI}{\varnothing} = \frac{l}{\mu A} \, [AT/wb] \text{ 이므로}$$

기자력이 일정할 때 자속이 감소하면 자기저항은 증가한다.

5 일정 전압으로 운전 중인 분권 및 직권 직류전동기에서 기계적 각속도가 증가할 때, 토크의 변화로 옳은 것은? (단, 전기자 반작용과 자기포화는 무시한다)

<u>분권</u>　　　　　　　　　　　<u>직권</u>

① 속도의 제곱에 반비례하여 감소　　　일정한 기울기로 감소

② 속도의 제곱에 반비례하여 감소　　　속도의 제곱에 반비례하여 감소

③ 일정한 기울기로 감소　　　　　　　일정한 기울기로 감소

④ 일정한 기울기로 감소　　　　　　　속도의 제곱에 반비례하여 감소

6 1차 전압 4,400[V]인 단상 변압기가 전등 부하에 10[A]를 공급할 때의 입력이 2.2[kW]이면 이 변압기의 권수비 $\dfrac{N_1}{N_2}$ 은? (단, 변압기의 손실은 무시한다)

① 10　　　　　　　　　　　　② 20

③ 30　　　　　　　　　　　　④ 40

ANSWER 5.④ 6.②

5 직류전동기

$P = EI_a = T\omega = T\dfrac{2\pi N}{60}\,[W]$ 에서 일정전압으로 운전하면 토크와 속도는 반비례한다.

$T = \dfrac{P\varnothing I_a Z}{2\pi a}\,[N \cdot m]$, $T = k\varnothing I_a\,[N \cdot m]$으로 정리를 하면

㉠ 분권전동기는 토크와 전기자 전류가 비례한다. 부하가 현저히 증가를 하면 전기자 반작용이 증가하여 자속이 감소하고 토크는 일정한 기울기로 감소하게 된다.

㉡ 직권전동기는 $T = k_1 \varnothing I_a = k_1 k_2 I_a^2$ 의 관계가 있으므로 $T \propto \dfrac{1}{N^2}$ 이 되어 속도의 제곱에 반비례하여 토크가 감소한다.

6 1차 전압이 4400[V]인 단상변압기의 입력이 2.2[Kw]이면 전류는

$I_1 = \dfrac{P}{V_1} = \dfrac{2200}{4400} = 0.5[A]$

권수비와 전류비는 반비례하므로

$a = \dfrac{V_1}{V_2} = \dfrac{N_1}{N_2} = \dfrac{I_2}{I_1} = \dfrac{10}{0.5} = 20$

7 2중 농형회전자를 갖는 유도전동기의 특징으로 옳지 않은 것은?

① 유도전동기의 비례추이 특성을 이용한 기동 및 운전을 한다.

② 기동상태에서 2차 저항이 작아진다.

③ 저슬립에서 회전자 바의 누설리액턴스가 작아진다.

④ 구조가 복잡하여 일반적 형태의 농형회전자보다 가격이 비싸다.

8 3상 동기발전기가 무부하 유기기전력 150[V], 부하각 45°로 운전되고 있다. 부하에 공급하는 전력을 일정하게 유지시키면서 계자 전류를 조정하여 부하각을 30°로 한 경우의 무부하 유기기전력[V]은?

① $150\sqrt{2}$

② $150\sqrt{3}$

③ $300\sqrt{2}$

④ $300\sqrt{3}$

9 정격용량 20[kVA] 변압기가 있다. 철손은 500[W], 정격용량으로 운전 시 동손은 800[W]이다. 이 변압기를 하루에 10시간씩 정격용량으로 운전할 경우 전일효율[%]은? (단, 정격용량 운전 시 부하 역률은 0.90이다)

① 85.2

② 88.1

③ 90.0

④ 93.2

....

ANSWER 7.② 8.① 9.③

7 2중 농형유도전동기는 기동할 때 2차 주파수가 1차 주파수와 같기 때문에(슬립 s=1) 2차 전류는 저항보다도 리액턴스에 의하여 제한된다. 따라서 리액턴스가 큰 내측의 도체에는 전류가 거의 흐르지 않고 대부분의 전류는 저항이 높은 외측도체로 흐르게 된다. 기동토크는 2차저항손에 비례하기 때문에 기동상태에서 2차 저항은 크다.

8 3상동기발전기의 출력

$P=\dfrac{EV}{Z_s}sin\delta[Kw]$ 에서 부하 공급전력이 일정하므로

$150\times sin45° = E\times sin30°$

$E=\dfrac{150}{\sqrt{2}}\times 2 = 150\sqrt{2}\,[V]$

9 변압기의 전일효율

$\eta = \dfrac{20[KVA]\times 0.9\times 10h}{20[KVA]\times 0.9\times 10h + 0.5\times 24h + 0.8\times 10h} = 0.9,\ 90[\%]$

10 기동토크 24[Nm], 무부하 속도 1,200[rpm]인 타여자 직류전동기에 부하토크 T_L[Nm]과 속도 N[rpm] 사이의 관계가 $T_L = 0.02N$인 부하를 연결시켜 구동할 때의 전동기 출력[W]은? (단, 전기자 반작용과 자기포화는 무시한다)

① 200π

② 220π

③ 240π

④ 260π

11 전압이 일정한 모선에 접속되어 역률 1로 운전하고 있는 동기전동기의 계자 전류를 감소시킨 경우, 이 전동기의 역률과 전기자 전류의 변화는?

① 역률은 앞서게 되고 전기자 전류는 증가한다.

② 역률은 앞서게 되고 전기자 전류는 감소한다.

③ 역률은 뒤지게 되고 전기자 전류는 증가한다.

④ 역률은 뒤지게 되고 전기자 전류는 감소한다.

ANSWER 10.③ 11.③

10 기동토크 24[Nm], 무부하속도 1200[rpm]이면 직류전동기의 출력은

$$P = T\frac{2\pi N}{60} = 24 \times \frac{2\pi \times 1200}{60} = 960\pi[W]$$

기동토크 $T_s = 0.02N_o$와 같은

$T_L = 0.02N$ 관계인 부하를 연결하는 것이므로

부하의 증가로 토크와 속도가 각각 $\frac{1}{2}$ 감소하게 된다.

따라서 $P = \frac{T}{2} \times \frac{2\pi \times \dfrac{1200}{2}}{60} = 12 \times \frac{2\pi \times 600}{60} = 240\pi[W]$

11 동기전동기의 V특성에서

역률 1로 운전하고 있는 동기전동기의 계자전류를 감소시키면 전기자전류는 증가하고 역률은 지상이 되어 리액터로 작용을 한다.
반대로 역률 1로 운전하고 있는 동기전동기의 계자전류를 증가시키면 전기자 전류는 증가하고 역률은 진상이 되어 콘덴서로 작용을 한다.

12 동기발전기에서 단락비에 대한 설명으로 옳지 않은 것은?

① 단락비가 크면 동기임피던스가 작다.

② 단락비가 크면 전기자 반작용이 작다.

③ 단락비가 작으면 전압변동률이 크다.

④ 단락비가 작으면 과부하 내량이 크다.

13 3상 반파 다이오드 정류회로의 저항 부하 시 맥동률[%]은?

① 4.04

② 17.7

③ 48.2

④ 121

12 동기발전기의 단락비

단락비가 크면 공극이 커야 해서 철이 많이 들고 기계의 중량이 무겁고 가격이 비싸진다.

철기계로 하면 전기자 전류가 크더라도 전기자 반작용이 적으므로 전압변동률이 적으며, 기계에 여유가 있고, 과부하 내량이 크며 자기여자 방지법으로 장거리 송전선로를 충전하는 경우에 적합하다.

13 3상반파 정류회로의 맥동률

$$\nu = \frac{\text{출력전압에 포함된 교류성분}}{\text{출력전압의 직류성분}} = \frac{\sqrt{I_a^2 - I_d^2}}{I_d} = \sqrt{\left(\frac{I_a}{I_d}\right)^2 - 1}$$

$$E_d = \frac{1}{\frac{2\pi}{3}} \int_{-\frac{\pi}{3}}^{+\frac{\pi}{3}} \sqrt{2}\,E\cos\theta\,d\theta = \frac{3\sqrt{2}}{2\pi}E[\sin\theta]_{-\frac{\pi}{3}}^{+\frac{\pi}{3}} = \frac{3\sqrt{2}}{2\pi}E\left(\sin\frac{\pi}{3} + \sin\frac{\pi}{3}\right) = 1.17E[V]$$

$$I_d = \frac{E_d}{R} = 1.17\frac{E}{R}[A]$$

3상반파 교류 실횻값

$$I_a = \sqrt{\frac{1}{\frac{2\pi}{3}} \int_{-\frac{\pi}{3}}^{\frac{\pi}{3}} \left(\frac{\sqrt{2}\,E\cos\theta}{R}\right)^2 d\theta} = 1.185\frac{E}{R}[A]$$

따라서 $\nu = \sqrt{\left(\frac{I_a}{I_d}\right)^2 - 1} = \sqrt{\left(\frac{1.185}{1.17}\right)^2 - 1} = 0.17$

17[%]

14 220[V], 1,500[rpm], 50[A]에서 정격토크를 발생하는 직류 직권전동기의 전기자 저항과 직권계자 저항의 합이 0.2[Ω]이다. 같은 전압으로 이 전동기가 1,000[rpm]에서 정격토크를 발생하기 위해 전기자에 직렬로 삽입해야 할 외부 저항[Ω]은?

① 1.2

② 1.4

③ 1.6

④ 1.8

15 스테핑 전동기에서 1펄스의 스텝 각도가 1.8˚, 입력펄스의 주기가 0.02[s]이면, 전동기의 회전속도 [rpm]는?

① 12

② 15

③ 18

④ 21

ANSWER 14.② 15.②

14 $E = V - (R_s + R_a)I_a = 220 - 0.2 \times 50 = 210[V]$

$P = EI_a = T\dfrac{2\pi N}{60}[W]$

정격토크는 $T = \dfrac{210}{\pi}[N \cdot m]$

정격토크에서 속도가 1000[rpm]으로 변하면

$P = \dfrac{210}{\pi} \times \dfrac{2\pi \times 1000}{60} = 7000[W]$ 출력이 감소한다. 전압이 같으므로

$P = EI_a = \{220 - (0.2 + R) \times 50\} \times 50 = 7000[W]$

$R = 1.4[\Omega]$

15 1스텝 (1펄스) = 1.8˚(2상 스테핑 모터)이므로 입력펄스의 주기가 0.02[s]이면

주파수는 $f = \dfrac{1}{T} = \dfrac{1}{0.02} = 50[Hz]$

모터 회전속도 [rpm] = 스텝각 (˚) ÷ 360 ˚ × 펄스속도 (주파수: Hz) × 60

$rpm = \dfrac{1.8}{360} \times 50 \times 60 = 15$

16 6극, 60[Hz], 3상 권선형 유도전동기의 전부하 시의 회전수는 1,152[rpm]이다. 이때 전부하 토크와 같은 크기로 기동하려고 할 때 회전자 회로의 각 상에 삽입해야 할 저항[Ω]은? (단, 회전자 1상의 저항은 0.03[Ω]이다)

① 0.34

② 0.57

③ 0.72

④ 1.47

17 8극, 60[Hz], 53[kW]인 3상 유도전동기의 전부하 시 기계손이 3[kW]이고 2차 동손이 4[kW]일 때, 회전속도[rpm]는?

① 780

② 800

③ 820

④ 840

ANSWER 16.③ 17.④

16 6극, 60[Hz] 회전수 1152[rpm]의 전동기의 슬립을 구하면

$$N = \frac{120f}{P}(1-s) = 1152[rpm], \quad s = 0.04$$

전부하 토크로 기동하는 것이므로 $\frac{r_2}{s} = \frac{r_2 + R}{1}$ 에서

$$\frac{r_2}{s} = \frac{0.03}{0.04} = \frac{0.03 + R}{1}, \quad R = 0.72[\Omega]$$

17 유도전동기의 슬립을 구하면

$$s = \frac{P_{c2}}{P_2} = \frac{동손}{출력 + 기계손 + 동손} = \frac{4}{53 + 3 + 4} = 0.067$$

따라서 회전속도

$$N = \frac{120f}{P}(1-s) = \frac{120 \times 60}{8}(1 - 0.067) = 840[rpm]$$

18 단상 반파 정류회로로 교류 실횻값 100[V]를 정류하면 직류 평균전압[V]은? (단, 정류기 전압강하는 무시한다)

① 45

② 90

③ 117

④ 135

19 정격전압 200[V], 정격전류 50[A], 전기자 권선 저항 0.3[Ω]인 타여자 직류발전기가 있다. 이것을 전동기로 사용하여 전부하에서 발전기일 때와 같은 속도로 회전시키기 위해 인가해야 하는 단자전압[V]은? (단, 전기자 반작용은 무시한다)

① 185

② 200

③ 215

④ 230

ANSWER 18.① 19.④

18 단상반파정류에서 직류 평균전압

$$V_{av} = \frac{V_m}{\pi} = \frac{\sqrt{2}\,V}{\pi} = \frac{\sqrt{2} \times 100}{\pi} = 45[V]$$

19 타여자 직류발전기의 유기기전력 $E = V + I_a R_a = 200 + 50 \times 0.3 = 215[V]$

전동기로 했을 때 역기전력이 같으려면 단자전압은

$E^{'} = V - I_a R_a = 215[V],\ \ V = 215 + I_a R_a = 215 \times 50 \times 0.3 = 230[V]$

20 그림은 3상 BLDC의 2상 통전회로와 각 상의 역기전력, 상전류 파형을 나타내고 있다. 구간 Ⓐ에서 도통되어야 할 스위치는?

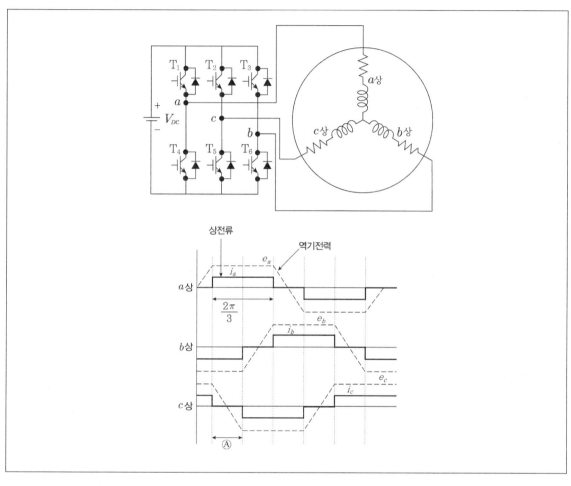

① T_1, T_4

② T_1, T_5

③ T_1, T_6

④ T_3, T_6

....

ANSWER 20.③

20 BLDC모터의 a상이 +이므로 b상이 −가 되고 c상에 전원이 없는 구간이므로 T_1, T_6가 도통되어야 한다.

1 마그네틱 토크와 릴럭턴스 토크를 모두 발생시키는 전동기는?

① 스위치드 릴럭턴스 전동기　　　　② 표면부착형 영구자석 전동기

③ 매입형 영구자석 전동기　　　　　④ 동기형 릴럭턴스 전동기

2 직류전동기에서 전기자 총도체수를 Z로, 극수를 p로, 전기자 병렬 회로수를 a로, 1극당 자속을 Φ로, 전기자 전류를 I_A로 나타낼 때, 토크 $T[\text{N} \cdot \text{m}]$를 나타내는 것은?

① $\dfrac{Za}{2\pi p}\Phi I_A$

② $\dfrac{Zp}{2\pi a}\Phi I_A$

③ $\dfrac{Zp}{2\pi \Phi}a I_A$

④ $\dfrac{Zp}{2\pi I_A}a\Phi$

ANSWER 1.③ 2.②

1　영구자석 동기전동기(PMSM ; Permanent Magnet Synchronous Motor)는 영구자석의 부착형태에 따라 표면부착형과 매입형으로 분류할 수 있다. 표면부착형은 영구자석이 회전자 주변으로 일정한 두께로 배치되어 있어 어느 방향으로나 인덕턴스가 동일하지만 매입형의 경우에는 영구자석이 회전자 주변으로 자석이 균일하지 않아 인덕턴스가 다르다. 따라서 표면 부착형의 경우에는 마그네틱 토크만 고려하지만, 매입형의 경우에는 마그네틱 토크와 회전자 위치에 따라 발생하는 릴럭턴스 토크까지 고려해야 한다. 매입형의 경우는 표면부착형에 비해서 높은 토크를 발생시킬 수 있고 고속운전이 가능하지만 릴럭턴스의 변화로 인한 고조파진동과 소음이 발생할 수 있는 장, 단점이 있다.

2　직류전동기 토크

$p = EI_A = \omega T[w]$에서 유기기전력 $E = \dfrac{Z}{a}p\varnothing\dfrac{N}{60}[V]$, $\omega = 2\pi\dfrac{N}{60}[rad/s]$ 이므로

$$\dfrac{Z}{a}p\varnothing\dfrac{N}{60}I_A = \dfrac{2\pi N}{60}T$$

따라서 토크는 $T = \dfrac{Zp\varnothing}{2\pi a}I_A[N\cdot m]$

3 3상 권선형 유도전동기에서 회전자 회로의 저항(회전자 저항과 외부 저항의 합)을 2배로 하였을 때 나타나는 최대 토크 T_{max}[N · m]에 대한 설명으로 가장 옳은 것은?

① 최대 토크는 2배가 된다.

② 최대 토크는 1/2배가 된다.

③ 최대 토크는 4배가 된다.

④ 최대 토크는 변하지 않는다.

4 3상 6극, 50[Hz] Y결선인 원통형 동기발전기의 극당 자속이 0.1[Wb], 1상의 권선수 10[turns], 3상 단락전류는 2[A]일 때 동기 임피던스의 값[Ω]은? (단, 권선계수는 1이다.)

① 25[Ω]

② 100[Ω]

③ 111[Ω]

④ 222[Ω]

••

ANSWER 3.④ 4.③

3 권선형 유도전동기의 최대 토크는

$$T_{\max} = P_{2\max}(\text{동기와트}) = \frac{m_1 V_1^2}{2r_1 \pm \sqrt{r_1^2 \pm (x_1 + x_2')^2}} \fallingdotseq K \frac{V_1^2}{2x_2}$$

유도전동기의 최대토크는 2차저항과 슬립에 관계없이 일정하다.

4 동기발전기 1상의 유도기전력 (권선계수 k=1)

$E = 4.44 f N \emptyset k = 4.44 \times 50 \times 10 \times 0.1 \times 1 = 222 [V]$

단락전류 $I_s = \frac{E}{Z}[A]$ 이므로 동기임피던스 $Z = \frac{E}{I_s} = \frac{222}{2} = 111 [\Omega]$

5 그림과 같은 유도전동기의 속도-토크 특성 곡선에서 점선으로 표시된 영역의 특징으로 가장 옳지 않은 것은?

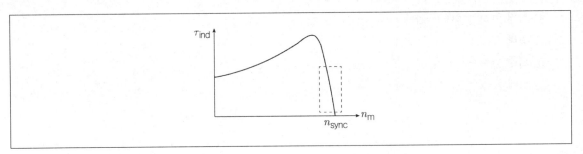

① 회전자 전류의 증가율은 무시할 정도로 작다.

② 슬립은 부하를 증가시킴에 따라 선형으로 증가한다.

③ 기계적 회전 속도는 부하 증가 시 선형으로 감소한다.

④ 회전자의 역률은 거의 1에 가깝다.

6 3상 4극 60[Hz] 유도전동기가 1746[rpm]으로 운전되고 있다. 2차측 등가 저항이 0.6[Ω]이고 출력이 5820[W]일 때, 2차측 전류의 값[A]은? (단, 기계손은 무시한다.)

① 8[A] ② 10[A]

③ 12[A] ④ 14[A]

ANSWER 5.① 6.②

5 지금 문제에 제시된 그림의 부분이 유도전동기의 정상운전범위를 뜻한다. 따라서 슬립이 커질수록 속도는 낮아지고 토크는 선형으로 증가한다. 기계적 회전속도는 부하가 증가하면 선형으로 감소하고, 슬립은 부하가 증가하면서 토크가 커져야 하므로 선형으로 증가한다. 동기속도 근처에서 회전자 역률은 거의 1이 된다. 회전자 전류의 증가율은 그림이 토크가 급격히 변하고 있는 것과 같이 심하게 변한다.

6 3상 4극 60[Hz]이면 동기속도 $N_s = \dfrac{120f}{P} = \dfrac{120 \times 60}{4} = 1800[rpm]$

슬립은 $s = \dfrac{1800-1746}{1800} \times 100 = 3[\%]$

2차 출력은 $P_0 = $ 2차 입력$-$동손$= P_2 - P_{2c} = P_2 - r_2 I_2^2[w]$

$P_0 = \dfrac{r_2}{s} I_2^2 - r_2 I_2^2 = r_2(\dfrac{1}{s}-1)I_2^2[w]$

$P_0 = r_2(\dfrac{1-s}{s})I_2^2\,[w]$에서 3상 출력이 5820[W]이므로 1상은 1940[W]

$1940 = 0.6(\dfrac{1-0.03}{0.03})I_2^2$ 으로부터 $I_2 = 10[A]$

7 어떤 단상 변압기의 1차측의 권선수는 1800[turns]이다. 이 변압기의 등가회로 해석을 위해 2차측의 4 [Ω] 임피던스를 1차측으로 등가 환산하였더니 2.5[kΩ]으로 계산되었다. 이 변압기의 2차측 권선수의 값 [turns]은?

① 63[turns]

② 72[turns]

③ 81[turns]

④ 90[turns]

8 그림에서 나타내는 다상 유도전동기의 속도 제어법에 해당하는 것은?

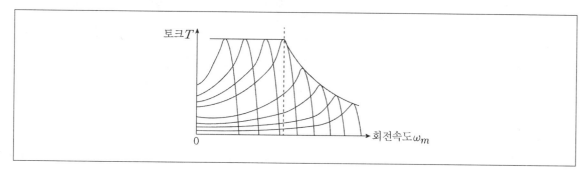

① V/f 일정 제어법과 약자속 제어법

② 2차 저항 제어법

③ V/f 일정 제어법

④ 주파수 제어법

ANSWER 7.② 8.①

7 변압비에서

$$a = \frac{V_1}{V_2} = \frac{N_1}{N_2} = \frac{I_2}{I_1} = \sqrt{\frac{Z_1}{Z_2}} \text{ 이므로 } \frac{N_1}{N_2} = \sqrt{\frac{Z_1}{Z_2}} = \sqrt{\frac{2.5 \times 10^3}{4}} = 25$$

따라서 $N_2 = \frac{N_1}{25} = \frac{1800}{25} = 72[turns]$

8 그림에서 회전속도가 다단으로 제어되는 것을 알 수 있다.

유도전동기에서 전압과 주파수가 유도전동기의 운전에 미치는 영향은 매우 크다.

$E = 4.44 f N \varnothing\,[V]$에서 알 수 있는 것과 같이 일정한 자속을 유지하려면 $\frac{V}{f}$가 일정해야 한다.

$\frac{V}{f}$ 비가 일정하게 인가하면 전류와 토크는 모두 슬립주파수에 비례하기 때문에 그림과 같이 운전되어 정토크운전을 하는 것과 유사하게 된다. (전반부)

토크와 속도가 반비례하는 후반부는 자속의 감소로 인하여 토크가 감소하는 부분이다.

9 단상변압기의 2차측을 개방할 경우, 1차측 단자에 60[Hz], 300[V]의 전압을 인가하면 2차측 단자에 150[V]가 유기되는 변압기가 존재한다. 1차측에 50[Hz], 2,000[V]를 인가하였을 경우, 2차측 무부하 단자전압의 값[V]은?

① 900[V]

② 950 [V]

③ 1,000[V]

④ 1,050[V]

10 유도전동기의 구속 시험에 대한 설명으로 가장 옳지 않은 것은?

① 구속 시험으로 철손 저항과 자화 리액턴스 계산이 가능하다.

② 정격에서의 자기포화 현상 고려를 위해 주파수를 조정한다.

③ 구속 시험에서는 정격전류가 흐르는 전압에서 공극자속밀도가 낮다.

④ 변압기의 단락 시험과 비슷한 특성을 갖는다.

11 3상 유도전동기의 출력이 95[W], 전부하 시의 슬립이 5[%]이면, 이때 2차 입력의 값[W]과 2차 동손의 값[W]은? (단, 기계손은 무시한다.)

① 90[W], 5[W]

② 85[W], 10[W]

③ 100[W], 5[W]

④ 105[W], 10[W]

ANSWER 9.③ 10.① 11.③

9 변압비

$\dfrac{E_1}{E_2} = \dfrac{4.44fN_1\varnothing_m}{4.44fN_2\varnothing_m} = a$이므로 지금 1차측에 300[V]를 인가하면 2차측에 150[V]가 유기되므로 변압비는 2, 따라서 1차측에 2000[V]를 인가하면 2차측에는 1000[V]가 유기된다.

10 유도전동기의 구속시험은 유도전동기의 회전자를 회전하지 않도록 구속하여 권선형 회전자이면 2차 권선을 슬립링에서 단락하고, 1차측에 정격주파수의 전압을 가하여 정격 1차전류와 같은 구속전류를 보내 임피던스전압과 임피던스와트를 측정하는 것을 말한다.
구속시험은 변압기의 단락시험과 유사하므로 동손을 구할 수 있으나 철손을 구할 수는 없다.

11 2차입력 $P_2 = \dfrac{P_0}{1-s} = \dfrac{95}{1-0.05} = 100[w]$

2차동손 $P_{2c} = sP_2 = 0.05 \times 100 = 5[w]$

12 그림과 같이 110[VA], 110/11[V] 변압기를 승압 단권변압기 형태로 결선하였다. 이 동작 조건에서 1차 측 단자전압이 110[V]일 때 변압기의 2차측 단자전압의 크기[V]와 출력측의 최대 피상전력의 값[VA] 은? (단, 권선비 N_{SE}/N_C = 1/100이다.)

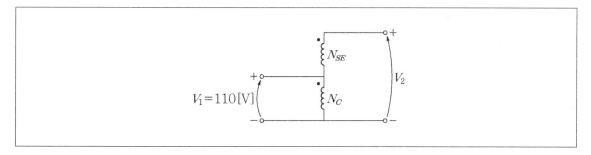

① 121[V], 1210[VA]

② 121[V], 1320[VA]

③ 132[V], 1210[VA]

④ 132[V], 1320[VA]

13 직류전동기의 역기전력이 150[V]이며 600[rpm]으로 회전하면서 15[N·m]의 토크를 발생하고 있을 때 의 전기자 전류의 값[A]은? (단, π=3.14이고 계산값은 소수 둘째 자리에서 반올림한다.)

① 3.3[A]

② 4.3[A]

③ 5.3[A]

④ 6.3[A]

ANSWER 12.① 13.④

12 단권 승압기 2차측 승압된 전압은

$$E_2 = E_1(1 + \frac{e_2}{e_1}) = 110 \times (1 + \frac{11}{110}) = 121[V]$$

출력측의 최대 피상전력의 값

$$\frac{단권변압기용량}{출력측의 피상전력} = \frac{E_H - E_L}{E_H} = \frac{121 - 110}{121} \; 이므로$$

$$출력측의 최대피상전력 = \frac{121}{11} \times 단권변압기용량 = \frac{121 \times 110}{11} = 1210[VA]$$

13 $EI_A = \omega T = \frac{2\pi N}{60}T[w]$ 에서 전기자 전류 $I_A = \frac{2\pi N}{60E}T = \frac{2\pi \times 600}{60 \times 150} \times 15 = 6.3[A]$

14 어떤 비돌극형 동기발전기가 1상의 단자전압 V는 280[V], 유도기전력 E는 288[V], 부하각 60°로 운전 중에 있다. 이 발전기의 동기 리액턴스 X_s는 1.2[Ω]일 때, 이 발전기가 가질 수 있는 1상의 최대 출력의 값[kW]은? (단, 전기자 저항은 무시한다.)

① 67.2[kW]　　　　　　　　　　　② 58.2[kW]

③ 33.6[kW]　　　　　　　　　　　④ 25.4[kW]

15 동기기의 제동권선의 역할로 가장 옳지 않은 것은?

① 동기전동기의 기동토크 발생에 기여한다.

② 동기기의 증속 또는 감속 시에 동기속도를 유지하는 데 기여한다.

③ 전력과 토크의 과도 상태의 크기를 감소시킨다.

④ 동기전동기 기동에서 일정한 크기와 방향의 토크를 발생시킨다.

14 비돌극형 동기발전기의 출력식은

$$P = \frac{EV}{x}\sin\delta = \frac{288 \times 280}{1.2}\sin60° ≒ 58,195[W], \ 58.2[KW]$$

최대출력은 부하각이 90°인 경우이므로

$$P_{max} = \frac{EV}{x}\sin90° = \frac{288 \times 280}{1.2} \times 1 \times 10^{-3} = 67.2[KW]$$

15 동기기의 제동권선은 크게 두 가지의 역할을 한다.

㉠ 기동토크를 발생한다. 보통의 동기전동기는 자기기동을 한다. 이 경우 제동권선은 유도기의 농형권선과 같으므로 기동토크를 발생시킨다.

㉡ 난조를 방지한다. 동기속도에서 운전 중의 회전자는 슬립이 0인 상태로 회전하고 있는 것으로 제동권선을 어떤 작용도 하지 않는다. 그러나 난조가 일어나면 회전자가 진동하여도 농형회전자에 슬립이 생길 수가 없어서 부하각이 증가하는 때에는 가속하여 부하각을 줄이도록 하고, 반대로 부하각이 감소하는 때에는 속도를 감소하여 부하각이 커지도록 하는 작용을 한다. 따라서 언제나 동기속도를 유지할 수 있게 하는 역할을 한다.

16 그림은 광범위한 속도 영역에서의 운전을 위한 제어방법을 적용한 타여자 직류전동기의 속도-토크 특성 곡선을 나타낸다. 이에 대한 설명으로 가장 옳지 않은 것은?

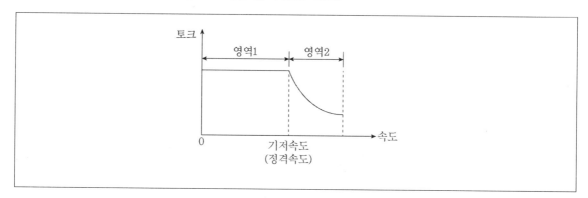

① 영역 1은 전압 제어에 의해 이루어진다.

② 영역 2는 계자 자속 제어에 의해 이루어진다.

③ 영역 1에서는 출력이 일정하다.

④ 영역 2에서는 전류가 일정하다.

17 단상변압기의 권수비가 20일 때, 전부하에서 2차측 단자전압은 220[V]이고 전압변동률이 5[%]인 경우 1차측 무부하 단자전압의 값[V]은?

① 4,000[V] ② 4,180[V]

③ 4,400[V] ④ 4,620[V]

....

ANSWER 16.③ 17.④

16 전동기의 출력은 $P = T\omega[w]$로서 정토크가 되려면 속도와 출력은 비례해야 하고 토크와 속도가 반비례하다면 출력은 일정한 것이다. 따라서 영역 1은 토크가 일정한 것으로 출력은 속도와 비례한다.

전압제어는 계자회로에 영향을 주지 않는 방식으로 전기자회로의 전압만 변화시켜서 속도를 제어하는 방식이다. 따라서 전압과 속도가 변하고 토크는 일정한 방식이다.

영역2는 계자의 전류를 변화시켜서 자속의 크기를 바꾸는 방식이다. 계자제어 영역에서 전기자 전류를 일정하게 유지하면 자속과 회전속도가 반비례하기 때문에 출력은 거의 일정한 정출력 특성을 갖는다.

17 $\dfrac{V_1}{V_2} = \dfrac{N_1}{N_2} = 20$

2차측의 단자전압이 220[V]이면 1차측 단자전압은 $220 \times 20 = 4400[V]$

전압변동률이 5[%]이므로 1차측 단자전압은 $4400 \times 1.05 = 4620[V]$

18 지상 역률로 동작하고 있는 동기전동기가 일정 출력을 발생시키고 있다. 이때, 계자 자속을 증가시킴에 따라 일어나는 현상으로 가장 옳지 않은 것은?

① 계자 자속 제어를 통해 역률 제어가 가능하다.
② 전동기는 유도성 부하 동작에서 용량성 부하 동작으로 바뀐다.
③ 동기전동기의 V특성으로 설명된다.
④ 일정한 부하각을 유지할 수 있다.

19 유도기의 슬립이 0보다 작은 경우의 설명으로 가장 옳은 것은?

① 유도기는 전동기로 동작한다.
② 유도기 구동 시스템의 운동 에너지가 전원에 공급된다.
③ 유도기는 회전자의 회전 방향으로 토크를 발생시킨다.
④ 유도기 회전자의 회전 속도가 회전자계의 회전 속도보다 느리다.

ANSWER 18.④ 19.②

18 동기전동기의 공급전압과 부하를 일정하게 유지하면서 계자전류를 변화시키면 전기자 전류의 크기도 변화할 뿐만 아니라 역률도 동시에 변화한다. 계자 자속을 증가시키면 유도성에서 용량성으로 변화하며 V특성으로 설명될 수 있다. 즉 전기자 전류의 최솟값에서 계자전류를 감소시키면 유도성회로에 전기자 전류는 증가하고, 계자 전류를 증가하면 용량성회로로서 전기자 전류도 증가하는 것이다. 이와 같은 현상을 이용해서 전력계통에 무효전력을 공급하고 역률을 개선시킨다. 부하각을 유지하는 것은 역률을 변화할 수 없다는 말로서 답이 되지 않는다.

19 유도기의 회전수 $N = \dfrac{120f}{P}(1-s)\,[rpm]$으로 유도기의 슬립이 0이면 동기속도($N_s = \dfrac{120f}{P}\,[rpm]$)로 회전하는 것이고, 슬립이 1이면 정지상태이다.

슬립이 0보다 작은 경우에는 발전상태로서 유도기에서 전원으로 에너지가 공급되는 상태가 된다. 슬립이 1보다 크면 제동상태이다. 따라서 유도전동기의 슬립의 범위는 $0 < s < 1$이다.

20 스위치드 릴럭턴스 전동기(Switched Reluctance Motor, SRM)에 대한 설명으로 가장 옳지 않은 것은?

① 회전자 구조가 간단하여 기계적으로 강건하다.

② 영구자석을 사용하므로 더 높은 출력을 얻을 수 있다.

③ 이중 돌극 구조를 가지므로 토크 맥동이 크다.

④ 회전자가 회전함에 따라 자기 인덕턴스가 변한다.

ANSWER 20.②

20 릴럭턴스 전동기는 회전자 돌극구조에 의한 릴럭턴스 토크가 발생하는 전동기로서 회전자에 영구자석이나 권선이 없어 구조가 간단하다. 스위치드 릴럭턴스 전동기는 이중 돌극 구조를 가지므로 토크 맥동이 크고, 회전자가 회전함에 따라 자기 인덕턴스도 변한다. 이에 반해 동기형 릴럭턴스 전동기는 이를 개선하여 맥동과 소음을 줄인 전동기이다.

1 동기전동기의 위상특성곡선에 대한 설명으로 옳지 않은 것은?

① 역률 1에서 전기자전류는 최소가 된다.

② 전기자전류가 일정할 때 부하와 계자전류의 변화를 나타낸 곡선이다.

③ 계자전류가 증가하여 동기전동기가 과여자 상태로 운전되면 전기자전류는 진상전류가 된다.

④ 계자전류가 감소하여 동기전동기가 부족여자 상태로 운전되면 전기자전류는 지상전류가 된다.

2 동기전동기에 설치된 제동권선의 역할에 대한 설명으로 옳은 것은?

① 역률을 개선한다. ② 난조를 방지한다.

③ 효율을 좋게 한다. ④ 슬립을 1로 한다.

3 변압기에서 2차측 정격전압이 200[V]이고 무부하전압이 210[V]이면 전압변동률[%]은?

① 3 ② 4.7

③ 5 ④ 15.5

ANSWER 1.② 2.② 3.③

1 동기전동기의 위상특성곡선은 계자전류가 변화할 때 전기자전류의 변화 관계를 알 수 있다. 계자전류가 증가하여 과여자가 되면 진상전류를 흘려 역률을 높이고, 계자전류가 감소하여 지상전류를 흘리면 페란티 현상을 억제할 수 있다.
전기자전류는 계자전류의 변화에 따라 변하는 특성곡선이다.

2 동기전동기의 제동권선의 역할은 난조를 방지하여 안정도를 높이는 것과 자기동을 할 수 있는 토크를 얻는 것이다.

3 전압변동률 $\delta = \dfrac{V_{20} - V_{2n}}{V_{2n}} \times 100 = \dfrac{210 - 200}{200} \times 100 = 5[\%]$

4 권수비 $\dfrac{N_1}{N_2}$ 이 60인 변압기의 1차측에 교류전압 6,000[V]를 인가하고, 2차측에 저항 0.5[Ω]을 연결하였을 때, 변압기 2차측 전류[A]는? (단, 1차측 권선수는 N_1, 2차측 권선수는 N_2이고, 변압기의 손실은 무시한다)

① 100

② 110

③ 200

④ 220

5 일정한 속도로 운전 중인 3상 유도전동기를 제동하기 위하여 고정자 a상, b상, c상 권선 중 b상과 c상의 두 권선을 서로 바꾸어 전원에 연결하였다. 이 경우 발생하는 현상으로 옳지 않은 것은?

① 역 토크가 발생하여 감속한다.

② 발생된 전력을 전원으로 반환한다.

③ 회전자계의 방향이 역전된다.

④ 농형은 회전자에서 열이 발생한다.

ANSWER 4.③ 5.②

4 권수비가 전압비이므로 2차측 전압은

$a = \dfrac{V_1}{V_2} = 60,\ V_1 = 6000[V]$ 이면 $V_2 = 100[V]$

변압기 2차측 전류 $I_2 = \dfrac{V_2}{R} = \dfrac{100}{0.5} = 200[A]$

5 3상 유도전동기의 두 권선을 바꾸면 회전자계의 방향이 반대로 되어 제동이 걸리게 된다. 발생된 전력을 전원으로 반환하는 제동방식은 회생제동이라 한다.

6 전동기에서 히스테리시스손과 자기 히스테리시스 루프 면적의 관계는?

① 비례한다.
② 반비례한다.
③ 제곱에 비례한다.
④ 제곱에 반비례한다.

7 직류기에서 계자와 전기자 권선에 흐르는 전류에 의한 줄(Joule) 열로 발생하는 손실은?

① 히스테리시스손
② 기계손
③ 표유부하손
④ 동손

8 스테핑 전동기의 특성이 아닌 것은?

① 슬립제어를 통해 광범위한 속도제어가 가능하다.
② 입력 펄스의 제어를 통해 정밀한 운전이 가능하다.
③ 정류자, 브러시 등의 접촉 부분이 없어 수명이 길다.
④ 기동, 정지, 정역회전이 이루어지는 제어에 적합하다.

ANSWER 6.① 7.④ 8.①

6 코일에서 전류가 매우 천천히 변화하는 자계의 세기에 대한 B-H루프(자기 히스테리시스 루프)는 히스테리시스 루프 또는 정적루프라 한다. 코일에 흐르는 전류가 매우 빠르게 변하면 B-H루프는 철심에서 유도되는 와전류의 영향으로 면적이 넓어지게 된다. 이렇게 커지는 루프를 히스테리와전류 루프 또는 동적 루프라 한다. 철심의 손실은 히스테리시스손실과 와전류 손실로도 계산되지만 B-H면적으로도 계산이 된다. 따라서 철손의 대부분인 히스테리시스손은 히스테리시스 루프 면적과 비례한다.

$$P_c = V_{core} f \oint H dB \quad 철심의 체적 \times 주파수 \times 동적루프의 면적$$

7 동손은 구리선의 저항 중에 전류가 흘러서 발생하는 줄열로 인한 손실로서 저항손이라고도 하며 부하전류 및 자전류에 의해서 생기는 손실로 전기자권선, 분권계자권선, 보극권선, 보상권선의 저항손이 있다. 이외에 브러시 및 계자저항기 등에서도 발생한다.

8 ① 슬립제어를 통해 광범위한 속도제어를 하는 것은 권선형 유도전동기의 경우이다.

9 단상 반파 다이오드 정류회로에서 정현파 교류전압을 인가하여 직류전압 100[V]를 얻으려 한다. 다이오드에 인가되는 역방향 최대전압[V]은? (단, 부하는 무유도 저항이고, 다이오드의 전압강하는 무시한다)

① 100

② $100\sqrt{2}$

③ $100\sqrt{3}$

④ 100π

10 전동기의 토크를 크게 하는 방법이 아닌 것은?

① 자속밀도를 증가시킨다.

② 전류를 증가시킨다.

③ 코일의 턴수를 증가시킨다.

④ 공극을 증가시킨다.

11 이상적인 변압기에 대한 설명으로 옳지 않은 것은?

① 1차측 주파수와 2차측 주파수는 같다.

② 직류전원을 공급하면 교번 자기력선속이 발생하지 않는다.

③ 부하에 무효전력을 공급할 수 없다.

④ 철심의 투자율이 무한대이다.

ANSWER 9.④ 10.④ 11.③

9 단상 반파 다이오드 정류회로에서 $PIV = \pi V = 100\pi[V]$

10 토크 $T = \dfrac{PZ\varnothing I_a}{2\pi a} = K\varnothing I_a[N \cdot m]$의 식에서 알 수 있듯이 토크는 자속과 번기자전류에 비례한다. 또한 코일의 턴수가 커지면 유기기전력이 커지므로 출력이 커져서 토크가 증가한다.
④ 공극이 커지는 것은 자기저항이 커지는 것이므로 자속이 감소하게 되어 토크가 증가할 수 없다.

11 이상적인 변압기 … 에너지 축적도 손실도 없는 가상변압기
㉠ 자기인덕턴스 및 상호인덕턴스는 같고, 순인덕턴스는 무한대이다.
㉡ 자기인덕턴스는 유한의 비를 갖는다.
㉢ 결합계수 K=1
㉣ 누설자속이 없다.
㉤ 2차 전압에 대한 1차 전압의 비는 1차 전류에 대한 2차 전류의 비와 같다.
㉥ 권선저항은 무시한다.
㉦ 철심의 투자율은 무한대이다.
따라서 1차와 2차의 기자력이 같으며 2차 전류의 크기를 1차측에서도 측정할 수 있다는 것을 의미한다.
이상적 변압기 $a = \dfrac{V_1}{V_2} = \dfrac{N_1}{N_2} = \dfrac{I_2}{I_1}$

12 영구자석을 사용하여 자속을 발생시키는 전동기가 아닌 것은?

① BLDC 전동기
② PM형 스테핑 전동기
③ 유도전동기
④ PMSM 전동기

13 6극 동기발전기의 회전자 둘레가 2[m]이고, 60[Hz]로 운전할 때 회전자 주변속도[m/s]는?

① 10 ② 20
③ 30 ④ 40

14 전력용 반도체 소자 중 3단자 소자가 아닌 것은?

① DIAC ② SCR
③ GTO ④ LASCR

12 ③ 유도전동기는 3상 회전자계를 이용하기 때문에 따로 자속을 만들 필요가 없다.

※ 영구자석을 사용하여 자속을 발생시키는 전동기

ⓐ 영구자석 동기전동기(Permanent Magnet Synchronous Motor, PMSM)는 계자에 영구자석을 사용한 동기전동기다.

ⓑ 영구자석 직류전동기(Permanent Magnet DC Motor, PMDC)는 일반전동기에서 고정자에 사용되는 전자석 대신 영구자석을 사용한다.

ⓒ BLDC전동기는 회전자에 영구자석을 채용한다.

13 회전자 주변속도

$$v = \pi D \frac{N_s}{60} = \pi D \frac{1}{60} \frac{120f}{P} = 2 \times \frac{1}{60} \times \frac{120 \times 60}{6} = 40[m/sec]$$

(πD는 회전자 둘레 2[m])

14 ① DIAC은 쌍방향성 2단자 소자이다.

15 이상적인 변압기의 2차측에서 전압 200[V]와 전류 2[A]를 얻었다. 2차회로 임피던스를 1차회로측으로 환산한 임피던스가 400[Ω]일 때, 변압기의 권수비 $\dfrac{N_1}{N_2}$와 1차측 전압[V]은? (단, 1차측 권선수는 N_1, 2차측 권선수는 N_2이다)

	권수비	1차측 전압
①	2	100
②	2	400
③	4	100
④	4	400

16 유도전동기에서 회전자가 동기속도로 운전할 때, 슬립 s는?

① s=0

② 0 < s < 1

③ s=1

④ 1 < s

ANSWER 15.② 16.①

15 2차측의 전압 200[V]와 전류 2[A]에서 2차측 저항은 100[Ω]

2차회로 임피던스를 1차로 환산하면

$$a = \frac{N_1}{N_2} = \sqrt{\frac{R_1}{R_2}}$$

$$R_1 = a^2 R_2 = a^2 \times 100 = 400[\Omega]$$

$$a = 2$$

권수비가 2가 되므로 1차측 전압은 400[V]

16 유도전동기의 슬립의 범위 $0 < s < 1$

$s=1$ 전동기 정지상태

$s=0$ 동기속도

17 4극 직류발전기가 1,000[rpm]으로 회전하면 유기기전력이 100[V]이다. 회전속도가 80[%]로 감소하고, 자속이 두 배가 되었을 때 유기기전력[V]은?

① 40

② 62.5

③ 160

④ 250

18 정격출력 9[kW], 60[Hz] 4극 3상 유도전동기의 전부하 회전수가 1,620[rpm]이다. 전부하로 운전할 때 2차 동손[W]은? (단, 기계손은 무시한다)

① 800

② 1,000

③ 1,200

④ 1,400

ANSWER 17.③ 18.②

17 직류발전기에서 $E = K\emptyset N[V]$ 이므로 유기기전력은 속도와 비례하고 자속에 비례한다.

따라서 회전속도가 0.8배이고 자속이 2배가 되면

$E' = K \cdot 2\emptyset \cdot 0.8N = 1.6K\emptyset N = 1.6 \times 100 = 160[V]$

18 4극 60[Hz]이면 동기속도 $N_s = \dfrac{120f}{P} = \dfrac{120 \times 60}{4} = 1,800[rpm]$

슬립 $s = \dfrac{1,800 - 1,620}{1,800} \times 100 = 10[\%]$

$s = \dfrac{동손}{2차입력} = \dfrac{동손}{출력(9kW) + 동손} = 0.1$

$P_{2c} = 1,000[W]$

19 8극 선형 유도전동기의 극 간격(pole pitch)은 0.5[m]이고 전원 주파수는 60[Hz]이다. 가동부의 속도가 48[m/s]일 때 슬립 s는?

① 0.01

② 0.1

③ 0.15

④ 0.2

20 그림과 같은 단상 전파 위상제어 정류회로에서 전원전압 v_s의 실횻값은 220[V], 전원 주파수는 60[Hz]이다. 부하단에 연결되어 있는 저항 R은 20[Ω]이고 사이리스터의 지연각(점호각) $\alpha = 60°$라 할 때, 저항 R에 흐르는 전류의 평균값[A]은? (단, 부하에 연결된 인덕턴스 L은 $L \gg R$로 충분히 큰 값을 가진다)

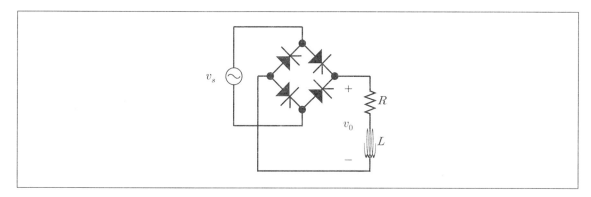

① 22

② $11\sqrt{2}$

③ $\dfrac{22}{\pi}$

④ $\dfrac{11\sqrt{2}}{\pi}$

ANSWER 19.④ 20.④

19 8극 선형 유도전동기의 극 간격이 0.5[m]이므로 둘레의 길이 $8 \times 0.5 = 4[m]$

$$N_s = \frac{120}{P}f = \frac{120}{8} \times 60 = 900[rpm]$$

$$v = \pi D\frac{N}{60} = 0.5 \times 8 \times \frac{N}{60} = 48[m/s], \ N = 720[rpm]$$

따라서 슬립 $s = \frac{900 - 720}{900} = 0.2$

20 단상 전파이므로

$$I_a = \frac{E_d}{R} = \frac{2\sqrt{2}E}{\pi R}\cos\theta = \frac{2\sqrt{2} \times 220}{\pi \times 20} \times \frac{1}{2} = \frac{11\sqrt{2}}{\pi}[A]$$

1 정격전압 6,600[V], 정격전류 300[A]인 3상 동기발전기에서 계자전류 180[A]일 때 무부하 시험에 의한 무부하 단자전압은 6,600[V]이고, 단락시험에 의한 3상 단락전류가 300[A]일 때 계자전류는 120[A]이다. 이 발전기의 단락비는?

① $\dfrac{3}{5}$

② $\dfrac{5}{3}$

③ $\dfrac{2}{3}$

④ $\dfrac{3}{2}$

2 단상반파 정류회로 정류기에서 입력교류 전압의 실횻값을 E[V]라고 할 때, 직류전류 평균값[A]은? (단, 정류기의 전압강하는 e[V]이고, 부하저항은 $R[\Omega]$이다)

① $\left(\dfrac{\sqrt{2}}{\pi}E - e\right) \times \dfrac{1}{R}$

② $\left(\dfrac{2}{\pi}E - e\right) \times \dfrac{1}{R}$

③ $\left(\dfrac{2\sqrt{2}}{\pi}E - e\right) \times \dfrac{1}{R}$

④ $\left(\dfrac{1}{\pi}E - e\right) \times \dfrac{1}{R}$

....

ANSWER 1.④ 2.①

1 단락비

$K = \dfrac{I_s}{I_n} = \dfrac{100}{\%Z}$ 단락전류는 무부하 시험으로 구하고, 정격전류는 단락곡선으로 구한다.

$K = \dfrac{I_s}{I_n} = \dfrac{\text{무부하 시험으로 정격전압을 구할 때 계자전류}}{\text{단락시험으로 단락전류를 구할 때 계자전류}} = \dfrac{180}{120} = \dfrac{3}{2}$

2 단상반파에서 전압강하를 고려한 직류전압 $E_d = \dfrac{E_m}{\pi} - e\,[V]$

따라서 $I_d = \dfrac{E_d}{R} = (\dfrac{E_m}{\pi} - e)/R = (\dfrac{\sqrt{2}E}{\pi} - e)/R[A]$

3 직류발전기의 구성 요소에 대한 설명으로 옳지 않은 것은?

① 계자(field) : 전기자가 쇄교하는 자속을 만드는 부분

② 브러시(brush) : 정류자면에 접촉하여 전기자 권선과 외부회로를 연결하는 부분

③ 전기자(armature) : 동기로 회전시켜 자속을 끊으면서 기전력을 유도하는 부분

④ 정류자(commutator) : 브러시와 접촉하여 전기자 권선에 유도되는 기전력을 교류로 변환하는 부분

4 60[Hz] 8극인 3상 유도전동기의 전부하에서 슬립이 5[%]일 때 회전자의 속도[rpm]는?

① 855

② 870

③ 885

④ 900

ANSWER 3.④ 4.①

3 정류자(commutator) ··· 브러시와 접촉하여 전기자 권선에 유도되는 교류기 전력을 정류해서 직류로 만드는 부분

4 동기속도 $N_s = \dfrac{120f}{P} = \dfrac{120 \times 60}{8} = 900[rpm]$ 이므로

회전자의 속도 $N = (1-s)N_s = 0.95 \times 900 = 855[rpm]$

5 그림과 같은 속도특성과 토크특성 곡선을 나타내는 직류전동기는? (단, 자속의 포화는 무시한다)

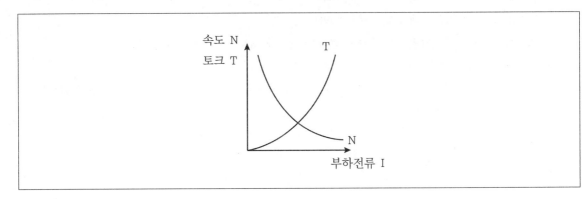

① 직권 전동기   ② 분권 전동기
③ 가동복권 전동기   ④ 차동복권 전동기

6 단권변압기(auto-transformer)에 대한 설명으로 옳지 않은 것은?

① 1차측과 2차측이 절연되어 있지 않아 저압측도 고압측과 같은 절연을 시행하여야 한다.
② 동일 출력에서 일반 변압기에 비해 소형이 가능하며 경제적이다.
③ 권수비가 1에 가까울수록 동손이 적고 누설자속이 없어 전압변동률이 작다.
④ 3상 결선에는 사용할 수 없다.

ANSWER 5.① 6.④

5 직류전동기에서

작권 전동기 $T \propto \dfrac{1}{N^2}$, $T \propto I^2$

분권 전동기 $T \propto \dfrac{1}{N}$, $T \propto I$이므로 토크는 부하전류의 제곱에 비례하는 직권 전동기의 특성을 나타낸다.

6 ④ 단권변압기에 의해서도 3상 변압을 할 수 있다. 결선방법에는 Y결선, 델타결선, 변연장 델타결선 및 V결선 등 네 가지가 있다.
※ 단권변압기
    ⊙ 동량을 줄일 수 있어 중량감소, 비용감소, 조립수송이 간단하다.
    ⓒ 효율이 높으며, 전압변동률이 적고, 계통의 안정도가 증가한다.
    ⓒ 동손이 작다.
    ⓔ 분로권선에는 누설자속이 없으므로 리액턴스가 작다.
    ⓜ 소용량 변압기로 큰부하를 걸수 있다.
    ⓐ 1차권선과 2차권선이 공통으로 되어있고 그 사이가 절연되어 있지 않으므로 저압측도 고압측과 같은 절연을 하여야 한다.

7 그림과 같이 3상 220[V], 60[Hz] 전원에서 슬립 0.1로 운전되고 있는 2극 유도전동기에 4극 동기발전기가 연결되어 있을 때, 동기발전기의 출력전압 주파수[Hz]는? (단, 기어1과 기어2의 기어비는 1:2이다)

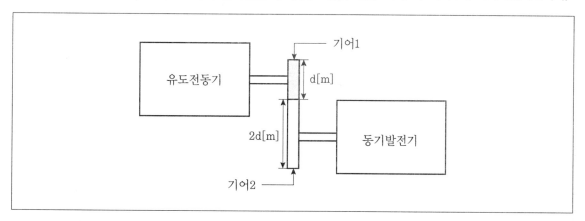

① 50

② 54

③ 98

④ 108

ANSWER 7.②

7
유도전동기가 슬립 0.1로 운전하므로 회전수는 $N = \dfrac{120f}{P}(1-s) = \dfrac{120 \times 60}{2} \times 0.9 = 3,240[rpm]$

기어비가 1:2이므로 속도는 1/2

따라서 동기발전기의 속도는 1,620[rpm]

동기발전기의 극수가 4이므로 주파수는 $N_s = \dfrac{120}{P}f$, $1,620 = \dfrac{120}{4}f$ 에서 $f = 54[Hz]$

8 농형 유도전동기의 기동법에 대한 설명으로 옳지 않은 것은?

① 전전압 기동은 5 [kW] 이하의 소용량 전동기에 정격전압을 직접 가하여 기동하는 방법이다.

② $Y-\triangle$ 기동은 기동 시에는 고정자 권선을 Y결선하여 기동하고 운전상태에서는 고정자 권선을 $\triangle$ 결선으로 변경하는 방법이다.

③ 와드 레오나드(Ward Leonard) 기동은 전동기의 2차 회로에 기동저항을 접속하여 기동전류를 제한하여 기동하고 서서히 기동저항을 변경하는 방법이다.

④ 리액터 기동은 전동기의 1차측에 가변리액터를 접속하여 기동전류를 제한하고 가속 후 가변리액터를 단락하는 방법이다.

9 단자전압 150[V], 단자전류 11[A], 정격 회전속도 2,500[rpm]으로 전부하 운전되는 직류 분권 전동기의 전기자 권선에 저항 $R_S[\Omega]$를 삽입하여 회전속도를 1,500[rpm]으로 조정하려고 할 때, 저항 $R_S[\Omega]$는? (단, 토크는 일정하며, 전기자 저항은 0.5[Ω], 계자 저항은 150[Ω]이다)

① 5.1

② 5.5

③ 5.8

④ 6.1

....

ANSWER 8.③ 9.③

8 ③ 기동보상기법으로서 약 15[kW] 정도 이상의 전동기에서 기동전류를 제한하려는 경우와 고압의 농형전동기에서 3상단권변압기를 사용하여 기동전압을 낮추는 방법이 사용된다.

9 회전속도를 2,500[rpm]에서 1,500[rpm]으로 조정하려면 역기전력을 변화시키면 된다.
단자전압 $V=I_f R_f = 150[V]$이므로 계자전류 $I_f = 1[A]$
역기전력 $E = V - I_a R_a = 150 - (11-1) \times 0.5 = 145[V]$
$E = K\varnothing N[V]$이므로 역기전력은 속도와 비례한다.
$2,500 : 145 = 1,500 : x$, $x = 87[V]$
역기전력이 87[V]가 되려면
$E = 150 - 10(R_a + R_s) = 87[V]$에서 $R_a + R_s = 6.3[\Omega]$
$R_a = 0.5[\Omega]$이므로 $R_s = 5.8[\Omega]$

10 정격용량이 10[kVA]이고 철손과 전부하동손이 각각 160[W], 640[W]인 변압기가 있다. 이 변압기는 부하역률 72[%]에서 전부하 효율이 A[%]이며, 전부하의 $\frac{1}{B}$ 에서 최대효율이 나타날 때, A[%]와 B는?

	A[%]	B
①	90	2
②	92	2
③	90	4
④	92	4

11 SCR를 이용한 인버터 회로가 있다. SCR가 도통상태에서 20 [A]의 부하전류가 흐를 때, 게이트 동작 범위 내에서 게이트 전류를 $\frac{1}{2}$ 배로 감소하면 부하전류[A]는?

① 0   ② 10

③ 20   ④ 40

ANSWER 10.① 11.③

10 부하역률 72%에서 전부하 효율

$$\eta = \frac{출력[kW]}{출력[kW] + 철손 + 동손} = \frac{10 \times 10^3 \times 0.72}{10 \times 10^3 \times 0.72 + 160 + 640} \times 100 = 90[\%]$$

최대효율은 철손+동손이므로 $P_i = (\frac{1}{m})^2 P_c$

$\frac{1}{m} = \sqrt{\frac{160}{640}} = \frac{1}{2}$ 이므로 50[%] 부하에서 최대효율이 된다. $\frac{1}{B} = \frac{1}{2}$

∴ A=90[%], B=2

11 SCR은 도통(on)시키기 위해서 게이트에 (+)전압을 인가하면 된다. 일단 도통이 되면 게이트 전류는 부하전류를 제어할 수 없다.

12 6극, 60[Hz], 200[V], 7.5[kW]인 3상 유도전동기가 960[rpm]으로 회전하고 있을 때, 2차 주파수[Hz]는?

① 6

② 8

③ 10

④ 12

13 직류전동기의 속도 제어법으로 옳은 것만을 모두 고르면?

㉠ 저항 제어법	㉡ 전압 제어법
㉢ 계자 제어법	㉣ 주파수 제어법

① ㉠, ㉡

② ㉢, ㉣

③ ㉠, ㉡, ㉢

④ ㉠, ㉡, ㉢, ㉣

ANSWER 12.④ 13.③

12 슬립을 구하면

$$N_s = \frac{120f}{P} = \frac{120 \times 60}{6} = 1,200[rpm]$$

$$s = \frac{1,200 - 960}{1,200} = 0.2$$

$$f_2 = sf_1 = 0.2 \times 60 = 12[Hz]$$

13 직류전동기의 속도 ⋯ $N = K\dfrac{V - I_a R_a}{\varnothing}$ 으로 속도를 제어하는 방법에는 전압제어, 계자제어, 저항제어가 있다.

㉣ 직류는 주파수가 없기 때문에 주파수 제어법은 적용할 수 없다.

14 단상반파 정류회로와 단상전파 정류회로의 정류효율비(단상반파 정류효율/단상전파 정류효율)는?

① $\dfrac{1}{\sqrt{2}}$

② $\dfrac{1}{2}$

③ $\sqrt{2}$

④ 2

15 3상 동기발전기가 540[kVA]의 전력을 역률 0.85의 부하에 공급하고 있다. 발전기의 효율이 0.90이며 발전기 운전용 원동기의 효율이 0.85일 때, 원동기의 입력[kW]은?

① 540

② 600

③ 635

④ 706

....

ANSWER 14.② 15.②

14

단상반파 정류효율 $\eta_{\frac{1}{2}} = \dfrac{(\frac{I_m}{\pi})^2 R}{(\frac{I_m}{2})^2 R} \times 100 = \dfrac{4}{\pi^2} \times 100 = 40.6[\%]$

단상전파 정류효율 $\eta = \dfrac{(\frac{2I_m}{\pi})^2 R}{(\frac{I_m}{\sqrt{2}})^2 R} \times 100 = \dfrac{8}{\pi^2} \times 100 = 81.2[\%]$

따라서 $\dfrac{\text{단상반파 정류효율}}{\text{단상전파 정류효율}} = \dfrac{40.6}{81.2} = \dfrac{1}{2}$

15

동기발전기의 입력 $kW = \dfrac{540 \times 0.85}{0.9} = 510[kW]$

원동기의 입력 $kW = \dfrac{510}{0.85} = 600[kW]$

16 그림과 같이 단상 변압기 3대를 이용한 3상 결선 방식에 대한 설명으로 옳은 것은?

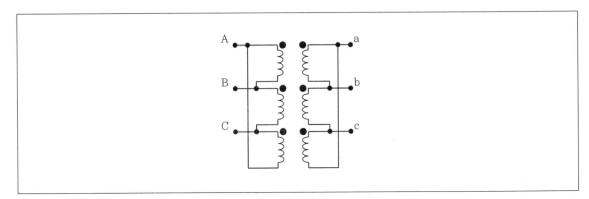

① 상전압이 선간전압의 $\dfrac{1}{\sqrt{3}}$ 배이므로 절연이 용이하다.

② 1차측 선간전압과 2차측 선간전압 사이에 30° 위상차가 발생한다.

③ 접지선을 통해 제3고조파가 흐르므로 통신선에 유도장해가 발생한다.

④ 변압기 한 대가 고장이 나도 V-V결선으로 운전을 계속할 수 있다.

17 5[kVA], 3,300/200[V]인 단상 변압기의 %저항강하와 %리액턴스강하가 각각 3[%], 4[%]이다. 이 변압기에 지상 역률 0.8의 정격부하를 걸었을 때, 전압변동률[%]은? (단, 소수점 첫째 자리까지만 구할 것)

① 0.1　　　　　　　　　　　② 4.8
③ 5.0　　　　　　　　　　　④ 5.6

ANSWER 16.④　17.②

16 △－△결선
〇 단상 변압기 3대 중 한 대가 고장일 때 이것을 제거하고 나머지 2대로 V결선을 하여 송전을 계속할 수 있다.
〈 제3고조파 전압은 각 상이 동상으로 되기 때문에 권선 안에는 순환전류가 흐르지만 외부에는 흐르지 않으므로 통신장해의 염려가 없다.
〉 상전압과 선간전압이 같고, 1차측 전압과 2차측 전압 간에 위상차가 없다.
《 중성점을 접지할 수 없다.

17 전압변동률
$\epsilon = p\cos\theta + q\sin\theta = 3 \times 0.8 + 4 \times 0.6 = 4.8[\%]$

18 자극 피치(pole pitch)를 T_d, 전원주파수를 f라고 할 때, 리니어 전동기(linear motor)의 동기속도에 대한 설명으로 옳은 것은?

① T_d와 f에 비례한다.

② T_d에 비례하고 f에 반비례한다.

③ T_d에 반비례하고 f에 비례한다.

④ T_d와 f에 반비례한다.

19 6극, 회전속도 1,000[rpm]인 3상 동기발전기가 Y결선으로 운전하고 있을 때, 발전기 단자전압의 실횻값[V]은? (단, 발전기의 극당 자속 0.2[Wb], 권선수 100, 권선계수는 0.65이다)

① $650\sqrt{2}\pi$

② $650\sqrt{3}\pi$

③ $650\sqrt{6}\pi$

④ 1300π

ANSWER 18.① 19.③

18 리니어 전동기는 직선운동을 하는 전동기이다.
동기속도 $v_s = 2\tau f[m/\sec]$로서 자극피치 $\tau[m]$, 전원주파수 $f[Hz]$이다.

19 $E = 4.44 f w \varnothing k = 4.44 \times 50 \times 100 \times 0.2 \times 0.65 = 2,886[V]$

$N_s = \dfrac{120f}{P}$에서 $1,000 = \dfrac{120f}{6}$, $f = 50[Hz]$

단자전압은 Y결선에서 $\sqrt{3}$배이므로
$V = 2,886\sqrt{3} \fallingdotseq 650\sqrt{6}\pi[V]$

20 극수 6, 전기자 도체수 300, 극당 자속 0.04[Wb], 회전속도 1,200[rpm]인 직류 분권 발전기가 있다. 전기자 권선 방법이 단중 중권일 때 유기기전력 E_A[V]와 단중 파권일 때 유기기전력 E_B[V]는?

$$\underline{E_A[\text{V}]} \qquad \underline{E_B[\text{V}]}$$

① 240   720

② 120   360

③ 720   240

④ 360   120

ANSWER 20.①

20 ㉠ 단중 중권일 경우 $a = P$

$$E_A = \frac{Z}{a}P\varnothing\frac{N}{60} = \frac{300}{60}\times0.04\times1,200 = 240[V]$$

㉡ 단중 파권일 경우 $a = 2$

$$E_B = \frac{Z}{a}P\varnothing\frac{N}{60} = \frac{300}{2}\times6\times0.04\times\frac{1,200}{60} = 720[V]$$

88 | 전기기기

1 직권 직류전동기에 대한 설명으로 옳지 않은 것은?

① 자속이 포화되기 전까지 토크는 전기자 전류의 제곱에 비례한다.

② 크레인용 전동기와 같이 매우 큰 토크가 필요한 곳에 적합하다.

③ 무부하 상태로 연결하여 동작하는 것을 피해야 한다.

④ 토크가 커질수록 높은 속도를 얻을 수 있다.

2 V-V 결선에 대한 설명으로 옳지 않은 것은?

① 소용량 3상 부하에 사용할 수 있다.

② $\triangle - \triangle$ 결선에서 1대의 변압기가 고장 나면 V-V 결선으로 운전할 수 있다.

③ $\triangle - \triangle$ 결선의 출력에 비하여 부하용량은 86.6[%], 이용률은 57.7[%]로 줄어든다.

④ 부하의 상태에 따라 2차 단자전압이 불평형이 될 수 있다.

ANSWER 1.④ 2.③

1 $P = T\omega$ [Kw]에서 전동기는 기본적으로 토크와 속도가 반비례한다.

직권전동기는 계자가 직렬로 연결되므로 토크가 전기자전류의 제곱과 비례하고 따라서 속도제곱과 반비례한다.

직권전동기는 무부하상태에서 계자의 자속이 0이 되면 위험속도가 되므로 피해야 한다.

직권전동기는 정출력, 변속도 전동기로 토크가 매우 크므로 전기철도와 같이 큰 토크가 필요한 곳에 적합하다.

2 V결선은 변압기 2대를 사용하여 3상출력을 내는 방식이므로

변압기 출력은 $\dfrac{V}{\triangle} = \dfrac{\sqrt{3}}{3} = 0.57$가 되어 부하용량의 57%를 부담하게 되며

변압기 이용률은 $\dfrac{1\text{대의 }\sqrt{3}\text{ 배출력}}{2\text{대}} = 0.866$

3 다음 그림의 DC-DC 컨버터 명칭과 정상상태에서의 입출력전압의 관계는? (단, T_D는 SW의 duty ratio 이다)

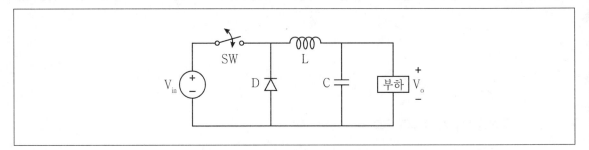

① 벅 컨버터, $V_o = T_D \times V_{in}$

② 벅 컨버터, $V_o = \dfrac{1}{(1-T_D)} \times V_{in}$

③ 부스트 컨버터, $V_o = T_D \times V_{in}$

④ 부스트 컨버터, $V_o = \dfrac{1}{(1-T_D)} \times V_{in}$

ANSWER 3.①

3 그림의 회로는 벅컨버터의 기본회로이다. 스위치 S가 도통일 때 입력전압에 의하여 인덕터 L에 에너지가 축적되면서 입력측으로부터 에너지가 출력측으로 전달되고 이때 환류 다이오드 D는 차단된다. 다음 순간에 스위치 S가 차단되면 도통과정에서 인덕터 L에 축적된 에너지가 환류 다이오드 D를 통하여 출력측으로 전달된다. 이와 같이 스위치 S의 도통과 차단의 시간비율을 조정하여 원하는 직류 출력전압을 얻을 수 있다.

$$V_o = V_{in} \cdot \frac{T_{on}}{T_s} = T_D \cdot V_{in}$$

4 8극, 60[Hz], 12[kW]인 3상 유도전동기가 전부하 시 720[rpm]으로 회전할 때, 옳은 것은? (단, 기계손은 무시한다)

① 회전자 전류의 주파수는 12[Hz]이다.

② 회전자 효율은 90[%]이다.

③ 공극전력(회전자 입력전력)은 13.3[kW]이다.

④ 회전자 동손은 1.3[kW]이다.

5 다음의 동기기 등가회로와 벡터도에 대한 설명으로 옳지 않은 것은? (단, X$_s$는 동기리액턴스이다)

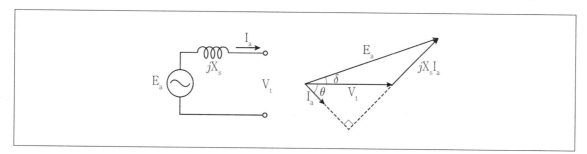

① 전동기로 동작하고 있다.

② 전류 I$_a$의 위상이 단자전압 V$_t$의 위상보다 뒤진다.

③ 무효전력이 발생한다.

④ 전류 I$_a$가 줄어들면 유기기전력 E$_a$와 단자전압 V$_t$의 크기 차이는 감소한다.

ANSWER 4.① 5.①

4 8극, 60[Hz], 720[rpm]

슬립을 구하면 동기속도 $N_s = \dfrac{120f}{P} = \dfrac{120 \times 60}{8} = 900[\text{rpm}]$ 로부터 $s = \dfrac{900-720}{900} = 0.2$가 된다.

회전자 전류의 주파수는 $f_2 = sf_1 = 0.2 \times 60 = 12[\text{Hz}]$

효율은 $\eta = 1-s = 1-0.2 = 0.8$ ∴ 80%

입력전력은 $\eta = \dfrac{P_o}{P_2} = \dfrac{12[\text{Kw}]}{P_2} = 0.8$, $P_2 = 15[\text{Kw}]$

회전자 동손 $s = \dfrac{\text{동손}}{12[\text{Kw}]+\text{동손}} = 0.2$에서 동손 $= \dfrac{12[\text{Kw}] \times 0.2}{0.8} = 3[\text{Kw}]$

5 유기기전력 E_a가 단자전압 V_t보다 위상이 앞서고 크기가 크므로 발전기로 동작하고 있는 것이다.

6 다음은 전력변환시스템의 전력단을 역할에 따라 블록으로 구분한 그림이다. 각 블록에 대한 설명으로 옳은 것은?

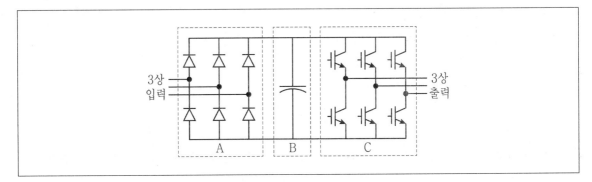

① A 블록은 3상 교류입력전압을 정류하는 3상 다이오드 반파정류기이다.

② B 블록은 A 블록의 출력전압을 평활화하기 위한 목적으로 사용된다.

③ C 블록은 교류신호를 직류신호로 변환하는 인버터를 나타낸다.

④ 선형변조 시 C 블록의 PWM 스위칭주파수가 출력전압의 주파수보다 높을수록 출력전압의 고조파 제거가 어렵다.

7 유도전동기에 대한 설명으로 옳지 않은 것은?

① 회전자에 흐르는 전류는 지상전류이다.

② 정격속도로 운전할 때보다 기동 시의 2차측 누설리액턴스가 크다.

③ 슬립 s에서 유도전동기의 이론적인 최고효율은 1 − s이다.

④ 변압기에 비하여 일반적으로 누설리액턴스가 작다.

··

ANSWER 6.② 7.④

6 회로의 A는 정류기부로서 교류입력을 직류로 변환하는 부분이다.
회로의 B는 A블록의 출력전압을 평활하기 위한 목적으로 사용된다.
회로의 C는 인버터부로서 DC를 AC로 변환하는 부분이다.
유도전동기 가변속 운전시에 PWM 주기당 펄스 수를 많이 출력되도록 변조시키고, 높은 주파수 운전시에는 주기당 펄스 수를 적게 출력되도록 하면, 기본파출력의 크기를 높이면서 고조파를 효과적으로 억제시켜 효율적인 운전이 된다.

7 유도전동기는 회전기이므로 공극에 의한 누설리액턴스가 변압기보다 크다.
슬립 s에서 효율은 1-s가 되고, 정격속도로 운전할 때 리액턴스는 sx_2로서 정지 상태일 때 x_2보다 매우 작다.

8 직류전동기의 기동 방법에 대한 설명으로 옳은 것은?

① 전기자 저항은 크게 하고 계자 저항은 최소로 한다.

② 전기자 저항은 크게 하고 계자 저항은 최대로 한다.

③ 전기자 저항은 작게 하고 계자 저항은 최소로 한다.

④ 전기자 저항은 작게 하고 계자 저항은 최대로 한다.

9 15,000/200[V], 10[kVA]인 변압기의 등가회로는 다음과 같다. 변압기의 출력전압이 정격전압이라 가정하고 0.8 지상역률 정격부하에서 운전되고 있을 때, 전압변동률[%]은? (단, 1차측 권선저항과 누설리액턴스는 무시한다)

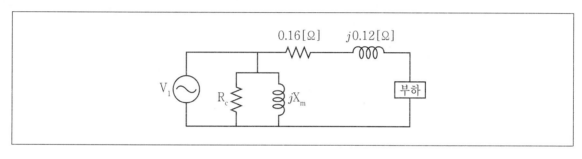

① 5

② −5

③ 6

④ −6

ANSWER 8.① 9.①

8 직류전동기 기동시에 회전수 N=0이므로 자속은 최대가 되고 따라서 계자저항은 최소로 놓아야 한다. 전기자 저항은 대단히 작은 값이나, 운전 중에는 전기자에 역기전력이 발생하므로 전기자 전류를 적당한 값으로 유지하여야 한다. 그러나 기동하는 순간에는 역기전력이 발생하지 않으므로 전원전압을 그대로 전기자 회로에 가하면 대단히 큰 전류(기동전류)가 유입하여 전기자 권선이나 브러시, 정류자 등을 손상시키거나 전원을 교란시킬 염려가 있다. 이것을 방지하기 위해 처음에 적당히 큰 전기자 저항을 전기자 회로에 넣고 기동전류를 전부하 전류의 1~2배 정도 이상으로 크게 되지 않도록 한다. 속도가 증가함에 따라 저항은 서서히 감소하도록 한다.

9 전압변동률

$\epsilon = p\cos\theta + q\sin\theta$ 에서

$p = \%R = \dfrac{PR}{10V^2} = \dfrac{10 \times 0.16}{10 \times 0.2^2} = 4$

$q = \%X = \dfrac{PX}{10V^2} = \dfrac{10 \times 0.12}{10 \times 0.2^2} = 3$

$\epsilon = p\cos\theta + q\sin\theta = 4 \times 0.8 + 3 \times 0.6 = 5[\%]$

10 타여자 직류발전기 A와 B가 병렬운전으로 130[A]의 부하전류를 공급하고 있다. 전기자 저항이 R_A = 0.2[Ω]와 R_B = 0.3[Ω]일 때, 각 발전기의 분담전류 I_A [A]와 I_B [A]는? (단, A와 B의 유기기전력은 같다)

I_A	I_B
① 40	90
② 90	40
③ 52	78
④ 78	52

11 그림과 같은 3상 유도전동기의 토크 속도 특성 곡선에서 정상 운전 범위로 옳은 것은?

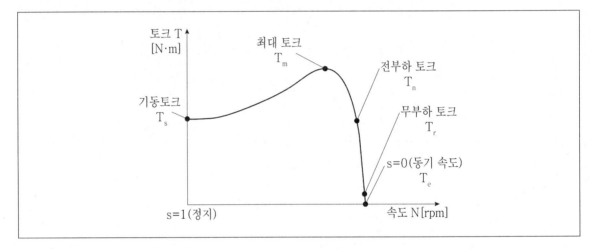

① $T_s - T_m$구간   ② $T_m - T_n$구간
③ $T_n - T_r$구간   ④ $T_r - T_e$구간

....

ANSWER 10.④ 11.③

10 직류발전기가 병렬운전하면 기전력이 같아야 하므로
$R_A I_A = R_B I_B$
$0.2 \times I_A = 0.3 \times (130 - I_A) = 39 - 0.3 I_A$
$I_A = 78[A]$, $I_B = 52[A]$

11 유도전동기의 정상운전범위는 0 < s < 1이므로 슬립에 의해 동기속도보다 항상 속도가 늦다.
안정운전영역은 슬립이 무부하토크에서 전부하토크 사이이다.

12 변압기유에 대한 설명으로 옳지 않은 것은?

① 절연 내력이 커야 한다.

② 인화점이 낮아야 한다.

③ 절연재료 및 금속과 접하여도 화학작용을 일으키지 않아야 한다.

④ 유동성이 풍부하고 비열이 커서 냉각효과가 커야 한다.

13 유도기의 기동 및 운전에 대한 설명으로 옳지 않은 것은?

① 농형 유도전동기의 속도 제어 방법에는 주파수 제어, 극수 변환, 2차 저항법, 전압 제어 등이 있다.

② 유도전동기를 신속히 정지시키기 위해서 역상 제동법을 사용할 수 있다.

③ 농형 유도전동기의 기동 특성과 운전 특성을 조정하기 위해 이중농형, 심구형 회전자가 사용된다.

④ 순수한 단상 유도전동기는 기동토크가 없어 기동 보조장치가 필요하다.

ANSWER 12.② 13.①

13 변압기에 사용하는 절연유는 절연내력이 클 것, 절연재료 및 금속과 접촉해도 화학작용을 미치지 않을 것, 인화점이 높을 것, 유동성이 풍부하고 비열이 커서 냉각효과가 클 것, 고온에서 석출물이 생기거나 산화하지 않을 것 등의 성질을 가지고 있어야 한다.

13 2차 저항제어법은 권선형 유도전동기에 한하여 이용하는 방법으로 2차측에 슬립링을 부착하고 속도제어용 저항을 넣은 것이다. 저항에 따라 조정하여 부하토크와의 교점을 변화시켜서 속도를 제어하는 방법이다.

14 변압기의 1차측 전압은 220[V]이다. 다음의 변압기 등가회로에서 무부하전류가 0.5[A]이고 철손이 66[W]일 때, 자화전류[A]는? (단, 1차측 권선저항과 누설리액턴스는 무시한다)

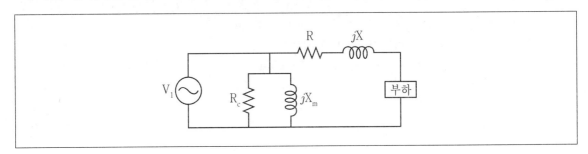

① 0.3

② 0.4

③ 0.5

④ 0.6

15 동기발전기의 권선법에 대한 설명으로 옳은 것은?

① 분포권은 집중권에 비하여 합성 유기기전력이 크다.

② 단절권은 전절권에 비하여 합성 유기기전력이 크다.

③ 단절권은 전절권에 비하여 고조파성분이 감소한다.

④ 분포권은 집중권에 비하여 코일에서 발생하는 열이 일부분에 집중된다.

....

ANSWER 14.② 15.③

14 무부하 전류가 0.5[A], 철손이 66[W]

무부하전류 i_o = 철손전류 + j자화전류

$i_o = i_i + j i_\varnothing = \sqrt{(\frac{66}{220})^2 + i_\varnothing^2} = 0.5$

$i_\varnothing = \sqrt{0.5^2 - 0.3^2} = 0.4[A]$

15 동기발전기의 권선법으로 분포권과 단절권이 있다. 두가지 다 파형개선을 위해서 하는 것인데 단절권은 전기자권선의 간격을 좁게 하여 특정고조파를 제거할 수 있다.

분포권이나 단절권은 집중권, 전절권에 비해 유기기전력이 낮다.

16 브러시리스 직류전동기의 특징으로 옳지 않은 것은?

① 수명이 길고 잡음이 적다.

② 전기자가 회전하는 구조를 가진다.

③ 구동전류는 구형파 또는 준구형파 형태이다.

④ 회전자 위치 검출 용도로 홀 센서가 사용된다.

17 마그네틱 토크와 릴럭턴스 토크 모두 사용 가능한 전동기는?

① 스위치드 릴럭턴스 전동기

② 릴럭턴스 동기전동기

③ 표면부착형 영구자석 동기전동기

④ 매입형 영구자석 동기전동기

ANSWER 16.② 17.④

16 브러시리스 직류전동기 … 직류정류자 전동기는 양호한 특성이 있으나 정류자와 브러시에 의한 장해가 발생하는 경향이 있다. 이런 이유로 정류기구의 비접촉화가 연구되었는데 브러시리스 전동기는 여기에 상응하는 것으로서 직류전동기와는 반대로 영구자석 계자를 회전기로, 전기자권선을 고정자로하여 정류기구나 자극센서와 반도체 스위치로 치환한 것이다.

17 매입형 영구자석 전동기는 마그네틱 토크에 추가적인 릴럭턴스 토크가 발생하여 출력밀도 측면에서 우수하다. 고속회전에 적합하며 고효율, 고출력이 필요한 구동형 견인전동기로 주로 사용한다. 전동기 회전자 구조가 헤테로폴라타입으로 인접한 극을 N-S-N-S로 구성한다.
  - 기계적 측면의 장점 : 회전자 코어 내 자석이 삽입되므로 자석비산 염려가 없음. 안정적 구조
  - 기계적 측면의 단점 : 회전자 형상이 복잡하여 코어프레스 금형비용 상승
  - 자기적인 측면의 장점 : 기계적인 공극과 동일한 자기적인 공극을 가질 수 있음. 자석 형상과 배치의 자유도가 크다. 추가적인 릴럭턴스 토크의 존재. 역돌극성을 이용하여 기동시 센서리스 운전이 가능
  - 자기적인 측면의 단점 : 회전자코어에 누설자속이 발생. 상대적으로 큰 공극상의 공간 고조파의 성분으로 인한 토크리플이 크다.

18 무부하 상태에서 분권 직류발전기의 계자 저항이 80[Ω], 계자 전류가 1.5[A], 전기자 저항이 2[Ω]일 때, 단자전압 V_t[V]와 유기기전력 E[V]는?

	V_t	E
①	80	120
②	120	120
③	120	123
④	160	123

19 그림과 같은 단상 다이오드 정류회로에 대한 설명으로 옳지 않은 것은? (단, 정류회로는 정상상태이며 시정수 $\dfrac{L}{R}$은 충분히 크다)

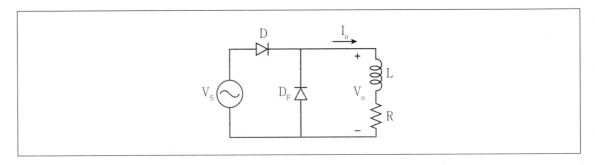

① 유도성 부하에 축적된 에너지 소모를 위한 경로가 있다.

② D_F는 부하전류 I_o를 평활화하는 역할을 한다.

③ D_F를 제거 시, 출력전압 V_o의 평균값이 증가한다.

④ 교류전압 한 주기 동안의 인덕터 전압의 평균값은 0이다.

ANSWER 18.③ 19.③

18 분권 직류 발전기
단자전압 $V_t = I_f R_f = 1.5 \times 80 = 120[\text{V}]$
무부하이므로 전기자 전류와 계자전류가 같다.
따라서 유기기전력 $E = V + R_a I_a = 120 + 1.5 \times 2 = 123[\text{V}]$

19 단상반파정류회로에서 환류다이오드 D_F를 추가하면 평균전압 및 전류는 증가하는 효과를 가져온다. 이 환류다이오드는 부하양단에 나타나는 부전압을 방지하며, 저장되는 에너지를 증대시킨다. D로부터의 전류는 환류다이오드 D_F로 전환되는데 이를 다이오드의 커뮤테이션이라 부른다. 부하전류는 시정수에 따라 불연속이 되는데, 순저항 부하의 경우 불연속이 되며, 매우 큰 유도성 부하의 경우 연속이 된다.

20 동기전동기가 동기속도로 운전되기 위한 기동법으로 옳지 않은 것은? (단, 계자 권선에는 전원이 인가되어 있다)

① 주파수 제어에 의한 기동법

② 원동기에 의한 기동법

③ 제동권선에 의한 기동법

④ 전압 증가에 의한 기동법

ANSWER 20.④

20 동기전동기의 기동법은 자기동법과 기동전동기법이 있다.
자기동법은 제동권선에 의한 기동토크를 이용하는 방법이다.
기동전동기법은 기동용 전동기(동기기에 직결된 유도전동기나 유도동기전동기, 원동기라고 한다)에 의하여 기동시키는 방법이다.
전압증가에 의한 기동법은 적용하지 않는다.

1 두 대의 동기발전기가 병렬로 운전하고 있을 때 동기화 전류가 흐르는 경우는?

① 상회전 방향이 다를 때

② 기전력의 위상에 차이가 있을 때

③ 기전력의 크기에 차이가 있을 때

④ 기전력의 파형에 차이가 있을 때

2 3상 유도전동기의 회생제동에 대한 설명으로 옳은 것은?

① 슬립이 0보다 크다.

② 유도발전기로 작동한다.

③ 회전자계가 반대 방향으로 된다.

④ 기계적인 마찰이나 발열이 발생해 위험하다.

ANSWER 1.② 2.②

1 동기발전기의 병렬운전 조건은 기전력이 같을 것, 위상이 같을 것, 파형이 같을 것, 주파수가 같을 것 등이 있다.
기전력이 다르면 병렬회로에 무효순환전류가 흐르며 위상이 다르면 유효횡류가 흐르게 된다. 유효횡류는 동기화전류라고 한다.
동기화 전류에 의해 발전기가 받는 전력을 동기화력이라고 한다.

$$I_{cs} = \frac{E}{Z_s}\sin\frac{\delta}{2}[\mathrm{A}], \quad P = EI_s\cos\frac{\delta}{2} = \frac{E^2}{2Z_s}\sin\delta[\mathrm{W}]$$

2 회생제동 : 이 제동법은 크레인이나 언덕길에 운전되는 전기기관차 등에 사용되는 것이며, 유도전동기를 전원에 연결시킨 상태로
동기속도 이상의 속도에서 운전하여 유도발전기로 작동시키면 $s = \dfrac{N_s - N}{N_s}$ 에서 $N > N_s$ 이므로 $s < 0$ 이 된다. 발생된 전력을 전
원으로 반환되면서 제동하는 방법이다. 기계적인 제동과 같이 마찰로 인한 마모나 발열이 없고 전력을 회수할 수 있으므로 유리
하다.

3 직류 직권전동기에서 직류 인가전원의 극성을 반대로 연결하면 발생되는 현상을 바르게 연결한 것은?

	속도	회전방향
①	불변	반대
②	불변	불변
③	증가	반대
④	증가	불변

4 사이리스터(SCR) 2개를 역병렬로 접속한 것과 등가인 반도체로, 양방향으로 전류가 흐르기 때문에 교류 위상제어를 위한 스위치로 주로 사용되는 것은?

① GTO   ② IGBT

③ TRIAC   ④ MOSFET

5 유도기에 대한 설명으로 옳지 않은 것은?

① 세이딩 코일형 단상 유도기에는 콘덴서가 필요하다.

② 단상 유도전동기는 기동토크가 0이므로 기동장치가 필요하다.

③ 무부하로 운전되는 3상 유도전동기에서 한 상을 제거해도 전동기는 계속 회전한다.

④ 단상 유도전동기 토크 발생 원리는 이중 회전자계 또는 교번자계 이론으로 설명할 수 있다.

ANSWER 3.② 4.③ 5.①

3 직류 직권전동기의 인가전원의 극성을 반대로 하면 계자와 전기자의 극성이 함께 전환되므로 속도나 회전방향의 변화가 없다. 회전방향을 반대로 하려면 전기자나 계자의 권선 중 어느 한 가지만 극성을 반대로 하면 된다.

4 TRIAC : 2개의 실리콘제어 정류기(SCR)가 역병렬로 접속된 것과 동일한 기능을 갖는 양방향 사이리스터로서 교류전원 컨트롤용으로 사용된다.

5 세이딩 코일형 단상 유도전동기는 회전자는 농형이고, 고정자의 성층철심은 몇 개의 돌극으로 되어있다. 자극철심에는 1차권선이 감겨있고, 자극의 일부에는 세이딩 코일이 감겨있다. 단상 교류 순시치에 따라 세이딩 코일에는 리액턴스 전압이 유도되고, 세이딩 코일에 전류가 흘러서 생긴 자속과 계자자속의 합한 자속이 이동함으로 이동자계가 발생한다. 이 전동기는 구조상 회전방향을 바꿀 수 없다. 역률과 효율이 모두 낮고 속도변동률이 크다.
세이딩 코일형 단상 유도기는 콘덴서를 사용하지 않는다.

6 전력변환회로와 제어신호에 대한 설명으로 옳지 않은 것은?

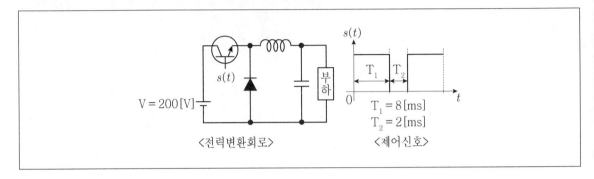

① 제어신호의 듀티비는 0.25이다.

② 직류전압을 낮추는 강압 쵸퍼회로이다.

③ 바이폴러 트랜지스터, 환류 다이오드를 사용하였다.

④ 인덕터 전류가 연속이고 소자의 전압강하를 무시하면, 부하전압의 평균값은 160[V]이다.

7 6,000/600[V], 5[kVA]인 단상변압기를 승압용 단권변압기로 변경하여 사용하고자 한다. 1차측에 6,000[V]를 인가할 때, 과부하 없이 2차측에 공급할 수 있는 최대 부하용량[kVA]은?

① 0.5

② 5

③ 50

④ 55

......

ANSWER 6.① 7.④

6 회로는 벅 컨버터이다.

듀티비 $D = \dfrac{T_{on}}{T_s} = \dfrac{8}{10} = 0.8$

출력전압 $V_o = D \cdot V_{in} = 0.8 \times 200 = 160[\text{V}]$

7 승압용 단권변압기를 사용하여 승압을 하면

$V_2 = V_1\left(1 + \dfrac{e_2}{e_1}\right) = 6,000\left(1 + \dfrac{600}{6,000}\right) = 6,600[\text{V}]$

$\dfrac{\text{승압기 자기용량}}{\text{부하용량}} = \dfrac{V_H - V_L}{V_H} = \dfrac{6,600 - 6,000}{6,600}$

최대부하용량 = 승압기 자기용량 $\times \dfrac{V_H}{V_H - V_L} = 5 \times \dfrac{6,600}{6,600 - 6,000} = 55[\text{KVA}]$

8 A, B 두 대의 직류발전기를 병렬 운전하여 부하에 60[A] 전류를 공급하고 있다. A 발전기의 유도기전력은 240[V], 내부저항은 2[Ω]이고, B 발전기의 유도기전력은 220[V], 내부저항은 0.5[Ω]이다. 이 경우 B 발전기가 부담하는 전류[A]는?

① 20

② 30

③ 40

④ 50

9 직류서보모터에 대한 설명으로 옳지 않은 것은?

① 정밀한 속도제어 및 위치제어에 주로 사용된다.

② 많은 수의 정류자편을 가지고 있기 때문에 토크 리플이 크다.

③ 전동기 구동방식으로는 전력용 반도체 소자를 이용한 PWM 방식이 주로 사용된다.

④ 직류전동기에 비해 저속에서는 큰 토크를 발생시키고, 고속에서는 작은 토크를 발생시킨다.

ANSWER 8.③ 9.②

8 두 개의 직류발전기 병렬 운전 부하에 60[A] 공급
병렬 운전이므로 기전력이 같다.

$V_A - I_A R_A = V_B - I_B R_B$

$240 - 2I_A = 220 - (60 - I_A) \times 0.5$

$I_A = 20[\text{A}], \ I_B = 40[\text{A}]$

9 직류서보모터의 장점과 단점
DC모터는 제어용 모터로서 가장 이상적이지만 최대의 단점은 기계적인 브러시와 정류자를 가지고 있다는 것이다. 브러시는 마모에 대한 유지보수가 필요하고, 안정조건유지의 곤란, 불안정성 등이 있다는 점이다. 장점은 제어성이 좋은 점과 제어장치의 경제성이다. 정밀한 속도제어 및 위치제어가 탁월하다.

10 3상변압에서 단상변압기 3대를 사용하는 것보다 3상변압기 한 대를 사용했을 때의 장점으로 옳지 않은 것은?

① 부하시에 탭 절환장치를 채용하는 데 유리하다.

② 사용 철량이 적어 철손도 적게 되므로 효율이 좋다.

③ Y 또는 △의 고전압 결선이 외함 내에서 되므로 부싱을 절약할 수 있다.

④ 한 상에 고장이 발생해도 변압기를 V결선으로 하여 운전을 계속할 수 있다.

11 직류발전기의 전기자 반작용을 방지하기 위한 방법으로 옳지 않은 것은?

① 보극을 설치한다.

② 보상권선을 설치한다.

③ 철심을 성층하여 사용한다.

④ 브러시의 위치를 발전기의 이동된 자기 중성축에 일치시킨다.

12 직류발전기의 회전수가 2배로 증가하였을 때, 발생 기전력을 이전과 같은 값으로 유지하려면 속도 변화 전에 비해 여자는 몇 배가 되어야 하는가? (단, 자기포화는 무시한다)

① $\dfrac{1}{4}$

② $\dfrac{1}{2}$

③ 2

④ 4

ANSWER 10.④ 11.③ 12.②

10 3상변압기를 사용하면 철심재료가 적어도 되고, 부싱과 유량이 3대의 단상변압기 보다 적고 경제적이다. 발전소에서 발전기와 변압기를 조합하여 1단위로 고려하는 방식이 증가하고 결선이 쉽다. 부하시 탭 절환장치를 채용하는 데 유리한 점이 있다. 그렇지만 단상변압기 3대의 경우 1대가 고장이 나면 나머지 2대를 V결선하여 그대로 운전을 계속할 수 있으나 3상변압기에서는 그것을 할 수 없다.

11 직류발전기의 전기자 반작용은 계자의 자속이 회전자의 자계의 영향을 받아 일그러지고, 중성축이 이동하는 현상을 말한다. 이를 방지하기 위해 보상권선을 사용하고 보극을 설치한다. 철심을 성층하는 것은 무부하손실인 와류손을 감소시키기 위한 것으로 전기자 반작용과는 관계가 없다.

12 직류발전기의 유도기전력

$E = \dfrac{Z}{a}P\emptyset\dfrac{N}{60} = K\emptyset N[\text{V}]$으로 유기기전력이 일정할 때 회전수가 2배가 되면 여자는 1/2로 감소한다.

13 동기기의 난조 방지에 대한 대책으로 옳지 않은 것은?

① 제동권선을 설치한다.

② 플라이휠을 설치한다.

③ 전기자 저항을 크게 한다.

④ 조속기의 감도를 적당히 조정한다.

14 다음 회로도는 유도전동기 운전 시 2차측 등가회로를 나타낸다. A회로와 B회로가 등가회로인 경우 R로 옳은 것은?

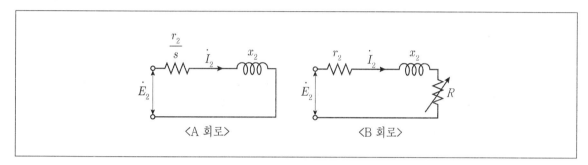

① $(\dfrac{1-s}{s})r_2$

② $(\dfrac{1-s^2}{s})r_2$

③ $(\dfrac{s}{1-s})r_2$

④ $(\dfrac{s^2}{1-s})r_2$

ANSWER 13.③ 14.①

13 동기기는 일정한 속도로 회전하는 기기로서 속도변동이 되지 않으므로 난조현상을 방지하여야 한다. 난조의 원인은 전원전압, 주파수의 주기적 변동이나 부하토크의 주기적 변동, 전기자 회로의 저항 과대가 원인이 된다. 그러므로 난조를 방지하기 위해서는 제동권선을 설치하거나, 플라이휠을 설치한다. 전기자 저항이 작아야 한다.

14 $I_2 = \dfrac{sE_2}{\sqrt{r_2^2 + (sx_2)^2}} = \dfrac{E_2}{\sqrt{(\dfrac{r_2}{s})^2 + x_2^2}}$ [A] 에서

$\dfrac{r_2}{s} = r_2 + R$ 로 분리를 하면

$R = \dfrac{r_2}{s} - r_2 = (\dfrac{1}{s} - 1)r_2 = (\dfrac{1-s}{s})r_2$

15 정격전압 6,600[V], 정격전류 480[A]의 3상 동기발전기에서 계자전류가 200[A]일 때, 정격속도에서 무부하 단자전압이 6,600[V]이고 3상 단락전류가 600[A]이면, 이 발전기의 단락비는?

① 0.8

② 1.1

③ 1.25

④ 3

16 동기전동기의 V곡선에 대한 설명으로 옳지 않은 것은?

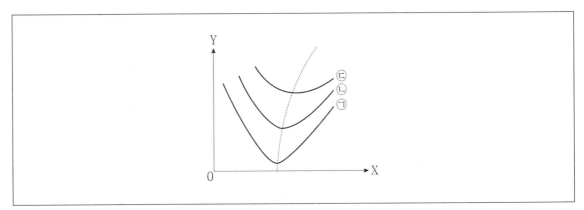

① 각 곡선의 최저점은 역률 1에 해당하는 점들이다.

② 곡선 ㉠, ㉡, ㉢으로 갈수록 부하가 증가하는 경우의 곡선이다.

③ X축은 계자전류, Y축은 전기자전류의 관계를 나타낸 그래프이다.

④ 점선의 왼쪽은 콘덴서처럼 앞선 역률이 되고, 점선의 오른쪽은 리액터처럼 뒤진 역률이 된다.

15 단락비 $K = \dfrac{I_s}{I_n} = \dfrac{600}{480} = 1.25$ 단락비가 클수록 전압변동률이 낮고 안정도가 높다.

16 동기전동기의 V곡선이다.
점선의 오른쪽은 콘덴서로 작용하여 진상역률이 되고, 점선의 왼쪽은 리액터로 작용하여 지상역률이 된다.
오른쪽은 중부하시 계자 전류를 크게 하여 역률을 좋게 할 수 있으며 왼쪽은 경부하시 페란티 현상을 방지할 수 있다.

17 변압기 손실에 대한 설명으로 옳지 않은 것은?

① 효율은 고정손과 부하손이 같을 때 가장 높다.

② 철손과 동손은 부하가 증가함에 따라 같이 증가한다.

③ 부하손은 부하전류로 인해 발생하는 동손과 누설자속에 의한 표류부하손이 있다.

④ 철손은 철심 중의 자속이 변화하여 발생하는 손실로 히스테리시스손과 와류손이 있다.

18 스테핑모터에 대한 설명으로 옳지 않은 것은?

① 회전각은 입력 펄스수에 비례한다.

② 분당 회전수는 분당 펄스수에 비례한다.

③ 피드백이 필요치 않아 제어계가 간단하다.

④ 극수를 줄이면 스테핑모터의 정밀도가 높아진다.

ANSWER 17.② 18.④

17 변압기손실은 철손과 동손이 있으며 철손은 부하와 관계없이 변압기에 전원이 투입되면 발생하는 손실이다. 따라서 부하가 증가하면 동손은 증가하지만 철손은 변하지 않는다.

18 스테핑모터(stepping motor)의 특징
- 스테핑모터는 디지털기기와의 조합이 극히 용이하고 회전각도, 속도, 정역회전, 기동, 정지 등의 동작이 정확, 신속하게 행해지는 이점이 있다. 스테핑모터의 회전각도는 입력펄스 수에 비례하고, 회전속도는 입력펄스의 주파수에 비례하므로, 입력 펄스 주파수의 간단한 변환에 의해 회전속도를 큰 폭으로 가변제어 할 수 있다.
- 서보모터와 다른 점은 서보모터는 피드백제어를 하지만 스테핑모터는 피드백을 사용하지 않는다. 따라서 약간의 오차가 있으나 오차가 누적되지 않는다.

19 출력 11.5[kW], 6극 60[Hz]인 3상 유도전동기가 있다. 전부하 운전에서 2차동손이 500[W]일 때, 전동기의 전부하 시 토크[N · m]는? (단, 기계손은 무시하고 π는 3.14로 계산하며, 최종값은 소수 셋째 자리에서 반올림한다)

① 23

② 87.58

③ 91.59

④ 95.54

20 100[kVA]의 변압기에서 무부하손이 36[W]이고, 전부하 동손이 100[W]이다. 이 변압기의 최대 효율은 전부하의 몇 [%]에서 나타나는가?

① 40

② 50

③ 60

④ 70

ANSWER 19.④ 20.③

19 슬립을 구하면

$$s = \frac{2차동손}{2차입력} = \frac{2차동손}{2차출력 + 기계손 + 동손}$$

$$s = \frac{500}{11.5 \times 10^3 + 500} = 0.0416, \qquad N = \frac{120f}{P}(1-s) = 1,200(1-0.0416) = 1,150[\text{rpm}]$$

$$P = T\omega = T\frac{2\pi N}{60} = 11.5[\text{KW}]$$

대입하면 $T = 95.54[\text{N} \cdot \text{m}]$

20 최대효율부하 $\dfrac{1}{m} = \sqrt{\dfrac{P_i}{P_c}} = \sqrt{\dfrac{36}{100}} = \dfrac{6}{10} = 0.6$, 60% 부하이므로

$100[\text{KVA}] \times 0.6 = 60[\text{KVA}]$

1 이상적인 변압기의 특징에 대한 설명으로 옳지 않은 것은?

① 누설자속은 0이다.

② 권선의 저항은 0이다.

③ 철심의 히스테리시스 현상이 있다.

④ 철심의 자속을 발생시키기 위한 자화전류는 0이다.

2 변압기의 유도기전력과 비례하지 않는 것은?

① 권선수

② 철손저항

③ 쇄교자속의 최댓값

④ 전원주파수

ANSWER 1.③ 2.②

1 이상적인 변압기의 특성
① 권선저항이 0이다.
② 철심의 투자율이 무한대이다. 따라서 동손 및 철손(히스테리시스손, 와류손)이 없다.
③ 자속은 코어로만 흐른다. 따라서 누설자속이 0이다.
④ 1차권선의 전압으로 대응하는 자화전류에 의해 자속이 발생되고, 자속은 철심을 통해 2차권선을 쇄교하여 기전력을 유지한다.

2 변압기의 유도기전력
$E = 4.44fN_1\phi_m = 4.44fN_1B_mS \,[\text{V}]$
권선수, 쇄교자속의 최댓값, 주파수와 비례한다.

3 정격출력 50[MVA]인 3상 동기발전기의 주파수가 50[Hz]일 때, 동기속도는 1,000[rpm]이다. 이 발전기의 주파수가 60[Hz]일 때, 동기속도[rpm]는?

① 900

② 1,000

③ 1,200

④ 1,500

4 유도기에 대한 설명으로 옳은 것은?

① 회전자가 정지하면 슬립은 0이다.

② 유도발전기에서 슬립은 양수이다.

③ 회전자 주파수는 슬립에 비례한다.

④ 회전자계의 속도와 동일하게 회전하는 속도를 비동기속도라 한다.

3 동기속도 $N_s = \dfrac{120f}{P}[\text{rpm}]$, $N_s \propto f$

$50[\text{Hz}] : 1,000[\text{rpm}] = 60[\text{Hz}] : x$

$x = 1,200[\text{rpm}]$

4 ① 유도전동기의 슬립의 범위는 $0 < s < 1$로서 s=0이면 동기속도, s=1이면 정지가 된다.

$N = \dfrac{120f}{P}(1-s)[\text{rpm}]$

② 유도발전기의 슬립 s < 0으로서 음수이다.

③ 회전자 주파수는 슬립에 비례한다. $f_2 = sf_1$

④ **비동기속도** : 전원 주파수에 동기되지 않는 속도. 유도 전동기에서 회전자가 동기 속도로 돈다면 회전자 도체에 유기 기전력이 발생하지 않으며 고정자에 가해진 에너지가 회전자에 유도되지 않으므로 비동기 속도로 회전하게 된다.

5 아라고 원판의 원리가 적용되는 전기기기는?

① 변압기　　　　　　　　　　　　② 직류전동기

③ 동기전동기　　　　　　　　　　④ 유도전동기

6 여자전류와 철손을 구할 수 있는 변압기 시험은?

① 극성 시험　　　　　　　　　　② 단락 시험

③ 무부하 시험　　　　　　　　　④ 온도 상승 시험

7 2극 직류전동기가 60[N · m]의 토크를 발생하고 500[rpm]의 속도로 부하를 구동 중일 때, 실제 부하로
공급되는 전력이 4[hp]라고 하면 기계적 손실[W]은? (단, 1[hp]는 746[W]이고, 다른 손실은 무시하며,
π는 3.14이다)

① 118　　　　　　　　　　　　　② 139

③ 156　　　　　　　　　　　　　④ 172

ANSWER 5.④　6.③　7.③

5 아라고 원판의 원리 … 아라고 원판은 1820년 아라고가 비자성체인 구리나 알루미늄으로 만든 원판으로 유도 전동기의 원리를 발
견하게 한 실험용 원판이다. 아라고 원판을 자유롭게 회전하도록 지지하고 그 주변을 자석이 회전하도록 하면 원판은 자석보다
좀 늦은 속도로 회전한다. 이것에서 유도전동기의 원리와 슬립이 발생하는 것을 알 수 있다.

6 변압기 시험
① 단락시험 : 임피던스전압, 임피던스와트(동손), 전압변동률
② 무부하시험 : 여자전류, 철손

7 직류전동기 출력 $P = T\omega = T\dfrac{2\pi N}{60} = 60 \times \dfrac{2\pi \times 500}{60} = 1,000\pi\,[\text{W}]$

부하에 실제 공급되는 전력 $4[\text{Hp}] = 4 \times 0.746 = 2.984[\text{KW}]$

손실 = 전동기의 출력−실제공급되는 전력=3,140−2,984=156[W]

8 4극, 20[kW], 200[V]의 직류 분권발전기에서 계자권선의 동손이 출력의 2[%]일 때, 전부하에서 전기자 전류[A]는?

① 96

② 98

③ 100

④ 102

9 1 펄스의 스텝 각도가 1[˚], 입력 펄스의 주파수가 60[Hz]일 때, 스테핑 모터의 회전속도[rpm]는?

① 1

② 10

③ 60

④ 360

ANSWER 8.④ 9.②

8 직류 분권발전기

$I_f R_f = 200[\text{V}]$

$I_f^2 R_f = 20[\text{KW}] \times 0.02 = 400[\text{W}]$

$I_f = 2[A]$

부하전류 $I = \dfrac{P}{V} = \dfrac{20[\text{KW}]}{200[\text{V}]} = 100[\text{A}]$

∴ $I_a = I + I_f = 100 + 2 = 102[\text{A}]$

9 스테핑 모터는 입력되는 펄스 신호에 동기하여 1스텝씩 회전하는 모터이다.

회전속도는 계산된 펄스 수를 단위시간으로 나누어 계산한다.

1 펄스의 스텝 각도가 1˚, 입력 펄스의 주파수가 60[Hz]이면 초당 60회의 펄스가 발생하고 60도(360˚의 1/6)를 이동한다.

회전속도 $rpm = \dfrac{\text{회전각}\frac{1}{6} \times 60\text{초}}{1\text{분당}} = 10[\text{rpm}]$

10 그림은 단상 인버터의 회로도와 출력파형이다. 출력파형의 A 구간에서 ON되는 트랜지스터만을 모두 고르면?

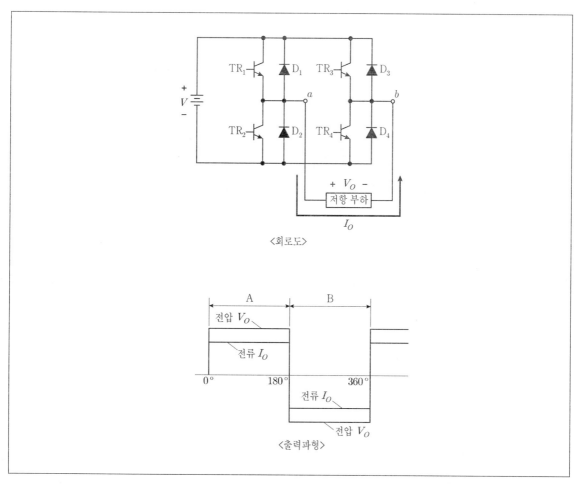

〈회로도〉

〈출력파형〉

① TR$_1$, TR$_2$

② TR$_1$, TR$_4$

③ TR$_2$, TR$_3$

④ TR$_2$, TR$_4$

....

ANSWER 10.②

10 인버터는 DC를 AC로 변환하는 장치이다.

스위치 TR_1, TR_4를 동시에 턴온 시키면(이때 TR_2, TR_3은 동시에 턴오프) 저항부하에는 그림과 같이 전류 I_o가 흐르고 전압 V_o가 걸리게 된다.

스위치 TR_2, TR_3를 동시에 턴온 시키면(이때 TR_1, TR_4은 동시에 턴오프) 저항부하에는 그림과 반대방향의 전류 I_o가 흐르고 전압 $-V_o$가 걸린다.

11 2극, 220[V], 전기자 총 도체수 500, 회전속도 4,400[rpm]인 직류발전기에서 전기자 권선법이 단중 중권일 때, 극당 자속[mWb]은?

① 6   ② 12

③ 18   ④ 24

12 직류기의 손실에 대한 설명으로 옳지 않은 것은?

① 기계손에는 마찰손과 풍손이 있다.

② 철손은 히스테리시스손과 와전류손의 합이다.

③ 동손은 부하저항의 제곱에 비례하여 변화한다.

④ 브러시손은 브러시의 접촉 전위에 의한 전력손이다.

13 1차측 유도기전력 E_1 = 1,000[V], 2차측 유도기전력 E_2 = 100[V]인 단상변압기의 2차측 저항 2[Ω]을 1차측으로 환산한 저항[Ω]은?

① 20   ② 50

③ 100   ④ 200

ANSWER 11.①   12.③   13.④

11 직류발전기의 유기기전력

$$E = \frac{Z}{a} P \varnothing \frac{N}{60} [Vrm]$$

$$220[\text{V}] = 500 \times \phi \times \frac{4,400}{60} \,, \ \phi = 0.006[\text{Wb}] = 6[\text{mWb}]$$

12 직류기의 손실

① 무부하손 : 철손으로 히스테리시스손과 와류손이 있다.

② 부하손 : 동손 $I^2 R$[W]으로 전기자동손과 계자동손이 있다.

③ 기계손 : 풍손, 브러시 마찰손, 베어링 마찰손

13 이상변압기

권수비 $a = \dfrac{E_1}{E_2} = \dfrac{N_1}{N_2} = \dfrac{I_2}{I_1} = \sqrt{\dfrac{R_1}{R_2}}$ 에서

$$\frac{E_1}{E_2} = \sqrt{\frac{R_1}{R_2}} \,, \ R_1 = R_2 \left(\frac{E_1}{E_2}\right)^2 = 2 \times (\frac{1,000}{100})^2 = 200[\Omega]$$

14 동기기의 구성요소가 될 수 없는 것은?

① 슬립링

② 브러시

③ 영구자석

④ 단락환

15 권선형 유도전동기의 회전자에 외부저항($R_1 < R_2 < R_3$)을 연결하였을 때, 토크－속도 특성 곡선으로 옳은 것은?

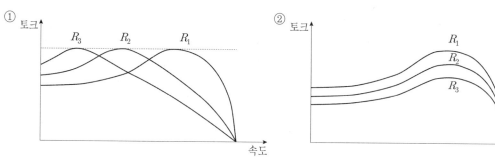

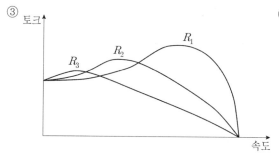

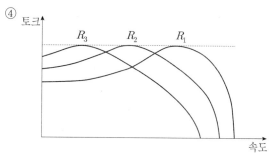

ANSWER 14.④ 15.①

14 단락환은 농형유도전동기에서 회전자 도체를 단락하는 고리로서 교번 자속이 철심에서 공극으로 나올 때 그 일부분의 위상을 늦추어 이동 자계를 만들기 위해 갭에 면한 철심의 일부분에 끼우는 고리 모양의 도체이다.

15 권선형유도전동기의 최대토크는 일정하다. 또한, 동기속도는 회전자와는 관계없이 같다.

16 60[Hz], 900[rpm]의 동기전동기를 유도전동기로 기동할 때, 유도전동기의 극수는?

① 6

② 8

③ 10

④ 12

17 펄스폭 변조(PWM)에 대한 설명으로 옳지 않은 것은?

① 듀티비의 최댓값은 100[%]이다.

② 스위치 온 시간이 길어지면 듀티비는 작아진다.

③ 듀티비가 클수록 평균 출력전압이 커진다.

④ 일정 주파수 삼각파와 일정 크기 기준파를 비교하여 스위치 온-오프 시간을 정하면 듀티비는 일정하다.

18 유도전동기의 효율 개선 방법으로 옳지 않은 것은?

① 낮은 슬립에서 운전하도록 설계한다.

② 와전류손을 줄이기 위해 두꺼운 강판을 적층한다.

③ 낮은 히스테리시스손을 갖는 강판을 사용하여 철심을 만든다.

④ 회전자 저항 손실을 줄이기 위해 도전율이 높은 도체를 이용한다.

ANSWER 16.① 17.② 18.②

16 동기전동기 $N_s = \dfrac{120f}{P} = \dfrac{120 \times 60}{P} = 900[\text{rpm}]$, $P = 8$극

동기전동기를 유도전동기로 기동하면 유도전동기가 슬립에 의해 동기전동기보다 속도가 느리므로 유도전동기의 속도를 증가시키기 위해 극수를 2극 줄인다.

따라서 유도전동기의 극수는 6극을 적용한다.

17 ① 듀티비의 최댓값은 100[%]이다. 이것은 계속 스위치를 ON한 상태와 같다.

② 스위치 on 시간이 길어지면 듀티비는 증가한다.

18 와류손을 줄이려면 두께가 얇은 강판을 적층한다.

19 고속 스위칭, 전압 구동 특성과 바이폴라 트랜지스터의 낮은 ON 전압 특성을 복합한 전력변환소자는?

① IGBT

② IGCT

③ Triac

④ Thyristor

20 다음 그림의 컨버터에 대한 설명으로 옳지 않은 것은?

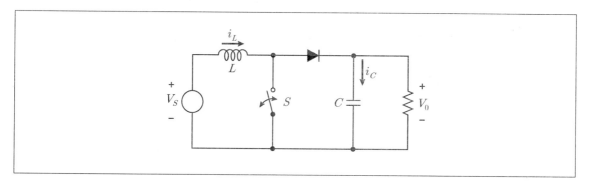

① C를 증가시키면 출력전압의 리플이 감소한다.

② L을 증가시키면 인덕터 전류의 리플이 감소한다.

③ Boost 컨버터로 DC 전압을 승압하기 위한 컨버터이다.

④ 입력전압이 10[V]이고 듀티비가 25[%]일 경우 출력전압은 2.5[V]이다.

ANSWER 19.① 20.④

19 ① IGBT(Insulated Gate Bipolar Transistor) : 고전압용 스위칭 소자로써 인버터, 컨버터, 전원공급 장치와 같은 전력전자 쪽에 주로 사용된다. IGBT는 트랜지스터와 MOSFET를 복합한 형태이다. MOSFET와 같이 높은 입력 임피던스를 가지며, 바이폴라 트랜지스터와 같이 낮은 도통손실을 가진다. 스위칭 속도는 바이폴라 트랜지스터보다는 빠르고 MOSFET보다는 느리다. 응용 분야는 직류 및 교류전동기 구동, 무정전 전원공급장치, 반도체 릴레이 등 전력전자회로에 이용이 급증되고 있다. 소음이 적고, 동작성능이 우수한 장점이 있다.

② IGCT 통합게이트정류 사이리스터 : 대용량의 전류를 제어할 수 있는 신형 반도체 소자이다 GTO와 비슷한 사아리스터의 일종으로 게이트 신호로 on-off할 수 있으며, GTO에 비해 전도손실이 적은 것이 특징이다.

20 그림은 부스트 컨버터로서 주어진 입력의 전압보다 큰 전압을 출력하는 장치이다.

스위치 S가 도통상태이면 입력전압에 의하여 인덕터 L에 에너지가 축적되고, 다이오드는 차단된다. 이 때 출력측에서는 C에 축적된 전하가 부하저항 R을 통해 방전된다. 다음 순간에 스위치 S를 열어서 차단상태로 하면 인덕터 L에 축적되었던 에너지가 다이오드를 통하여 출력측으로 방출된다. 이와 같이 스위치 S의 도통과 차단의 시간비율을 조정하여 원하는 직류전압을 얻는 회로이다.

$$V_o = \frac{1}{1-D} V_s = \frac{1}{1-0.25} \times 10 = 13.3[V]$$

듀티비 D가 항상 1보다 적으므로 출력전압은 입력전압보다 크다.

1 자기저항에 대한 설명으로 옳지 않은 것은?

① 투자율에 비례한다.

② 전기회로의 전기저항에 대응한다.

③ 자기저항이 클수록 동일 기자력을 인가할 경우 발생하는 자속은 감소한다.

④ 직렬 연결된 자기저항들의 등가자기저항 값은 개개의 자기저항을 모두 합한 값과 같다.

2 회전자 위치에 따른 자속의 변화를 측정하여 회전자 위치를 검출하기 위한 센서는?

① 광 센서

② 압력 센서

③ 홀(Hall) 센서

④ 적외선(IR) 센서

ANSWER 1.① 2.③

1 자기저항 $R = \dfrac{l}{\mu S}$ [AT/Wb], $R \propto \dfrac{1}{\mu}$ ∴ 자기저항은 투자율에 반비례한다.

자기저항은 전기회로의 전기저항과 투자율은 도전율에 각각 대응된다.

$\phi = \dfrac{NI}{R}$[Wb]이므로 자속과 자기저항은 반비례한다.

2 홀(Hall) 센서는 홀 효과를 이용하여 자계의 방향이나 강도를 측정할 수 있는 자기센서이다.

자계의 세기를 전기량으로 변환하는 경우에 사용되며 무접점스위치, 회전계, 위치검출기 등에 이용된다.

3 12극 동기발전기의 회전자가 터빈에 의해 300[rpm]으로 회전할 때, 발전 전압 주파수[Hz]는?

① 20

② 30

③ 40

④ 50

4 단상 유도전동기의 기동 방식에 따른 종류가 아닌 것은?

① 분상 기동형

② 영구 자석형

③ 셰이딩 코일형

④ 커패시터 기동형

5 단상 변압기를 병렬 운전할 때, 반드시 지켜야 할 사항으로 옳지 않은 것은?

① 각 변압기 극성의 일치

② 각 변압기 용량의 일치

③ 각 변압기 백분율 임피던스 강하의 일치

④ 각 변압기 권수비 및 1차와 2차 정격전압의 일치

....

ANSWER 3.② 4.② 5.②

3 동기발전기의 동기속도 $N_s = \dfrac{120f}{P}$ [rpm]

$N_s = \dfrac{120f}{P}$, $P = 12$, $N_s = 300$[rpm]이므로 $f = 30$[Hz]

4 단상유도기의 기동방식으로 반발기동, 반발유도, 분상기동, 콘덴서기동, 세이딩코일형 기동 등이 있다. 영구 자석형모터는 교류 동기전동기이다.
직류 소형모터 중에도 마이크로 모터나 코어리스모터는 고정자에 영구자석을 사용하고, BLDC모터는 회전자에 영구자석을 적용한다.

5 단상변압기 병렬운전조건
㉠ 각 변압기의 극성이 일치할 것
㉡ 각 변압기의 권수비가 같고, 1차 및 2차의 정격전압이 같을 것
㉢ 각 변압기의 백분율 임피던스강하가 같을 것
㉣ 각 변압기의 r/x 비가 같을 것

2022. 6. 18. 제1회 지방직 시행 ▌ **119**

6 변압기에서 발생하는 손실에 대한 설명으로 옳지 않은 것은?

① 동손은 부하손이다.

② 일반적으로 철손은 히스테리시스 손실과 와전류 손실로 구분된다.

③ 히스테리시스 손실은 재질의 히스테리시스 루프 면적에 비례한다.

④ 적층한 자성체 두께만 1/2로 줄이면 와전류 손실은 1/2로 감소한다.

7 직렬 R-L 부하에 연결된 사이리스터 단상전파정류회로의 위상각을 30˚에서 60˚로 변경하면 출력평균 전압은 몇 배가 되는가? (단, 출력전류는 연속적이고 환류다이오드는 사용하지 않는다)

① $\dfrac{1}{\sqrt{3}}$

② $\dfrac{1}{\sqrt{2}}$

③ $\dfrac{1}{2}$

④ $\dfrac{\sqrt{3}}{2}$

6 변압기에서 발생하는 손실은 동손과 철손으로 철손에는 와류손과 히스테리시스손이 대부분을 차지한다. 와류손은 $P_e \propto f^2 B_m^2 t^2$ 으로 적층한 자성체 두께의 제곱에 비례한다. 그러므로 자성체두께를 1/2로 줄이면 와류손은 1/4가 된다. 따라서 손실을 줄이기 위하여 얇게 성층을 한다.

7 사이리스터 단상전파회로

$E_d = \dfrac{2\sqrt{2}}{\pi} E \cos\theta\,[\text{V}]$ 이므로 $\cos 30˚ = \dfrac{\sqrt{3}}{2}$, $\cos 60˚ = \dfrac{1}{2}$

따라서 위상을 30˚에서 60˚로 변경하면 전압의 크기는 $\dfrac{1}{\sqrt{3}}$ 배가 된다.

8 3상 유도전동기의 공급전압과 발생 토크에 대한 설명으로 옳은 것은?

① 토크 크기는 공급전압에 비례한다.

② 토크 크기는 공급전압에 반비례한다.

③ 토크 크기는 공급전압의 제곱에 비례한다.

④ 토크 크기는 공급전압의 제곱에 반비례한다.

9 그림과 같은 이상적인 변압기 회로에서 부하저항 R_L에 최대전력을 공급하기 위한 a 값은? (단, V_P는 전원전압, R_P는 전원의 내부저항이다)

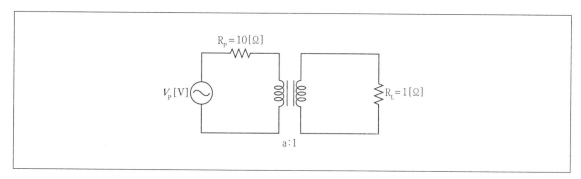

① $\sqrt{5}$

② 5

③ $\sqrt{10}$

④ 10

8 유도전동기의 2차 입력은 2차 동손과 2차 출력이다.

$$P_2 = P_{2c} + P_o = I_1^2 r_2' + I_1^2 r_2' \left(\frac{1-s}{s}\right) = I_1^2 \cdot \frac{r_2'}{s}$$

$$I_1 = \frac{V_1}{\sqrt{\left(r_1 + \frac{r_2'}{s}\right)^2 + (x_1 + x_2')^2}} [\text{A}]$$

$$P_2 = \frac{V_1^2 \cdot \frac{r_2'}{s}}{\left(r_1 + \frac{r_2'}{s}\right) + (x_1 + x_2')} [\text{W}]$$ ∴ 전력은 토크와 비례하므로 토크의 크기는 전력과 같이 공급전압의 제곱에 비례한다.

9

이상변압기에서 변압비 $a = \dfrac{V_1}{V_2} = \dfrac{N_1}{N_2} = \sqrt{\dfrac{R_1}{R_2}} = \sqrt{\dfrac{10}{1}} = \sqrt{10}$

10 200[V], 60[Hz], 6극, 15[kW]인 3상 유도전동기의 2차 효율이 95[%]일 때, 회전수[rpm]는? (단, 기계적 손실은 무시한다)

① 60

② 1,140

③ 1,200

④ 1,260

11 직류 복권 발전기에 대한 설명으로 옳은 것은?

① 무부하 특성은 분권 발전기의 것과는 많이 다르다.

② 가동 복권에서는 부하가 증가하면 전기자전류는 감소한다.

③ 전기자전류가 증가하면 직권 계자의 기자력은 감소한다.

④ 과복권에서는 전부하 단자전압이 무부하 단자전압보다 크다.

ANSWER 10.② 11.④

10 2차효율이 95[%]이면 슬립이 0.05

유도전동기의 회전수 $N = \dfrac{120f}{P}(1-s) = \dfrac{120 \times 60}{6}(1-0.05) = 1,140[\mathrm{rpm}]$

11 직류 복권 발전기에서 과복권 발전기는 직권 계자권선의 기자력을 평복권의 경우보다 크게 설계하여 전부하전압이 무부하전압보다 높다. 그러므로 전압변동률이 "-"가 된다.
- 무부하의 경우 직권 계자의 역할이 없으므로 분권 발전기와 같다.
- 가동 복권의 경우 직권 계자와 분권 계자의 자속의 방향이 같으므로 부하가 증가하면 전기자전류가 커진다. 전기자 전류가 커지면 직권 계자의 기자력이 커진다.
- 부하전류가 증가함에 따라 단자전압이 커지는 것이 과복권, 변동이 적은 것이 평복권, 부하전류가 증가함에 따라 단자전압이 낮아지는 것이 차동복권이다.

12 직류기의 효율에 대한 설명으로 옳지 않은 것은?

① 직류기의 최대효율은 무부하손과 부하손이 일치할 때 얻어진다.

② 직류발전기의 규약 효율은 $\eta_G = \dfrac{입력 - 손실}{입력} \times 100[\%]$으로 나타낸다.

③ 직류기에 부하를 걸고 입력과 출력을 직접 측정하여 입·출력의 비를 백분율로 나타낸 것을 실측 효율이라고 한다.

④ 직류기의 기계적인 동력을 전력과 손실로부터 구하여 효율을 정의한 것을 규약 효율이라고 한다.

13 직류 입력전압이 V_{dc}[V]인 6-스텝 제어 3상 인버터가 3상 Y 결선 평형 부하에 인가할 수 있는 선간전압 기본파의 최댓값[V]은?

① $\dfrac{\sqrt{2}}{\pi} V_{dc}$

② $\dfrac{\sqrt{6}}{\pi} V_{dc}$

③ $\dfrac{2\sqrt{3}}{\pi} V_{dc}$

④ $\dfrac{4}{\pi} V_{dc}$

ANSWER 12.② 13.③

12 직류발전기의 규약 효율 $\eta = \dfrac{출력}{출력 + 손실} \times 100[\%]$

직류전동기의 규약 효율 $\eta = \dfrac{입력 - 손실}{입력} \times 100[\%]$

13 출력전압의 순시값을 푸리에급수로 전개하면

$v_o = \displaystyle\sum_{n=1,3,5..}^{\infty} \dfrac{2V_{dc}}{n\pi} \sin n\omega t$

n=1에서 $v_{o\max} = \dfrac{2}{\pi} V_{dc}[\mathrm{V}]$

∴ Y결선의 선간전압은 $V_{o\max} = \dfrac{2\sqrt{3}}{\pi} V_{dc}[\mathrm{V}]$

14 동기발전기의 단락비에 대한 설명으로 옳지 않은 것은?

① 발전기의 공극과 단락비는 반비례한다.

② 단락비는 pu 동기임피던스의 역수이다.

③ 단락비는 정격전압 상태인 개방단자를 단락시켜 측정된 단락전류(I_s)와 정격전류(I_n)의 비율인 $\dfrac{I_s}{I_n}$ 이다.

④ 단락비는 개방전압이 정격전압 상태일 때의 계자전류(I_{f1})와 단락전류가 정격전류 상태일 때의 계자전류(I_{f2})의 비율인 $\dfrac{I_{f1}}{I_{f2}}$ 이다.

15 60[Hz], 4극 권선형 유도전동기가 전부하 조건에서 1,575[rpm]로 회전할 때 2차 회로의 상당 저항은 1[Ω]이다. 동일 부하에서 2차 회로의 상당 저항을 2[Ω]로 증가시켰을 때, 회전속도[rpm]는?

① 900

② 1,350

③ 1,575

④ 1,800

....

ANSWER 14.① 15.②

14
동기발전기의 단락비 $k = \dfrac{I_s}{I_n} = \dfrac{100}{\%Z} = \dfrac{1}{Z_{pu}}$

동기발전기의 단락비가 크다는 것은 %Z가 작다는 것이고, 리액턴스가 작으려면 전기자 반작용이 작아야 한다. 그러므로 자기저항을 크게 하려면 공극을 크게 한다. 공극이 크면 계자자속도 커야 하기에 계자전류를 크게 해야 하고, 공극이 적은 기계에 비해 철이 많이 들어가기 때문에 철기계라고 한다. 기계의 중량이 무겁고 가격이 비싸진다.

15 권선형 유도전동기가 1,575[rpm]이면 슬립

$N_s = \dfrac{120f}{P} = \dfrac{120 \times 60}{4} = 1,800[\text{rpm}]$

$s_1 = \dfrac{1,800 - 1,575}{1,800} \times 100 = 12.5$

$\dfrac{r_2}{s_1} = \dfrac{1}{0.125} = \dfrac{2}{s_2}$, $s_2 = 0.25$

$N = \dfrac{120f}{P}(1 - s_2) = \dfrac{120 \times 60}{4} \times (1 - 0.25) = 1,350[\text{rpm}]$

16 무부하 상태인 이상적인 단상 변압기의 1차 단자 전원을 50[Hz], 110[V]에서 60[Hz], 220[V]으로 변경하였을 때, 철심 내부의 자속 변화는?

① $\frac{5}{3}$ 배 감소

② $\frac{5}{3}$ 배 증가

③ $\frac{10}{3}$ 배 감소

④ $\frac{10}{3}$ 배 증가

17 직류기에 대한 설명으로 옳지 않은 것은?

① 단절권의 코일은 $180°$보다 작은 전기각을 가진다.

② 직류기는 같은 속도라 하더라도 극수가 다를 수 있다.

③ 전기자 반작용을 상쇄하기 위해 보상권선을 사용할 수 있다.

④ 발전기로 동작할 때 부하가 증가하면 전기자 반작용에 의해 중성축은 회전 반대 방향으로 이동한다.

18 손실이 없는 정상상태의 벅(Buck) 컨버터가 출력평균전압을 유지하면서 출력전압리플을 줄이는 방법으로 옳은 것은? (단, 출력 인덕터 전류는 연속적이고, 입력전압은 출력평균전압보다 크며 일정하다)

① 듀티비를 증가시킨다.

② 듀티비를 감소시킨다.

③ 출력 커패시터의 용량을 감소시킨다.

④ 듀티비를 유지하며 스위칭 주파수를 증가시킨다.

ANSWER 16.② 17.④ 18.④

16 변압기의 기전력 $E_1 = 4.44fN_1\phi_m[\text{V}]$

$\phi_m = \dfrac{E_1}{4.44fN_1}$ 이므로 $\phi \propto \dfrac{E}{f} = \dfrac{\frac{220}{110}}{\frac{60}{50}} = \dfrac{5}{3}$ 배 증가

17 직류발전기에 부하를 접속하면, 전기자 권선에는 전류가 흐른다. 전기자 권선에 전류가 흘러서 생긴 기자력이 계자기자력에 영향을 주어 자속의 분포가 한쪽으로 기울어지고, 자속의 크기가 감소하는 현상을 전기자 반작용이라 한다. 발전기의 경우 중성축은 회전자의 방향으로 이동한다.

18 듀티비 $D = \dfrac{V_o}{V_i}$. 벅컨버터는 L과 C가 모두 리플과 관련이 있고, L, C가 클수록 전력변환기의 리플이 감소한다. L, C를 크게 하는 것보다 주파수를 크게 하는 것으로 리플을 감소시킬 수 있다.

19 3상 비돌극형 동기전동기의 부하각이 30°, 한 상의 유도기 전력이 120[V], 동기리액턴스가 3[Ω], 전기자전류가 40[A]일 때, 동기전동기의 역률각은? (단, 전기자저항과 기계적 손실은 무시한다)

① 30°

② 45°

③ 60°

④ 90°

20 정격속도로 무부하 운전 중인 손실이 없는 타여자 직류전동기의 속도를 증가시켰을 때, 자속, 역기전력 및 전기자전류의 변화로 옳은 것은? (단, 공급전압과 전기자저항은 일정하고, 속도는 정상상태로 가정한다)

	자속	역기전력	전기자전류
①	감소	일정	일정
②	감소	감소	감소
③	증가	일정	일정
④	증가	증가	증가

ANSWER 19.③ 20.①

19

비돌극기에서 1상의 출력 $P_o = VI\cos\theta = \dfrac{VE}{Z}\cos(\alpha - \delta) - \dfrac{V^2}{Z}\cos\alpha$

$\alpha = \tan^{-1}\dfrac{x}{r} \fallingdotseq \tan^{-1}x = 90°$

$\therefore\ P_o = \dfrac{VE}{Z}\cos(\alpha - \delta) = \dfrac{VE}{Z}\sin\delta[\text{W}]$

부하각이 30°이면 역률각 $\alpha - \delta = 60°$이다.

20

직류전동기의 속도 $N = K\dfrac{V-E}{\phi}$이므로 속도가 증가하면 자속은 감소한다.

$E = K\phi N[\text{V}]$이므로 속도와 자속이 반비례하여 변화하므로 역기전력은 일정하다.

전기자전류는 무부하이기 때문에 항상 일정하다.

1 직류발전기를 병렬운전할 때, 균압선이 필요한 결선방식만을 모두 고르면?

㉠ 분권	㉡ 직권
㉢ 복권	㉣ 타여자

① ㉠, ㉡

② ㉠, ㉢

③ ㉡, ㉢

④ ㉡, ㉣

2 그림과 같은 3상 동기발전기가 슬롯수 72개의 고정자를 가질 때, 매극 매상당 슬롯수는?

① 3

② 4

③ 8

④ 9

ANSWER 1.③ 2.②

1 균압선은 직류 기계에서 브러시 손상을 막기 위하여 권선의 등전위점을 연결한, 낮은 저항의 도선으로 직권발전기와 복권발전기의 병렬운전 시 전압을 균등하게 하여 운전을 안정적으로 하기 위해 설치한다.

2 3상 동기발전기의 극수가 6개 슬롯수가 72개 이므로

매극 매상당 슬롯수는 $\dfrac{\text{총 슬롯수}}{\text{극수} \times \text{상수}} = \dfrac{72}{6 \times 3} = 4$

3 변압기의 3상 결선법에 대한 설명으로 옳은 것은?

① $Y-\Delta$ 결선에서는 1차와 2차 선간전압 사이에 $60°$의 위상차가 있다.

② $\Delta-Y$ 결선은 승압용에서 주로 사용된다.

③ $\Delta-\Delta$ 결선에서는 중성점 접지가 가능하다.

④ $Y-Y$ 결선이 가장 많이 사용된다.

4 3상 유도전동기의 특징에 해당하지 않는 것은?

① 구조가 단순하고 유지보수가 쉽다.

② 부하증감에 대해 속도의 변화가 작다.

③ 동기속도에서 토크가 발생하지 않는다.

④ 브러시와 정류자를 이용하므로 크기에 비해 출력이 크다.

5 전기자 총도체수 160인 4극 중권 직류전동기의 극당 자속이 0.01[Wb], 전기자 전류가 100[A]일 때 발생 토크[N · m]는? (단, π는 3.14로 계산하며, 최종값은 소수 둘째 자리에서 반올림한다)

① 22.5

② 25.5

③ 34.9

④ 40.0

ANSWER 3.② 4.④ 5.②

3 변압기의 3상 결선법에 대한 설명에서

$Y-\Delta$ 결선에서 1차와 2차 선간전압 사이에는 $30°$의 위상차가 있다.

$\Delta-Y$ 결선은 상전압이 $\sqrt{3}$ 배 커지므로 승압용으로 적용한다.

$\Delta-\Delta$결선은 중성점이 없으므로 중성점접지를 할 수 없다.

결선은 용도에 맞게 적용하므로 어떤 것이 많이 사용된다고 할 수 없다.

4 3상유도전동기는 브러시와 정류자를 사용하지 않는다.

5
$$P = \omega T = \frac{2\pi N \cdot T}{60}$$

$$EI = \frac{Z}{a} P \varnothing \frac{N}{60} I = \frac{2\pi N}{60} \cdot T$$

$$T = \frac{ZP\varnothing I}{2\pi a} = \frac{160 \times 0.01 \times 100}{2 \times 3.14} = 25.5[N \cdot m]$$

6 직류 분권발전기에 대한 설명으로 옳은 것은?

① 단자 전압이 낮아지면 계자 전류는 증가한다.

② 계자 저항이 클수록 무부하 전압이 상승한다.

③ 보상 권선은 전기자 권선과 병렬로 결선한다.

④ 부하에 의한 전압 변동이 타여자발전기에 비하여 크다.

7 직류기의 전기자 반작용에 대한 설명으로 옳지 않은 것은?

① 전기자 전류에 의해 공극자속이 왜곡되는 현상을 말한다.

② 발전기의 경우 자기적 중성점을 회전방향으로 이동시킨다.

③ 전기자 반작용이 증가할수록 극당 자속은 증가한다.

④ 전동기의 경우 토크를 감소시키고, 발전기의 경우 유도기전력을 저하시킨다.

8 전력반도체 소자에 대한 설명으로 옳지 않은 것은?

① SCR는 정격용량이 큰 전력변환기에 적합하다.

② TRIAC은 턴온과 턴오프를 모두 제어할 수 있다.

③ MOSFET은 스위칭 주파수가 높은 전력변환기에 적합하다.

④ GTO는 단방향 전류 소자이다.

ANSWER 6.④ 7.③ 8.②

6 직류 분권발전기
- 단자전압 $V = I_f R_f$ [V] 전압과 계자전류는 비례한다.
- 계자저항이 크면 계자전류가 작아진다. 무부하전압은 일정하다.
- 보상권선은 전기자 권선과 직렬로 연결한다.
- 전압변동은 타여자발전기가 가장 작다.

7 전기자반작용은 계자자속이 전기자 자속에 의해 영향을 받아 주자속이 감소하는 현상이다. 전기자반작용이 증가할수록 극당 자속은 감소한다.

8 TRIAC은 3단자 양방향 사이리스터로서 게이트에 +, – 어느 것을 입력해도 도통이 된다.
턴온과 턴오프를 모두 제어할 수 있는 사이리스터는 GTO이다.
GTO는 gate turn off의 약자로 게이트의 신호로 on과 off가 가능한 소자이다.

9 5 [kV], 10 [MVA], Y 결선 3상 동기발전기의 단락비가 0.5일 때, 동기임피던스[Ω]는?

① 0.5

② 2

③ 5

④ 10

10 그림은 3상 수전단의 전압과 전류 파형이다. 역률을 1로 개선하기 위해 동기조상기가 공급해야 하는 무효전력[kVAR]은?

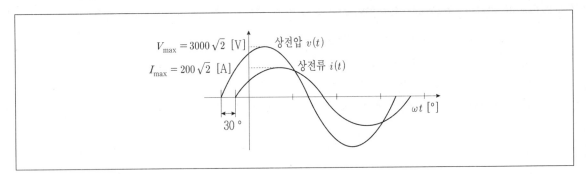

① -900

② -300

③ 300

④ 900

ANSWER 9.③ 10.④

9

단락비 $K = \dfrac{I_s}{I_n} = \dfrac{100}{\%Z} = 0.5$

$I_n = \dfrac{P_a}{\sqrt{3}\,V} = \dfrac{10[K]}{\sqrt{3}\times 5} = \dfrac{2}{\sqrt{3}}[KA]$

$I_s = 0.5 I_n = \dfrac{1}{\sqrt{3}}[KA]$

$I_s = \dfrac{E}{Z}[A],\quad Z = \dfrac{E}{I_s} = \dfrac{\dfrac{5}{\sqrt{3}}[KV]}{\dfrac{1}{\sqrt{3}}[KA]} = 5[\Omega]$

10 파형에서 전류와 전압의 위상차가 30° 이므로

무효전력 $P_r = 3 V_p I_p \sin\theta = 3\times 3\times 200\times \sin 30^o = 900[KVAR]$

11 권수비가 200 : 20인 이상적인 단상변압기의 1차측이 $120 \angle 0°$[V], 60[Hz]의 전원에 연결되고 2차측은 $100 \angle 10°$[Ω]의 부하에 연결될 때, 1차측 전류[mA]는?

① $12 \angle -10°$

② $12 \angle 10°$

③ $120 \angle -10°$

④ $120 \angle 10°$

12 슬립 0.04로 운전 중인 3상 유도전동기의 입력이 50[kW], 고정자 동손이 1[kW]일 때, 회전자 동손 [kW]은? (단, 철손은 무시한다)

① 1.96

② 2.04

③ 3.28

④ 4.16

11

변압비 $a = \sqrt{\dfrac{Z_1}{Z_2}} = 10$, $Z_1 = 10^2 Z_2 = 10^2 \times 100 \angle 10°$

1차측 전류 $I_1 = \dfrac{V_1}{Z_1} = \dfrac{120 \angle 0°}{10,000 \angle 10°} = 120 \times 10^{-4} \angle -10° [A]$

$I_1 = 12 \angle -10° [mA]$

12

슬립 $s = \dfrac{\text{동손}}{\text{출력}} = \dfrac{\text{회전자동손}}{\text{입력} + \text{손실}} = \dfrac{\text{회전자동손}}{50[KW] - \text{고정자동손} + \text{회전자동손}} = 0.04$

(손실에서 철손이 없으므로)

회전자동손$(1 - 0.04) = 49[KW] \times 0.04 = 1.96[KW]$

13 DC-DC 컨버터 중 변압기를 사용하는 것은?

① Buck 컨버터

② Boost 컨버터

③ Buck-Boost 컨버터

④ Flyback 컨버터

14 단상전압 $v(t) = \sqrt{2}\, V_0 \sin\omega t$ [V]를 하나의 SCR를 이용하여 점호각 $\alpha = 60^\circ$로 위상제어할 때, 저항부하에 공급되는 평균 전압[V]은?

① $\dfrac{3}{2\sqrt{2}\,\pi} V_0$

② $\dfrac{\sqrt{2}}{\pi} V_0$

③ $\dfrac{3}{\sqrt{2}\,\pi} V_0$

④ $\dfrac{2\sqrt{2}}{\pi} V_0$

....

ANSWER 13.④ 14.①

13 플라이백컨버터는 절연된 형태의 벅-부스트 컨버터이다. 스위치가 도통되면 1차를 통해 전류가 흐르고 2차측의 다이오드에는 역방향 바이어스가 걸려 캐패시터가 부하에 전류를 공급한다. 반대로 스위치가 꺼지면 1차를 통해 저장되었던 에너지가 2차로 흐르며 다이오드에 순방향 바이어스가 걸리고 캐패시터와 부하에 전류를 공급한다.

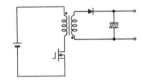

14 SCR제어 단상전압 $v(t) = \sqrt{2}\, V_0 \sin\omega t\,[V]$, 점호각 $\alpha = 60^\circ$

평균전압

$$V_d = \frac{\sqrt{2}\,V_0}{\pi}\left(\frac{1+\cos\alpha}{2}\right) = \frac{\sqrt{2}\,V_0}{\pi}\left(\frac{1+\cos 60^\circ}{2}\right) = \frac{\sqrt{2}\,V_0}{\pi}\cdot\frac{3}{4} = \frac{3}{2\sqrt{2}\,\pi}V_0$$

15 정격주파수 50[Hz]의 변압기를 1차측 전압을 유지하며 60[Hz]로 운전할 때 발생하는 현상이 아닌 것은? (단, 부하는 저항성이다)

① 무부하 2차측 전압은 동일하다.

② 자화전류가 감소한다.

③ 철손이 감소한다.

④ 전압변동률이 감소한다.

16 3상 유도전동기에서 3상 전류에 의한 합성자계의 크기는 한 상 전류에 의한 자계 최대치의 몇 배인가?

① 1.5

② 2

③ 2.5

④ 3

ANSWER 15.④ 16.①

15 $E = 4.44fN\varnothing_m$ [V]에서 자속이 주파수에 반비례하므로 자속이 감소하면 자화전류가 감소한다. 또한 히스테리시스손실이 주파수에 비례하므로 철손은 감소되어 온도상승도 감소한다. 누설리액턴스는 주파수에 비례하므로 증가하고 %리액턴스도 증가하므로 전압변동률이 증가한다.

16 여자전류 $i = \sqrt{2}\,I\sin(\omega t - \alpha)$, 기자력 $F_x = F_m \sin(\omega t - \alpha)$

3상의 전류

$i_a = \sqrt{2}\,I\sin(\omega t - \alpha)$, $i_b = \sqrt{2}\,I\sin(\omega t - 120^\circ - \alpha)$, $i_c = \sqrt{2}\,I\sin(\omega t - 240^\circ - \alpha)$

$F_a = F_m \sin(\omega t - \alpha)\cos\sigma x$

$F_b = F_m \sin(\omega t - 120^\circ - \alpha)\cos(\sigma x - 120^\circ)$

$F_c = F_m \sin(\omega t - 240^\circ - \alpha)\cos(\sigma x - 240^\circ)$

합성자계를 구하면

$F_1 = F_m [\sin(\omega t - \alpha)\cos\sigma x + \sin(\omega t - 120^\circ - \alpha)\cos(\sigma x - 120^\circ) + \sin(\omega t - 240^\circ - \alpha)\cos(\sigma x - 240^\circ)$

$= \dfrac{3}{2}F_m \sin(\omega t - \sigma x - \alpha)$

1상의 전류에 의한 자계값의 1.5배이다.

17 60[kVA], 3,300/110[V] 단상변압기를 2차측 개방 시, 전류는 0.5[A]이고 입력은 1,320[W]일 때, 자화 리액턴스[kΩ]는? (단, 권선저항은 무시한다)

① 9

② 10

③ 11

④ 12

18 3상 유도전동기의 슬립이 0.1에서 0.4가 될 때, 2차 전류는 3배가 된다면 기계적 출력은 몇 배가 되는가?

① $\dfrac{1}{3}$

② $\dfrac{3}{2}$

③ 3

④ 변화 없음

- -

ANSWER 17.③ 18.②

17 2차 개방시 무부하전류

I_o = 철손전류 + j자화전류 = 0.5[A]

철손전류 $I_i = \dfrac{1,320}{3,300} = 0.4[A]$

자화전류 $I_{\varnothing} = \sqrt{0.5^2 - 0.4^2} = 0.3[A]$

자화리액턴스 $X = \dfrac{V}{I} = \dfrac{3,300}{0.3} = 11,000[\Omega] = 11[K\Omega]$

18 유도전동기의 회전자 출력(기계적 출력)

$P_o = mI_1^2 r' = mI_1^2 r_2' \left(\dfrac{1-s}{s}\right)$

슬립이 0.1이면 $\dfrac{1-s}{s} = \dfrac{1-0.1}{0.1} = 9$

슬립이 0.4이면 $\dfrac{1-s}{s} = \dfrac{1-0.4}{0.4} = 1.5$

슬립의 감소와 전류의 2배를 고려하면 출력은 $9 \rightarrow \dfrac{3}{2} \times 3^2$ 즉 $\dfrac{3}{2}$ 배가 된다

19 (가), (나)에 들어갈 내용을 바르게 연결한 것은?

> 펌프, 팬, 블로워 등의 부하는 ☐(가)☐ 하는 토크 특성을 갖는다. ☐(나)☐ 로 동작되는 교류전동기를 통해 이 부하를 가변속 운전하면 정속 운전에 비해 에너지 절감효과가 크다.

	(가)	(나)
①	속도에 비례	인버터
②	속도에 비례	초퍼회로
③	속도의 제곱에 비례	인버터
④	속도의 제곱에 비례	초퍼회로

20 유니버설 전동기에 대한 설명으로 옳지 않은 것은?

① 와전류 억제를 위해 고정자 철심을 적층한다.
② 교류 운전 시 토크의 맥동은 피할 수 없다.
③ 정류지연을 억제하기 위해 저항이 큰 브러시를 사용한다.
④ 역률향상을 위해 계자 권선의 권수를 증가시킨다.

ANSWER 19.③ 20.④

19 펌프, 팬, 블로워 등의 부하는 공기나 물 같은 유체부하를 대상으로 하는 장치로서 VVVF 제어방식으로 상당한 에너지 절감효과를 거둘 수 있다.
풍량이 회전수에 비례하고, 풍압이 회전수 제곱과 비례하므로 축동력은 회전수 3승에 비례하게 된다. 따라서 가변전압가변주파수 방식(VVVF)로서 회전수를 줄이면 에너지는 감소한다.
1차 전원의 주파수를 가변하여 전동기의 속도를 조정하는 방식은 농형유도전동기와 동기전동기에 적용한다. 주파수의 조정은 인버터로 한다.

20 유니버설 전동기는 교류와 직류 어느 쪽으로도 사용할 수 있도록 설계된 전동기이다.
직류전동기와 마찬가지로 정류자를 갖춘 전기자와 주자속을 만드는 계자로 구성되어 있다.
직류전동기와는 달리 교류에 의해 자계가 발생하기 때문에 철손을 억제하고 발열을 줄이기 위해 모든 철심을 적층한다. 또한 효율이나 역률의 개선을 위해 전기자의 기자력을 계자의 기자력보다 크게 하는 것이 필요하다. 따라서 계자의 권수를 작게 하여야 한다.

1 농형 유도전동기의 기동법 중 단권변압기를 사용하는 방식은?

① 기동 보상기법

② 리액터 기동법

③ 전전압 기동법

④ Y-Δ 기동법

2 직류기에서 양호한 정류작용을 위해 사용하는 방법으로 옳지 않은 것은?

① 전기자 코일의 인덕턴스를 작게 한다.

② 중성축에 보극을 설치한다.

③ 정류 주기를 크게 한다.

④ 브러시의 접촉저항을 작게 한다.

ANSWER 1.① 2.④

1 농형 유도전동기의 기동법에는 전압을 바로 인가하는 전전압 기동(5kW 이하), 리액터의 전압강하를 이용한 리액터 기동(주로 10kW 이하), 기동전류를 $\frac{1}{3}$로 줄여 기동하고 운전시에는 전전압을 가하는 Y-Δ 기동(5~15kW), 단권 변압기로 전압을 조절하여 기동하는 기동보상기법(15kW 이상) 등이 있다.

2 직류기의 양호한 정류작용을 위해서는 리액턴스전압을 작게 해야 한다.

$$e = L\frac{2I_c}{T}[V]$$

리액턴스전압이 작아지려면, 정류주기는 크게, 인덕턴스는 작게, 전류를 작게 해야 하므로 접촉저항은 커야 한다.

3 크레인이나 전동차와 같이 부하 변동이 심한 곳에 적합한 직류 전동기의 특성곡선은? (단, 자기회로의 포화는 무시한다)

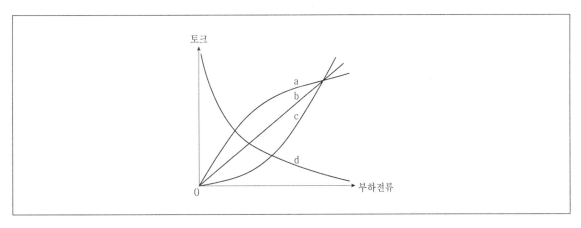

① a

② b

③ c

④ d

4 변압기에서 얇은 강판을 성층하여 사용하는 이유는?

① 와전류 손실 절감

② 히스테리시스 손실 절감

③ 동손 절감

④ 유전체손 절감

3 전동차와 같이 부하변동이 심한 곳에 적합한 전동기의 특성 : 직권특성

$T \propto \emptyset I \propto I^2$ 토크에 대해 전류는 포물선을 그리며 변화한다.

4 자속에 의해 기전력을 유도하는 부분에서 전기자 철심은 규소강판을 사용하여 히스테리시스손을 작게 하며, $0.35 \sim 0.5$mm 두께로 여러 장 겹처서 성층 하여 와류손을 감소시켜서 철손을 작게 한다.

와류손 $P_{eddy} = k_e (tfB_m)^2 [W/m^3]$이므로 와류손은 두께 t의 제곱에 비례하므로 얇게 만들어 와류손을 감소시킨다.

5 그림은 유도기의 속도−토크 특성곡선이다. 회생제동을 적용할 수 있는 운전영역은?

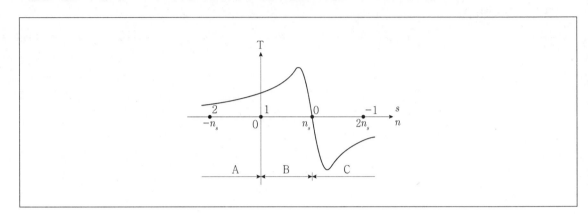

① A

② B

③ C

④ A와 B

6 유도전동기를 속도 제어할 때 공급 전압과 주파수의 관계를 바르게 나타낸 것은? (단, 전압은 정격 전압 이내이고, 토크는 일정하다)

① 공급 전압과 주파수는 항상 일정하여야 한다.

② 공급 전압과 주파수는 반비례가 되어야 한다.

③ 공급 전압의 제곱에 반비례하는 주파수를 공급하여야 한다.

④ 공급 전압과 주파수는 비례가 되어야 한다.

ANSWER 5.③ 9.④

5 전동기가 회전하고 있을 때 전원을 끊으면 회전부분의 관성에너지 때문에 전동기는 즉시 정지하지 않고 계속 회전하다가 서서히 정지한다. 제동의 목적은 전동기를 운전 중에 급정지 하던지 속도가 상승하는 것을 억제하여 위험을 방지하는데 있다. 이때 전동기 회전을 방해하는 방향으로 제동토크를 주는 것이 제동이다. 그러므로 제동의 영역은 C부분이다.
회생제동은 제동 중에 발생한 전력을 전원으로 되돌려 재사용하는 방식이다.

6 최대토크 $T_m \propto \dfrac{V_1^2}{f_1^2}$ 이다. 최대토크가 일정하도록 주파수와 전압을 변화하면 최대토크는 거의 일정하게 속도제어가 된다. 이 방법은 가변주파수의 전원이 필요하므로 설비가 많이 들어 포트모터나 선박을 추진하는 경우에 적용한다.

7 3상 유도전동기에서 동일 전압을 유지하면서 주파수를 60[Hz]에서 50[Hz]로 바꾸어 운전할 때의 설명으로 옳지 않은 것은?

① 전동기 온도가 상승한다.

② 회전자의 속도가 감소한다.

③ 공극 자속이 증가한다.

④ 최대 토크는 감소한다.

8 타여자식 직류 전동기에서 전기자 전압은 250[V]이며, 회전수는 1,200[rpm]이다. 전기자 저항은 0.5[Ω], 전기자 전류는 100[A]라고 하면, 이 전동기에서 발생하는 토크[N·m]는? (단, 브러시의 전압강하와 전기자 반작용은 고려하지 않는다)

① $\dfrac{100}{\pi}$

② $\dfrac{500}{\pi}$

③ $\dfrac{1,000}{\pi}$

④ $\dfrac{1,500}{\pi}$

ANSWER 7.④ 8.②

7 최대토크는 주파수의 제곱에 반비례하므로 동일전압에서 주파수가 감소하면 최대토크는 증가한다.

8 $P = \omega T$

$E_a I_a = \omega T = \dfrac{2\pi N}{60} T, \quad E_a = 250 - R_a I_a = 200[V]$

$T = \dfrac{60}{2\pi N} \cdot E_a I_a = \dfrac{60}{2\pi \times 1,200} \times 200 \times 100 = \dfrac{500}{\pi}[N \cdot m]$

9 정격용량 1,000[kVA], 선간전압 5,000[V]인 3상 교류발전기의 퍼센트 동기임피던스가 20[%]일 때, 이 동기발전기의 동기임피던스[Ω]는?

① 1   ② 5

③ 10   ④ 20

10 동기발전기의 단락비에 대한 설명으로 옳지 않은 것은?

① 단락비의 역수를 백분율로 나타낸 것이 백분율 동기임피던스이다.
② 단락비는 무부하 포화 시험, 3상 단락 시험에 의해 구할 수 있다.
③ 단락비가 큰 기계는 단락 전류가 적게 흐른다.
④ 단락비가 큰 기계는 과부하내량이 크고 선로 충전 용량이 크다.

ANSWER 9.② 10.③

9 동기발전기의 동기임피던스

단락용량 $P_s = \dfrac{100}{\%Z}P_n = \dfrac{100}{20} \times 1,000 = 5,000[KVA],\ 5[MVA]$

단락전류 $I_s = \dfrac{100}{\%Z}I_n = \dfrac{100}{20} \dfrac{1,000 \times 10^3}{\sqrt{3} \times 5,000} = \dfrac{1000}{\sqrt{3}}[A]$

동기임피던스 $Z_s = \dfrac{V_p}{I_s} = \dfrac{\dfrac{5,000}{\sqrt{3}}}{\dfrac{1,000}{\sqrt{3}}} = 5[\Omega]$

10 동기발전기의 단락비는 무부하정격전압을 발생시키는데 필요한 계자전류와 영구단락전류를 통하는데 필요한 계자전류의 비를 말한다.

$K = \dfrac{I_s}{I_n} = \dfrac{100}{\%Z}$

따라서 단락비가 크면 단락전류가 크게 흐른다.
단락비가 크면 전기자 반작용 리액턴스가 작다. 철손이 커서 효율이 낮고 경제성이 낮으나 전압변동률이 작아 안정도가 높다.

11 단상 변압기 3대를 △ 결선으로 전기를 공급하던 중에 고장으로 한 대가 제거되었다. 전체 부하가 6 [kVA]이고, 남은 2대에 정격용량의 20[%]가 더 걸릴 때, 단상 변압기 1대의 정격용량[kVA]은?

① $\dfrac{5}{3}$

② $\dfrac{5}{\sqrt{3}}$

③ $\dfrac{10}{3}$

④ $\dfrac{10}{\sqrt{3}}$

12 기계 동력원으로 사용되는 전동기를 내연 기관과 비교한 설명으로 옳지 않은 것은?

① 다양한 출력이 가능하다.

② 상위 정보처리 시스템과 쉽게 연결할 수 있다.

③ 반응속도가 느리다.

④ 회전력, 속도가 손쉽게 변화될 수 있다.

ANSWER 11.② 12.③

11 $P_V = \sqrt{3}\,P_1 = 6[KVA]$

20% 과부하이므로

$P_1 = \dfrac{6[KVA]}{\sqrt{3}} \times 0.8 ≒ \dfrac{5}{\sqrt{3}}[KVA]$

12 전동기
- 응답속도가 빠르다.
- 발생열이 적고 배기가스가 없다.
- 고정밀제어가 가능하다.
- 소음과 진동이 적다.

13 다음의 설명에 해당하는 전동기는?

> • 고정자 한 상의 권선만 통전하여 구동하는 방식이다.
> • 회전자는 영구자석을 사용하지 않는 돌극 구조이다.
> • 소음, 진동, 토크 리플이 크다.
> • 구조가 간단하여 제작비용이 비교적 낮다.

① 스위치드 릴럭턴스 전동기
② 동기형 릴럭턴스 전동기
③ 브러시리스 직류 전동기
④ 유도전동기

14 전력 변환기에 대한 설명으로 옳지 않은 것은?

① 단상 전파 위상제어 정류회로의 부하가 저항이면 입·출력 측 역률이 항상 1이 된다.
② 3상 전파 위상제어 정류회로에서 위상각(점호각)에 따라 입력 측 역률이 달라질 수 있다.
③ 위상제어 정류회로에서 출력전압의 고조파를 저감하기 위해 PWM 변조 방식이나 필터를 사용한다.
④ 위상제어 정류회로에서 전원 측 인덕턴스의 영향으로 출력전압이 줄어든다.

ANSWER 13.① 14.①

13 • 릴럭턴스모터 : 릴럭턴스와 자기저항을 갖는 릴럭턴스모터와 인덕션모터의 2차권선, 즉 회전자 부분의 철심이 철극구조로 되어있는 것으로 기동기간 중에는 인덕션모터로 기동하고 운전 중에는 동기속도로 회전한다. 이런 방식의 모터를 반작용(Reaction)모터라고도 한다.
 • 동기형 릴럭턴스전동기 : 회전자에 영구자석 및 권선 미설치(구조간단). 회전자는 돌극형 구조. 고정자에 평형3상 교류인가
 • 릴럭턴스전동기 : 회전자에 영구자석 및 권선 미설치. 고정자 및 회전자 모두 돌극형 구조. 고정자의 각 상에 구형파를 순차적인가. 기계적 강도가 크고 경제적이다. 토크 리플, 진동, 소음이 크다

14 전력변환기는 직류를 교류로 하거나 교류를 직류로 하는 장치를 말한다.
 역률이 1이라는 것은 전류와 전압의 위상이 일치하는 것을 의미한다. 그러므로 위상을 제어하는 장치에서는 전류와 전압의 위상이 일치하지 않는 경우가 있으므로 항상 1이 될 수 없다.

15 직류전압에서 교류전압으로 바꿀 수 있는 전력변환장치는?

① 위상제어 정류기

② 사이클로 컨버터

③ 인버터

④ 단상 듀얼 컨버터

16 직류기의 전기자 반작용에 대한 설명으로 옳지 않은 것은?

① 중성축이 이동한다.

② 전체 극 표면상의 총 자속은 증가한다.

③ 브러시 근처의 정류자편에 섬락을 일으킨다.

④ 공극자속을 일그러지게 한다.

17 전기 자동차나 하이브리드 자동차에서 배터리와 전동기 구동용 인버터 사이에 위치하며, 에너지를 주고 받을 때 사용되는 전력변환장치는?

① 플라이 백 컨버터

② 양방향 DC-DC 컨버터

③ PWM 컨버터

④ 위상제어 정류기

ANSWER 15.③ 16.② 17.②

15 인버터는 직류를 교류로 변화하는 장치이다.

입력받은 전원은 기본적으로 변환을 위해 DC로 정류된다. 이 전원을 가공할 때, 일차적으로 전압을 바꾸는 회로를 통과하여 다른 상태로 변경한다. 이후에 스위칭 소자를 거쳐 어떤 교류전력으로 변환된다. 전압과 주파수를 변환하는 파트가 나뉘어져 제어는 쉽다.

사이클로 컨버터는 교류주파수변환장치, 컨버터는 교류를 직류로 변화하는 장치이다.

16 전기자 반작용은 전기자 전류에 의한 자속이 계자 자속에 영향을 미치는 현상이다. 자속 밀도 분포의 파형이 찌그러지고 전동기를 회전시키려는 힘과 반대 방향으로 작용한다.

따라서 감자작용(자속이 감소하는 현상)과 편자작용(자속이 몰리는 현상)을 일으킨다.

17 양방향 DC-DC 컨버터는 배터리와 전동기 구동용 인버터 사이에 위치하여 에너지 손실을 최소화하는 장치로 적용된다. 고전기 (하이브리드) 자동차에서의 특징은 기존의 12V회로와 고전압 회로(인버터) 간의 결합이다. 고전압 축전지로부터 저전압(12V) 축전지로 전기에너지를 전달할 수 있어야 한다. 이 기능만을 수행하는 DC/DC-컨버터를 흔히 벅(buck)-컨버터 또는 LDC라고도 한다. 더 나아가 고전압 축전지의 전압을 현저하게 높은 전압으로 승압시켜 전동기에 공급함으로써 구동 전동기의 효율을 극대화 할 수도 있다.

18 d축 동기 리액턴스 X_d는 1[pu]이고, q축 동기 리액턴스 X_q는 0.5[pu]인 3상 돌극형 동기기에서 돌극성분만에 의한 최대 전력과 계자 여자 성분만에 의한 최대 전력의 비율은? (단, 단자전압과 유도기전력의 크기는 같고, 모든 손실은 무시한다)

① $\frac{1}{4}$

② $\frac{1}{3}$

③ $\frac{1}{2}$

④ 1

19 3상 전원에서 6상 전압을 얻을 수 없는 변압기의 결선 방법은?

① 대각 결선

② 스코트 결선

③ 2중 성형 결선

④ 포크 결선

ANSWER 18.③ 19.②

18 동기기에서 1상의 출력 $P = \frac{VE}{Z}\sin\delta$ 이므로 출력은 임피던스에 반비례한다. 돌극성분에 관계된 리액턴스가 직축리액턴스(X_d), 계자 여자성분에 의한 리액턴스가 횡축리액턴스(X_q)이다.

19 상수를 변환하는 변압기결선방법
3상 - 2상 : 스코트결선, 메이어결선, 우드브릿지결선
3상 - 6상 : 환상결선, 대각결선, 단중성점 2중 성형결선, 포크결선

20 ㈎와 ㈏에 들어갈 내용을 바르게 연결한 것은?

> 변압기의 철손을 무시할 경우, 여자전류는 전압과 ㊀ ㈎ 도의 위상차를 갖고, 철심의 투자율에 ㊀ ㈏ 한다.

	㈎	㈏
①	0	비례
②	0	반비례
③	90	비례
④	90	반비례

20 변압기의 여자전류는 인덕턴스에 의해 전압보다 90° 늦은 위상차를 갖는다.

전류는 유도성리액턴스와 반비례하므로 투자율에 반비례한다.

$$I = \frac{V}{j\omega L}\,[A]$$

$$L = \frac{N^2}{R} = \frac{\mu S N^2}{l}\,[H]$$

1 주파수가 60[Hz]이고 극수가 4인 유도전동기가 1,728[rpm]으로 회전하고 있을 때, 슬립은?

① 0.01

② 0.025

③ 0.04

④ 0.05

2 직류전동기의 속도제어에 대한 설명으로 옳지 않은 것은?

① 전원전압의 주파수를 변경하여 속도를 제어하는 방법

② 전기자회로에 직렬로 저항을 연결하여 속도를 제어하는 방법

③ 전기자에 가해지는 단자전압을 변화시켜 속도를 조정하는 방법

④ 계자전류의 가감으로 계자자속을 변화시켜 속도를 제어하는 방법

ANSWER 1.③ 2.①

1 주파수가 60[Hz], 극수가 4이므로

동기속도 $N_s = \dfrac{120f}{P} = \dfrac{120 \times 60}{4} = 1,800\,[rpm]$

슬립 $s = \dfrac{N_s - N}{N_s} = \dfrac{1,800 - 1,728}{1,800} = 0.04$

2 직류전동기는 주파수제어를 할 수 없다. $(f = 0)$

$N = K\dfrac{V - I_a R_a}{\varnothing}\,[rpm]$이므로 전압, 저항, 계자제어로 속도를 제어한다.

효율은 단자전압제어 > 계자제어 > 저항제어 순으로 전압제어가 가장 효율이 크다

전압제어에는 워드레오너드제어와 일그너제어가 있다.

3 동기발전기의 병렬운전 조건에 대한 설명으로 옳은 것만을 모두 고르면?

> ㉠ 기전력의 위상이 같을 것
> ㉡ 기전력의 크기가 같을 것
> ㉢ 발전기의 용량이 같을 것
> ㉣ 기전력의 주파수가 같을 것

① ㉠, ㉢

② ㉠, ㉡, ㉣

③ ㉡, ㉢, ㉣

④ ㉠, ㉡, ㉢, ㉣

4 직류기의 전기자 권선법에 대한 설명으로 옳은 것은?

① 단중 파권은 대형기기에 주로 사용된다.

② 단중 중권은 고전압, 소전류에 적합하다.

③ 단중 파권에서 전기자 병렬회로의 수는 항상 2이다.

④ 단중 중권은 병렬회로 사이에 균압결선이 필요하지 않다.

ANSWER 3.② 4.③

3 동기발전기의 병렬운전 조건은 기전력, 위상, 주파수, 파형이 같아야 한다.
기전력의 크기가 다르면 무효횡류가 흐르게 되고, 위상이 다르면 동기화력이라 하는 유효횡류가 흐른다.
병렬운전 조건에 용량의 크기는 관계가 없다.

4 직류기의 권선법으로 중권은 병렬회로수가 극수와 같고 대전류에 적합하다.
파권은 병렬회로수가 항상 2이며 고전압 소전류에 사용한다.

5 정격용량이 10[kVA]인 이상변압기(ideal transformer)의 1차측 정격전압이 5[kV]이고 2차측 정격전압이 100[V]일 때, 2차측의 정격전류[A]는?

① 2

② 20

③ 50

④ 100

6 3상 원통형(비철극기) 동기발전기의 전기자반작용에 대한 설명으로 옳지 않은 것은?

① 전기자전류가 무부하 유기기전력보다 위상이 $\frac{\pi}{2}$[rad] 앞선 경우에 전기자기자력은 횡축반작용(증자작용)을 한다.

② 전기자전류가 무부하 유기기전력보다 위상이 $\frac{\pi}{2}$[rad] 뒤진 경우에 전기자기자력은 직축반작용(감자작용)을 한다.

③ 전기자전류가 무부하 유기기전력과 동상인 경우에 전기자기자력은 주자계에 대하여 교차자화작용을 한다.

④ 전기자전류에 의한 회전자속이 계자자속에 영향을 미치는 현상을 전기자반작용이라 한다.

ANSWER 5.④ 6.①

5 이상변압기는 손실을 무시하여 1차 전력과 2차 전력이 같다.

변압비 = 권수비

$a = \dfrac{V_1}{V_2} = \dfrac{N_1}{N_2} = \dfrac{I_2}{I_1}$ 에서 $V_1 I_1 = V_2 I_2$, $I_2 = \dfrac{V_1 I_1}{V_2} = \dfrac{10 KVA}{100} = 100[A]$

6 동기발전기의 전기자반작용

전기자전류가 무부하 유기기전력보다 위상이 $\frac{\pi}{2}$[rad] 앞선 경우 전기자 기자력은 직축반작용(증자작용)을 한다.

7 철심의 단면적이 0.05[m²]인 단상변압기의 1차측 전압은 1,332[V], 주파수는 50[Hz]이다. 철심의 최대 자속밀도가 1.2[T]일 때, 2차측에 199.8[V]의 유도전압을 발생하려면 2차측 권선의 턴수는? (단, 철심에서 외부로의 누설 자속은 무시한다)

① 5

② 10

③ 15

④ 20

8 동기전동기의 위상특성곡선(V곡선)에 대한 설명으로 옳지 않은 것은?

① 역률이 1인 경우 전기자전류는 최소가 된다.

② 계자전류를 가감함으로써 전기자전류의 위상을 조정할 수 있다.

③ 역률 1인 상태에서 계자전류를 증가시키면 역률은 지상으로 되고 전기자전류는 증가한다.

④ 공급전압과 부하를 일정하게 유지하면서 계자전류를 변화시켜 전기자전류의 변화를 나타낸 곡선이다.

ANSWER 7.③ 8.③

7 변압기의 유도전압

$E = 4.44 f N B S = 199.8[V]$, $B = 1.2[T]$, $S = 0.05[m^2]$

$N = \dfrac{199.8}{4.44 \times 50 \times 1.2 \times 0.05} = 15$

8 동기전동기의 위상특성곡선
- 역률이 1인 상태에서 계자전류를 증가시키면 역률은 진상이 되고 전기자 전류는 증가한다.
- 역률이 1인 상태에서 계자전류를 감소시키면 역률은 지상이 되고 전기자 전류는 증가한다.

9 농형유도전동기는 심구효과를 어느 정도 이용하는지에 따라 몇 가지 유형으로 나누어진다. 대표적으로 NEMA 분류법에서는 농형유도전동기를 A, B, C, D의 4가지 설계 유형으로 나누고 있다. 각 설계 유형에 대한 설명으로 옳지 <u>않은</u> 것은?

① A형은 회전자 도체 단면적이 크며, C형과 D형보다 전부하시 운전효율이 높다.

② B형의 회전자 슬롯은 심구형이며, A형보다 높은 기동토크를 갖는다.

③ C형의 회전자 슬롯은 이중 농형이며, B형보다 높은 기동토크를 갖는다.

④ D형은 회전자 도체 단면적이 작으며, C형보다 높은 기동토크를 갖는다.

ANSWER 9.②

9 농형유도전동기는 속도에 따른 토크특성에 따라 4가지 등급으로 구분한다.

	특징	효율	적용	
A	적당한 기동토크, 큰 기동전류	고효율	팬, 펌프, 블로워	
B	적당한 기동토크, 저 기동전류	고, 중효율	팬, 펌프, 블로워	심구형 또는 2중농형 회전자
C	큰 기동토크, 저 기동전류	중효율	압축기, 컨베이어	저저항 2중 농형회전자
D	큰 기동토크, 저 기동전류	저효율	펀칭프레스	황동농형회전자

㉠ 유형별 토크특성

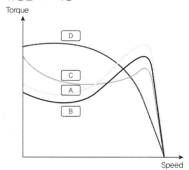

㉡ 슬롯의 형태

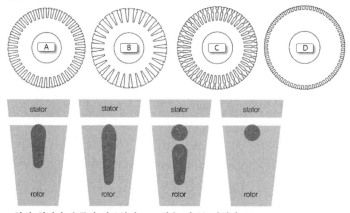

B형의 회전자 슬롯이 심구형이고, C형은 이중농형이다.

10 전부하에서 슬립 0.08로 회전하고 있는 3상 유도전동기가 있다. 전동기의 1차 입력이 115[kW]일 때 다음 설명으로 옳지 않은 것은? (단, 전동기의 철손 및 1차 동손의 합은 15[kW]이고, 기계손 및 표유부하손은 무시한다)

① 기계적 출력은 92[kW]이다.

② 2차 효율은 80[%]이다.

③ 동기 와트는 100[kW]이다.

④ 회전자 동손은 8[kW]이다.

11 4극 단중 중권 직류기가 1,200 [rpm]의 속도로 회전할 때 생성되는 유기기전력[V]은? (단, 매극당 유효자속이 0.01 [Wb]이고, 전기자 총도체수는 150이다)

① 15

② 30

③ 60

④ 1,800

10 기계적 출력 $P_o = P_2(1-s) = (115-15)(1-0.08) = 92[Kw]$

2차 효율 $\eta_2 = \dfrac{P_o}{P_2} = 1-s = 1-0.08 = 0.92.\ 92\%$

회전자 동손 $sP_2 = 0.08 \times (115-15) = 8[Kw]$

11 $E = \dfrac{Z}{a} P\varnothing \dfrac{N}{60} = \dfrac{150}{4} \times 4 \times 0.01 \times \dfrac{1,200}{60} = 30[V]$

중권이므로 극수 4와 병렬회로수 a가 같다.

12 그림과 같은 두 가지 회전자 타입의 영구자석 동기전동기에 대한 설명으로 옳지 않은 것은?

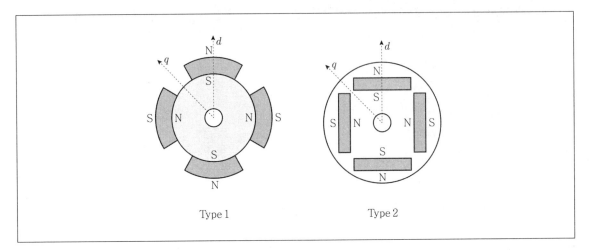

① Type 1은 제작이 간단하고 약계자 제어영역이 작다.

② Type 2는 자석이 회전자 철심 내부에 있어 고속동작에 유리하다.

③ Type 1은 전기자전류를 q축과 전기적으로 $90°$가 되도록 제어하면 최대토크를 얻을 수 있다.

④ Type 2는 자석이 전기자권선과 떨어져 있어서 열에 의한 감자의 염려가 작다.

ANSWER 12.③

12 영구자석 동기전동기
   • Type1 표면부착형 : 누설작용이 작고 착자성능은 우수하나 고속에서의 안정성이 낮고 추가적인 릴럭턴스 토크가 없다.
   • Type2 원주매입형(자석매입형) : 고속안정성이 높고 추가적인 릴럭턴스 토크가 존재하나 누설자속이 크고 착자성능이 낮다.

13 그림과 같은 컨버터회로에서 입력전압 $V_i = 100[V]$이고 듀티비(duty ratio)가 0.5일 때, 출력전압 V_o [V]는? (단, 모든 소자는 이상적으로 동작하고, 커패시턴스 C와 인덕턴스 L은 충분히 크다고 가정한다)

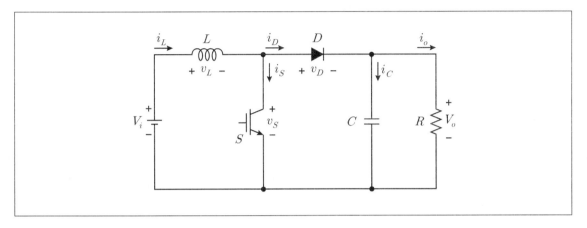

① 50

② 100

③ 150

④ 200

14 전력용 반도체 스위치 중 턴온(turn-on) 제어는 가능하나 턴오프(turn-off) 제어는 불가능한 소자는?

① 다이오드

② BJT

③ IGBT

④ SCR

13 그림은 부스트컨버터이다.(승압용)

$$V_o = \frac{1}{1-D}V_i = \frac{1}{1-0.5} \times 100 = 200[V]$$

14 SCR(실리콘제어정류기)는 PNPN 4층 구조이다. 이 중 가운데 P층에 게이트라고 하는 제어극(+)을 두고 양측에 양극과 음극을 만든 구조이다. 게이트는 브레이크오버 전압을 낮게 함으로 쉽게 도통을 할 수 있다. 게이트로 전류의 크기를 제어할 수는 없으나 ON을 할 수 있다. 다만 OFF를 하기 위해서는 게이트로는 안되고 양극에 (−)전압을 인가하거나 전류를 유지전류 이하로 낮추어야 한다.

15 다음 중 정격 토크에 대한 기동토크비가 가장 작은 단상유도전동기는?

① 콘덴서기동형

② 반발기동형

③ 분상기동형

④ 셰이딩코일형

16 단자전압 220[V], 전기자저항 0.2[Ω]인 직류분권발전기의 회전수가 1,200[rpm]일 때, 전기자전류는 100[A]이다. 이 발전기의 단자전압과 전기자전류를 기존과 동일한 값으로 하여 전동기로 운전할 때의 회전수[rpm]는? (단, 전기자반작용에 의한 전압강하와 브러시의 접촉에 의한 전압강하는 무시한다)

① 1,000

② 1,100

③ 1,200

④ 1,440

17 10[kVA], 1,000/100[V] 변압기에서 1차측으로 환산한 등가 임피던스가 $3+j4[\Omega]$일 때 이 변압기의 % 리액턴스 강하[%]는?

① 3

② 4

③ 5

④ 10

ANSWER 15.④ 16.① 17.②

15 단상유도전동기의 토크 크기 순서
반발기동형 > 콘덴서기동형 > 분상기동형 > 셰이딩코일형

16 직류분권발전기에서 $E = V + I_a R_a = 220 + 100 \times 0.2 = 240[V]$
전동기로 운전하면 $E_1 = V - I_a R_a = 220 - 100 \times 0.2 = 200[V]$
회전수는 전압에 비례하므로
$240 : 1,200 = 200 : x, \quad x = 1,000\,rpm$

17 $Z = 3 + 4j\,[\Omega]$ 1차측으로 환산한 것이므로, 전압은 1,000을 적용하고 용량 P와 전압 V는 모두 K단위로 한다.
$\%R = \dfrac{PR}{10\,V^2} = \dfrac{10 \times 3}{10 \times 1^2} = 3, \ \%X = \dfrac{PX}{10\,V^2} = \dfrac{10 \times 4}{10 \times 1^2} = 4$

18 변압기에 사용되는 절연유의 요구 특성으로 옳지 않은 것은?

① 절연 내력이 커야 한다.

② 공기보다 투자율이 높아야 한다.

③ 유동성이 풍부하고 비열이 커야 한다.

④ 절연 재료 및 금속과 접하여도 화학 작용을 일으키지 않아야 한다.

19 2,500[rpm]의 정격속도를 가진 유도전동기로 팬(Fan)을 1,000[rpm]의 속도로 구동하고 있다. 이 팬의 속도를 2,000[rpm]으로 증가시킬 때 유도전동기의 출력은 속도 1,000[rpm]일 때보다 몇 배로 증가해야 하는가? (단, 팬은 정상 상태로 구동하고 있다)

① 2   ② 4

③ 6   ④ 8

20 전력변환기에 대한 설명으로 옳지 않은 것은?

① 인버터는 직류를 교류로 변환하는 전력변환기이다.

② 직류-직류 컨버터에서 입력전압보다 출력전압을 크게 할 수 있다.

③ 교류를 직류로 변환하는 전력변환기는 다이오드 정류기, 위상 제어 정류기 등이 있다.

④ 교류를 교류로 직접 변환하면서 전압과 주파수를 동시에 가변하는 전력변환기는 없다.

ANSWER 18.②   19.④   20.④

18 변압기 절연유의 특성
- 절연내력이 클 것
- 절연재료 및 금속과 접촉해도 화학작용을 일으키지 않을 것
- 인화점이 높을 것
- 유동성이 풍부하고 비열이 커서 냉각효과가 클 것
- 고온에서 석출물이 생기거나 산화하지 않을 것

19 출력은 회전수 3승에 비례하므로

$$\frac{P_2}{P_1} = \left(\frac{N_2}{N_1}\right)^3 = \left(\frac{2,000}{1,000}\right)^3 = 8 \quad P_2 = 8P_1$$

20 사이클로 컨버터 : 어떤 주파수의 교류를 직류 회로로 변환하지 않고 그 주파수의 교류로 변환하는 직접 주파수 변환 장치. 사이리스터를 사용하는 것은 전력용 주파수 변환 장치로서가 아니고 교류 전동기의 속도 제어용으로서이다. 전원 주파수와 출력 주파수 사이에 일정비의 관계를 가진 정비식 사이클로컨버터와 출력 주파수를 연속적으로 바꿀 수 있는 연속식 사이클로컨버터가 있다.

1 변압기 오일의 절연내력 저하와 산화작용에 따른 열화를 방지하기 위해 설치하는 것은?

① 부싱

② 바니시

③ 오일 덕트

④ 콘서베이터

2 턴온, 턴오프 모두 게이트 전류(i_G)를 조절하여 제어할 수 있고, 온 상태를 유지하는 동안 문턱 전압을 감소하기 위해 지속적으로 i_G를 인가할 필요가 없으며, 음의 i_G를 흘리면 턴오프 동작을 하는 특성을 갖는 반도체 소자는?

① BJT

② GTO

③ Thyristor

④ TRIAC

ANSWER 1.④ 2.②

1 콘서베이터 : 변압기의 외함은 밀폐되어 있으나 외부 공기의 온도변화나 부하의 변동에 따라 외함내의 오일 온도가 변화되고 따라서 용적이 변화되기 때문에 외함 내의 압력과 대기압에 차이가 생겨 공기가 출입한다. 이것을 변압기의 호흡작용이라 한다. 이 때문에 변압기 안에 습기가 들어와서 오일의 절연내력을 저하하고, 또 열을 받은 오일이 공기와 접촉하기 때문에 산화작용으로 오일을 열화시키며 불용해성 침전물이 생긴다. 이러한 작용을 방지하기 위하여 콘서베이터를 설치한다.

2 게이트 턴오프 사이리스터(GTO, Gate Turn Off) : 사이리스터 계열에 속하는 전력 반도체 장치의 일종으로 전력 전자 및 산업 시스템을 비롯한 다양한 애플리케이션에서 전력을 제어하고 조절하는 데 사용되는 고전력, 고전압 스위칭 장치이다.
GTO는 SCR과 구조가 유사하지만 게이트 신호를 통해 흐르는 전류를 끄거나 차단할 수 있는 추가 기능이 있다. 따라서 게이트 턴오프 사이리스터는 제어 가능한 스위치가 되어 전력 흐름을 정밀하게 제어할 수 있다.

3 직권 직류전동기의 토크 특성에 대한 설명으로 옳지 않은 것은?

① 토크는 속도에 반비례한다.

② 토크는 전기자전류의 제곱에 비례한다.

③ 전동차나 크레인과 같이 기동 토크가 큰 곳에 주로 사용된다.

④ 토크가 0에 가까워지면 속도가 너무 빨라지므로 무부하 상태로 운전하면 안된다.

4 10[kVA], 1,000/100[V] 단상 변압기에서 1차측으로 환산한 등가임피던스가 6 + j8[Ω]일 때, 이 변압기의 최대 전압변동률[%]은?

① $\sqrt{10}$

② $\sqrt{20}$

③ 10

④ 20

ANSWER 3.① 4.③

3 • 직권 직류전동기 $T \propto I_a^2$, $T \propto \dfrac{1}{N^2}$

• 분권 직류전동기 $T \propto I_a$, $T \propto \dfrac{1}{N}$

※ 직권전동기
  ㉠ 정출력, 변속도, 기동토크가 크다.
  ㉡ 무부하에서 전압확립이 안되고, 운전 중 무부하에서 위험속도가 된다.

4 변압기의 전압변동률[%]

$\epsilon = p\cos\theta + q\sin\theta$, $\epsilon_{\max} = \sqrt{p^2 + q^2}$

$p = \dfrac{PR}{10V^2} = \dfrac{10 \times 6}{10 \times 1^2} = 6$, $q = \dfrac{PX}{10V^2} = \dfrac{10 \times 8}{10 \times 1^2} = 8$

$\epsilon_{\max} = \sqrt{p^2 + q^2} = \sqrt{6^2 + 8^2} = 10$

5 극수를 모르는 3상 동기전동기의 전기자권선에 100[Hz]의 3상 평형 전류를 인가할 때, 전동기의 동기속도[rpm]가 될 수 없는 것은?

① 2,000

② 3,000

③ 4,000

④ 6,000

6 직류기의 전기자 반작용에 대한 설명으로 옳지 않은 것은?

① 자속의 총량이 줄어드는 감자효과가 나타난다.

② 전기자 반작용을 줄이기 위해 보상권선을 설치한다.

③ 전기자 반작용의 영향으로 자기적 중성축이 이동한다.

④ 보극의 코일은 일반적으로 전기자권선에 병렬로 연결하여 전기자 반작용을 개선한다.

ANSWER 5.③ 6.④

5 동기속도 $N_s = \dfrac{120f}{P} = \dfrac{120 \times 100}{P}[rpm]$

2극일 때 $N_s = 6,000$

4극일 때 $N_s = 3,000$

6극일 때 $N_s = 2,000$

6 • 직류발전기에 부하를 접속하면 전기자 권선에는 전류가 흐른다. 전기자권선에 전류가 흘러서 생긴 기자력은 계자 기자력에 영향을 주어 자속의 분포가 한쪽으로 기울어지고, 자속의 크기가 감소하게 된다. 이와 같은 전기자 전류의 작용을 전기자 반작용이라 한다.

 • 전기자 반작용에 대한 대책으로 보상권선이나 보극을 설치하는데 보상권선이나 보극은 코일을 전기자회로와 직렬로 접속하며, 보상권선의 코일은 전기자 전류와 반대방향의 전류를 보내어 전기자의 기자력을 상쇄한다.

7 변압기의 여자전류에 3고조파가 포함되는 주된 이유는?

① 철심이 도전율을 갖기 때문이다.

② 철심이 유전율을 갖기 때문이다.

③ 철심에 자기포화 현상이 있기 때문이다.

④ 철심에 히스테리시스 현상이 없기 때문이다.

8 직류전동기가 전부하에서 운전되고 있을 때, 회전자와 동일한 속도로 회전하지 않는 것은?

① 브러시　　　　　　　　　　② 정류자

③ 전기자 권선　　　　　　　　④ 전기자 철심

9 다음과 같은 특징을 갖는 3상 변압기의 결선 방식은?

> • 절연이 우수하고 순환전류가 흐르지 않는다.
> • 중성점을 접지시키면 3고조파 성분에 의해 통신 장애를 일으킬 수 있다.

① △ − △ 결선　　　　　　② △ − Y 결선

③ Y − △ 결선　　　　　　④ Y − Y 결선

ANSWER 7.③　8.①　9.④

7 변압기 여자전류에 3고조파가 포함되는 이유
- 비선형 자화 특성 : 변압기의 철심은 비선형 자화 곡선을 가지고 있다. 즉, 자속 밀도(B)와 자화력(H) 사이의 관계가 선형이 아니며, 철심이 포화 영역에 도달할 때 비선형성이 두드러진다. 이 비선형 자화 특성으로 인해 여자전류가 왜곡되고 고조파가 생성된다.
- 자기 포화 : 변압기의 철심이 포화되면 여자전류가 급격히 증가한다. 이때 발생하는 전류 파형은 더 이상 순수한 정현파가 아니며, 여러 고조파 성분을 포함하게 된다.

8
- 직류전동기의 회전자의 부속이 아닌 것을 찾으면 된다.
- 전기자는 전기자철심과 전기자 권선으로 구성되어 있다.
- 정류자와 축도 회전자를 구성하는 부분이다.

9 순환전류가 흐르지 않는 결선은 Y, V
중성점을 만드는 결선은 Y

10 전기자전류가 50[A], 전기자저항이 0.2[Ω]인 분권 직류전동기가 130[V], 1,200[rpm]에서 운전되고 있을 때, 토크[N·m]는?

① $\dfrac{100}{\pi}$

② $\dfrac{150}{\pi}$

③ $\dfrac{200}{\pi}$

④ $\dfrac{300}{\pi}$

11 3상 4극 유도전동기의 고정자가 가질 수 없는 슬롯 수는?

① 4

② 12

③ 24

④ 36

12 동기발전기에서 기전력의 파형을 개선하기 위한 방법으로 옳지 않은 것은?

① 회전자를 회전 계자형으로 한다.

② 전기자 철심을 스큐(skew)슬롯으로 만든다.

③ 권선의 권선 피치를 자극 피치보다 짧게 한다.

④ 매극 매상의 코일을 2개 이상 슬롯에 분산하여 감는다.

ANSWER 10.② 11.① 12.①

10
$$P = T\omega = T \times \frac{2\pi N}{60} [Kw]$$
$$P = EI_a = (V - I_a R_a) \cdot I_a = (130 - 50 \times 0.2) \times 50 = 6,000\ W \Rightarrow 6Kw$$
$$P = T \times \frac{2\pi N}{60} = T \times \frac{2\pi \times 1,200}{60} = 6,000$$
$$T = \frac{6,000 \times 60}{2\pi \times 1,200} = \frac{150}{\pi} [N \cdot m]$$

11 유도전동기의 고정자가 가지는 슬롯 수는 매극 매상당 슬롯 수가 최소 12이다.

12 동기발전기의 기전력 파형개선의 방법
  • 권선의 권선피치를 자극피치보다 짧게 한다. : 단절권
  • 매극 매상의 코일을 2개 이상 슬롯에 분산한다. : 분포권
  • 스큐슬롯으로 만든다.
  • 회전계자형은 전기적으로 기계적으로 유리하기 때문이다.

13 그림의 (가)와 (나) 영역에 적합한 3상 유도전동기의 속도제어 방법은?

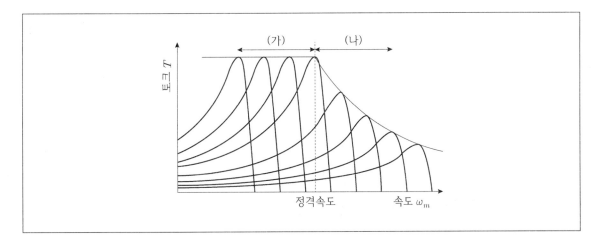

	(가)	(나)
①	주파수 제어법	전압 제어법
②	전압 제어법	주파수 제어법
③	전압/주파수 일정 제어법	주파수 제어법
④	주파수 제어법	전압/주파수 일정 제어법

13 전동기의 회전수는 1차주파수에 비례하는 것을 이용하여 속도제어를 할 수 있다.

자속 $\phi = \dfrac{E_1}{4.44 k_1 w_1 f_1}$ 이므로 자속을 일정하게 하려면 $\dfrac{V_1}{f_1}$ 을 일정하게 해야 한다.

최대토크 $T_{\max} \propto \dfrac{V_1^2}{f_1^2}$ 이므로 토크가 일정하게 속도제어가 된다.

(가)의 영역은 전압/주파수 일정제어법이다.

(나)의 영역은 주파수만 증가하여 속도는 높아지지만 토크가 낮아지는 방식이다.

14 히스테리시스 전동기에 대한 설명으로 옳지 않은 것은?

① 동기전동기의 일종이다.

② 회전자에 유도전류가 발생하지 않는다.

③ 별다른 장치 없이 스스로 기동이 가능하다.

④ 회전자에 도체 홈이 없어 소음과 진동 면에서 유리하다.

15 3상 유도전압조정기에 대한 설명으로 옳은 것은?

① 단락권선이 필요 없다.

② 2차 권선은 회전자에 감는다.

③ 1차 권선에 교번자계가 발생한다.

④ 입력전압과 출력전압의 위상이 동일하다.

ANSWER 14.② 15.①

14 히스테리시스 전동기(Hysteresis Motor)는 히스테리시스 현상을 이용하는 동기 전동기의 일종이다. 히스테리시스 전동기는 일반적으로 소형 전동기 및 정밀 제어가 필요한 곳에서 사용되며, 다음과 같은 특징과 원리를 가지고 있다.

㉠ 고속 및 저속에서 일정한 회전 속도 유지

㉡ 저소음 및 부드러운 작동

㉢ 간단한 구조 : 구조가 간단하여 유지보수가 용이하다. 회전자가 히스테리시스 재료로 만들어져 있고, 특별한 브러시나 슬립 링이 필요 없다.

 • 기동시 단상 유도전동기와 유사하고 운전시 동기전동기와 유사하다.

 • 히스테리시스 전동기는 이러한 특징들로 인해 특정한 용도에 최적화된 전동기다. 높은 정밀도와 일정한 속도가 필요한 경우에 특히 유용하게 사용된다.

15 • 단락권선은 단상유도전압조정기에 설치한다.

 • 단상 유도전압조정기의 회전자에는 분로권선과 직각으로 단락권선을 감고 단자에서 단락한다. 유도전압조정기는 직렬권선에 부하가 걸리면 분로권선에도 그에 비례하는 전류가 증가를 한다. 직렬권선과 분로권선이 일직선상에 있을때는 직렬권선에서 발생한 자속과 분로권선에서 발생한 자속은 서로 상쇄가 되도록 해야 하는데 분로권선의 각이 α 만큼 벌어지면 직렬권선에서 발생한 자속을 분로권선에서 발생하는 자속으로 상쇄를 시키지 못한다. 이것이 누설리액턴스로서 전압강하가 커지게 된다. 이 전압강하를 없애기 위해 분로권선에 직각으로 단락권선을 설치하는 것이다.

16 브러시리스 직류전동기(BLDC)에 대한 설명으로 옳지 않은 것은?

① 회전자의 위치를 구간별로 검출하여 인가전류를 결정한다.

② 1상 여자 방식이 2상 여자 방식보다 발생하는 토크가 크다.

③ 구형파 형태의 전기자전류가 인가되면 토크리플이 발생한다.

④ 직류전동기의 정류자와 브러시의 기능을 반도체 스위치로 구현한 것이다.

ANSWER 16.②

16 브러시리스모터(BLDC Motor) : 직류모터와는 반대로 영구자석전동기를 회전자로, 전기자권선을 고정자로 하여 정류기구를 자극센서와 반도체 스위치로 치환한 것이다.

3상 BLDC는 구형파 형태의 전기자전류와 정현파 형태의 전기자전류를 인가할 수 있는데, 구형파 전류방식은 전류절환시의 과도현상에서 토크리플을 발생하기 쉽다. 정현파로 하면 언제나 일정토크를 발생한다.

㉠ 1상 여자 방식(Single-phase excitation)
- 1상 여자 방식에서는 한 번에 한 개의 상에만 전류가 공급. 즉, BLDC 모터의 코일 중 하나만 활성화되어 자기장을 생성한다.
- 특징 : 단순한 제어 회로, 낮은 효율, 낮은 토크, 소음

㉡ 2상 여자 방식(Two-phase excitation)
- 2상 여자 방식에서는 두 개의 상에 동시에 전류가 공급된다. 즉, 두 개의 상이 동시에 활성화되어 자기장을 생성하며, 이로 인해 보다 균형 잡힌 힘과 높은 효율을 달성할 수 있다.
- 특징 : 복잡한 제어 회로, 높은 효율, 높은 토크, 저소음

17 정상상태에서 운전 중인 동기전동기의 부하가 변화할 때, 이에 대한 설명으로 옳지 않은 것은? (단, 계자전류는 일정하고, 탈조는 발생하지 않는다)

① 부하가 증가해도 역률이 변하지 않는다.

② 부하가 증가하면 전기자전류는 증가한다.

③ 부하가 변하여도 역기전력의 크기는 동일하다.

④ 부하 변화에 관계없이 일정한 속도로 운전된다.

18 3상 유도전동기의 동작 특성에서 슬립이 0과 1일 때, 값이 모두 '0'인 것은?

① 역률   ② 출력

③ 입력 전력   ④ 2차 동손

17 동기전동기의 출력을 증가하려면 $P_o = \dfrac{EV}{Z_s}sin\delta$이므로 공급전압 V를 증가하거나 계자전류를 증가시켜 역기전력 E를 증가하면 된다. 전기자전류는 부하가 증가함과 동시에 점점 증가하지만, 공급전압이 일정하기 때문에 어느 정도까지 증가하면 동기임피던스의 제한을 받아 더 이상 증가할 수 없다. 또 출력이 100%일 때 역률을 1로 해두면 전부하 이하에서는 과여자로 되기 때문에 앞선 역률이 되고 부하가 작아질수록 역률이 낮다. 전부하 이상에서는 부족여자가 되기 때문에 늦은 역률이 되고, 과부하가 커짐에 따라 역률은 낮아진다.

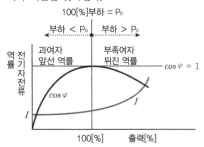

18 슬립이 0이면 동기속도로 유도전동기의 출력이 발생하지 않는다.
슬립이 1이면 정지로서 출력이 0이다.

$$N = \frac{120f}{P}(1-s)$$

19 그림의 전동기에 대한 설명으로 옳지 않은 것은?

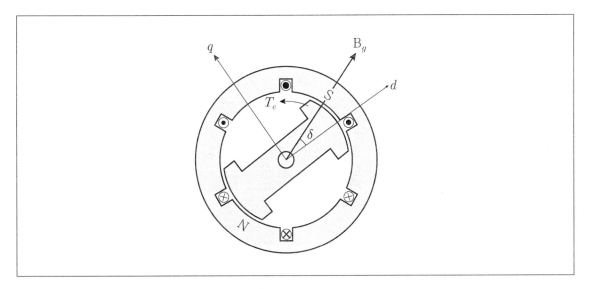

① 정현파 전류에 의해 구동한다.

② d축 인덕턴스가 q축 인덕턴스보다 크다.

③ 최대토크를 높이려면 돌극비가 커야 한다.

④ 무부하에서 d축이 회전자계와 이루는 각도가 최대가 된다.

ANSWER 19.④

19 동기형 릴럭턴스 전동기(SynRM)는 자기 저항(릴럭턴스)의 차이를 이용하여 회전하는 전동기이다. 이 모터는 영구 자석이나 권선된 로터 대신, 비대칭적으로 배열된 철로 구성된 로터를 사용하여 자기 저항의 변화를 통해 토크를 생성한다.

스테이터에 교류 전류가 흐르면 회전하는 자기장이 생성되고, 이 자기장은 로터의 비대칭적으로 배열된 철판과 상호작용하여 릴럭턴스 토크를 생성한다. 로터는 스테이터 자기장의 회전 속도에 맞추어 동기화되어 회전한다.

동기형 릴럭턴스 전동기(SynRM)에서 최대 토크를 크게 하기 위해서는 돌극비(Saliency Ratio)를 고려해야 한다. 돌극비는 직축 리액턴스(X_d)와 횡축 리액턴스(X_q)의 비율이다.

• **돌극비(Saliency Ratio, Ld/Lq)** : 이 비율은 전동기의 최대 토크와 직접적인 관련이 있다. 일반적으로 돌극비가 클수록 전동기의 최대 토크가 증가한다. 무부하 상태에서 동기형 릴럭턴스 전동기의 로터는 회전자계와 동기 속도로 회전한다.

• **동기 속도** : 무부하 상태에서 로터는 전원 주파수에 의해 생성된 회전자계와 정확히 같은 속도로 회전한다. 즉, 로터는 회전자계와 동기화된 상태로 위상차가 없이 회전한다.

20 그림과 같은 단상 풀브리지 인버터에서 발생하지 않아야 하는 스위칭상태는?

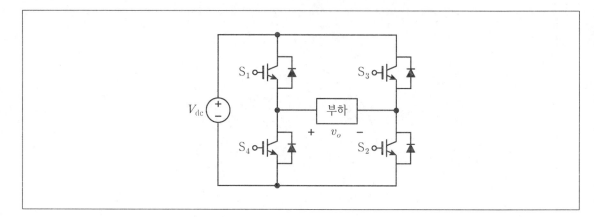

① S_1과 S_2 동시 턴온

② S_1과 S_3 동시 턴온

③ S_2과 S_3 동시 턴온

④ S_3과 S_4 동시 턴온

ANSWER 20.③

20 단상 풀브릿지 인버터(Single-phase full-bridge inverter)는 DC 전원을 AC 전원으로 변환하는 장치로, 4개의 스위칭 소자(예: IGBT, MOSFET)를 사용하여 구성된다. 스위칭 방법에는 주로 PWM(Pulse Width Modulation) 방식을 사용하여 출력 전압의 크기와 파형을 제어한다.

㉠ 단순 스위칭 방법
- 상태 1 : S_1, S_2를 켜고 S_3, S_4를 끈다.
- 상태 2 : S_3, S_4를 켜고 S_1, S_2를 끈다.

이 과정을 반복하여 교류 전압을 생성할 수 있다. 그러나 이 방법은 출력 전압이 일정한 크기를 가지므로, 더 정밀한 제어를 위해 PWM 방식을 사용한다.

㉡ PWM 스위칭 방법
- PWM 방식은 출력 전압의 크기와 파형을 제어하기 위해 스위칭 소자들의 듀티 사이클을 조절하는 방법이다.
- S_1, S_4 또는 S_3, S_2이 동시에 턴온 되면 안 된다.